馬奈木俊介 編
Shunsuke Managi

資源と環境の経済学

ケーススタディで学ぶ

昭和堂

はじめに

　近年，環境や資源の問題が，経済問題として，ますます重要な課題として議論されるようになっている。筆者らはそれらの経営や経済へ及ぶ影響の理解，そして対処法のために経済学の理解が必須だと考えている。しかし，往々にして教科書では，読者が通常使う言葉を用いていないため，経済学的な考え方を用いた処方箋が十分に世の中に伝わっていない。

　たとえば排出権取引を代表として，世界的に環境・資源政策に市場メカニズムを利用した政策の導入が進んでいる。しかし一般的に，環境・資源政策にそうした手法を用いることは，反発を招いたり疑問視されることが多い。

　実際には，これまでの過去の実績や現在進められている取り組みを経済学的視点から見ることにより，環境問題の緩和や資源保護に対して市場メカニズムが大きな貢献をもたらすことが，十分にわかっている。

　そこで本書では，市場メカニズムと環境・資源政策に関する，個々の，興味深く，近年話題となっているトピックを取り上げ，メカニズムの問題点を考慮したうえで最終的に市場制度の重要性を説き，環境・資源が市場メカニズムの導入の結果どうなるかを説く。

　学問を学ぶうえで重要なことは，個別の事例を理解すること以上に，そうなるロジックを理解することである。これができれば，他の多くの事例に出会ったときに，その考え方を用いることで，適切な対処法を理解できるはずである。しかし，しばしばその具体性のないロジックだけの展開のために多くの人が経済学を学ぶことを諦めている。

　そこで本書では，すべての章において具体的な事例とその成功／失敗の理由を経済学的に説明することで，環境・資源経済学の理解を進めることができるようにしている。さらに，通常の教科書と違い，可能なかぎり数式や多くの人が慣れていない図を用いた説明でなく，平易な説明で理解できるようにしている。この本を読むことで，経済学的な分析方法を用いて，現在日本が直面して

いる多くの資源・環境問題に関する対応策を独自に考えることができるようになることを目的としている。

これまで非常に多くの環境経済学の教科書が出されているものの，資源経済学の教科書は少ない。しかし現実の多くの問題が資源を考慮した環境問題であり，最近ではレアメタルなど新たに注目される論点も出ている。そのため本書では，資源経済学と環境経済学の両方において現在中心となっている事例をもとに解説を行っている。

本書は，経済学，経営学または教養部の初歩レベルの大学1～2回生，および資源・環境分野でのビジネス展開を考えているビジネスパーソンを読者対象としている。したがって通常のテキスト以上に平易さ，わかりやすさを考慮して記述する。

多くの執筆者による入門書だが，それぞれの専門分野で研究している研究者が，わかりやすさ，主張の明確さをはっきりさせることを目的にしてまとめていくため，一人の著者が執筆したのと同様に一貫性がある内容となることを心がけている。

本書の執筆は，多くの方々のおかげで可能になった。研究・教育活動にご協力いただいた多くの共同研究者，企業の方々，学生のみなさんに心から深く感謝申し上げたい。昭和堂の松井久見子氏には，本書の企画の段階から完成にいたるまで，多大なサポートをしていただいた。ここに深く感謝の意を表しておきたい。

馬奈木俊介

目　次

はじめに ……………………………………………………………………… i

第 I 部
資源の適正配分と環境保全
市場は有効か

第1章　電力・エネルギー
市場メカニズムを生かした政策推進 …………………………… 2
- 1-1　枯渇性資源と再生可能エネルギー …………………… 2
  - 1-1-1　枯渇性資源とは ……………………………… 2
  - 1-1-2　バックストップ技術 ………………………… 4
  - 1-1-3　再生可能エネルギーの普及政策 …………… 5
- 1-2　省エネルギーの経済理論 ……………………………… 6
  - 1-2-1　なぜ省エネルギーが必要か ………………… 6
  - 1-2-2　省エネルギー機器への投資 ………………… 8
  - 1-2-3　機器の利用 …………………………………… 9
  - 1-2-4　リバウンド効果 ……………………………… 10
  - 1-2-5　省エネルギーを促進する政策 ……………… 11

第2章　レアメタル
先物市場とその役割 ………………………………………… 14
- 2-1　はじめに ………………………………………………… 14
- 2-2　先物市場の機能 ………………………………………… 17
  - 2-2-1　リスクヘッジ ………………………………… 17
  - 2-2-2　価格発見 ……………………………………… 20
- 2-3　効率的市場仮説 ………………………………………… 22

2-4	日米の白金・パラジウム先物市場	23
2-5	おわりに	28

第3章 食料資源と水環境
農業における水質汚染をどう解決するか ……………………… 30

3-1	はじめに	30
3-2	農業における水質対策の難しさ	32
3-3	環境直接支払制度	33
	3-3-1 環境直接支払制度とは	33
	3-3-2 国内における取り組み	34
	3-3-3 今後の方向性と課題	36
3-4	水質取引制度	37
	3-4-1 水質取引とは	37
	3-4-2 水質取引の課題	37
	3-4-3 水質取引制度の課題と国内への適用可能性	39
3-5	おわりに	41

第4章 水産資源
漁業者のインセンティブを生かした管理手法 …………………… 45

4-1	はじめに	45
4-2	産業革命・大規模乱獲の幕開け	46
4-3	漁業管理の歴史	47
	4-3-1 2種類の規制	47
	4-3-2 入口規制	47
	4-3-3 入口規制の問題点と限界	50
	4-3-4 出口規制	51
	4-3-5 IQ方式のメリット	53
	4-3-6 漁獲枠の譲渡ルールについて	54
4-4	魚の管理よりも，漁業者の管理が重要	55

- 4-4-1 ITQ方式で水産資源は回復する ……… 55
- 4-4-2 生物の情報が少なくても管理は可能 ……… 56
- 4-4-3 インセンティブの重要性
  ——ホキの成功とオレンジラフィーの失敗 ‥ 57
- 4-4-4 世界から取り残される日本の水産政策 ……………………………………………………………… 59

第5章 森林資源
国内林業をどう制度設計するか ……… 61

- 5-1 森林をめぐる市場の失敗と政府の失敗 ……… 61
- 5-2 分収林制度——その歴史と現状 ……… 63
- 5-3 分収林制度の経済分析 ……… 65
- 5-4 政府の失敗 ……… 67
  - 5-4-1 制度設計上の問題 ……… 67
  - 5-4-2 オーバーシュート ……… 69
  - 5-4-3 借入金問題 ……… 70
- 5-5 望ましい分収林制度——21世紀型分収林 ……… 71
- 5-6 分収林制度の再評価と可能性 ……… 74

第6章 森林資源とREDD
排出量取引市場を活用した森林保全政策 ……… 78

- 6-1 はじめに ……… 78
- 6-2 REDDおよびREDD＋ ……… 82
- 6-3 森林の環境クズネッツ曲線 ……… 84
- 6-4 REDDおよびREDD＋事業に必要となる資金 ……… 86
- 6-5 REDDおよびREDD＋の不確実性 ……… 88
- 6-6 おわりに ……… 90

第7章 クリーンテック
環境技術への投資 ……………………………………………… 93
- 7-1 はじめに ……………………………………………… 93
- 7-2 エネルギー ………………………………………… 95
- 7-3 投資対象としてのクリーンテック ……………… 98
- 7-4 SRIファンドと環境ファンド …………………… 102
  - 7-4-1 CSRとSRI ……………………………… 102
  - 7-4-2 SRIファンドと従来型ファンドの比較 ……………………………………………… 103
  - 7-4-3 ソニーの教訓 ………………………… 106
  - 7-4-4 日本で販売されているSRIファンド …… 107

第Ⅱ部
非市場的なモノへの市場の解決法

第8章 生物多様性
保全において市場メカニズムをどう活用するか ………… 110
- 8-1 生物多様性の重要性と価値評価 ………………… 110
- 8-2 生物多様性への市場メカニズムの適応の難しさ ………………………………………… 113
- 8-3 施策と評価 ………………………………………… 115
  - 8-3-1 伝統的な環境政策手法 ……………… 115
  - 8-3-2 生物多様性保全への新たな取り組み …… 116
- 8-4 革新的な制度・仕組みの必要性と可能性 ……… 119
  - 8-4-1 いかにより広範囲に及ぶ生物多様性保全のための制度をつくるか ……………… 119
  - 8-4-2 いかに公共財としての特徴が強い対象を保全するか ………………………… 122
- 8-5 おわりに …………………………………………… 124

第9章 廃棄物管理
市場メカニズムを生かした管理手法 ································· 127

- 9-1 はじめに ··· 127
- 9-2 廃棄物市場での競争 ·· 128
  - 9-2-1 廃棄物と通常財の違い ································· 128
  - 9-2-2 市場での競争が通常財市場と廃棄物市場でもたらすもの ··· 129
  - 9-2-3 廃棄物管理の考え方 ····································· 130
- 9-3 廃棄物管理政策 ··· 131
  - 9-3-1 不適正処理の禁止と罰則規定 ······················ 131
  - 9-3-2 EPR——拡大生産者責任 ····························· 132
  - 9-3-3 デポジット・リファンド・システム——排出者に対する「WasteのGoods化」 ······ 133
  - 9-3-4 マニフェスト制度 ··· 133
  - 9-3-5 許可制度 ··· 134
- 9-4 自動車リサイクルシステム ····································· 137
  - 9-4-1 崩壊した日本の自動車リサイクル ············· 137
  - 9-4-2 新しい自動車リサイクルシステム ············· 139
- 9-5 バーゼル条約改正をめぐって ································· 140
  - 9-5-1 国際資源循環とE-wasteリサイクルにともなう環境汚染 ······································ 140
  - 9-5-2 バーゼル改正案をめぐって ·························· 141
- 9-6 おわりに ··· 143

第10章 二酸化炭素
排出権取引の可能性 ··· 145

- 10-1 CO_2と気候変動 ·· 145
  - 10-1-1 CO_2 ·· 145
  - 10-1-2 気候変動 ·· 146
  - 10-1-3 気候変動に関する不確実性 ······················· 148

10-2　CO_2 削減と市場，そして排出権取引の
　　　可能性 ································· 149
　　10-2-1　過去の環境政策 ············· 149
　　10-2-2　比較優位と CO_2 削減 ········ 150
　　10-2-3　排出権取引のメカニズム ······· 151
　　10-2-4　正の効果 ················· 153
　　10-2-5　負の効果 ················· 154
10-3　CO_2 削減のための排出権取引市場の現状
　　　と日本の立場 ························ 155
　　10-3-1　排出権取引市場の現状 ········· 155
　　10-3-2　評価と課題 ················ 156
10-4　おわりに ································ 158

第11章　外来種の管理
市場メカニズムを生かした管理は可能か ················ 160

11-1　外来種について ······················· 160
　　11-1-1　外来種とは何か ·············· 160
　　11-1-2　外来種の導入について ········· 162
11-2　外来種と経済問題 ···················· 164
　　11-2-1　外来種問題に関する認知・理解度 ···· 164
　　11-2-2　外来種の社会への影響 ········· 166
11-3　外来種問題への経済的処方箋
　　　――市場は有効か ······················· 168
　　11-3-1　外来種対策を困難にするもの ······ 168
　　11-3-2　外来種問題低減への経済政策 ····· 169
11-4　おわりに ································ 172

第Ⅲ部 社会基盤となる制度設計

第12章 貿易と自給率
市場メカニズムから農業を見る ……… 176
- 12-1 はじめに ……… 176
- 12-2 農業と市場 ……… 177
  - 12-2-1 農産物市場 ……… 177
  - 12-2-2 農地市場 ……… 179
  - 12-2-3 中間財市場 ……… 181
  - 12-2-4 利益集団による市場機能の阻害 ……… 181
- 12-3 農産物貿易の自由化 ……… 182
- 12-4 外部性とリスク ……… 184
  - 12-4-1 外部性と公共財 ……… 185
  - 12-4-2 食料安全保障——自給率 ……… 186
  - 12-4-3 環境負荷の低減 ……… 187
- 12-5 おわりに ……… 189

第13章 都市計画
社会システムの変更による環境配慮型都市への移行 ……… 192
- 13-1 はじめに ……… 192
- 13-2 都市と温室効果ガス ……… 195
- 13-3 都市計画とは ……… 198
- 13-4 コンパクトシティにむけて ……… 200
  - 13-4-1 都市の線引き ……… 202
  - 13-4-2 都市計画税・固定資産税 ……… 204
  - 13-4-3 空中権取引 ……… 205
  - 13-4-4 コンパクトシティがもたらすさまざまな影響 ……… 207
- 13-5 おわりに ……… 209

第14章 開発権
持続可能な開発をめざした鉱業権 ──────── 212
- 14-1 開発と経済と環境 ──────── 212
- 14-2 鉱業権 ──────── 216
  - 14-2-1 鉱業権と採掘に関する法令規制 ──── 216
  - 14-2-2 資源採掘計画と契約の種類 ──────── 220
- 14-3 鉱業権取引の必要性 ──────── 223
  - 14-3-1 資源の呪い ──────── 224
  - 14-3-2 鉱業権市場が果たす役割 ──────── 226
- 14-4 おわりに ──────── 228

第15章 水利権
市場メカニズムを生かした効率的配分 ──────── 231
- 15-1 はじめに ──────── 231
- 15-2 水利権取引とは何か ──────── 232
- 15-3 世界の水利権制度 ──────── 234
  - 15-3-1 オーストラリア ──────── 234
  - 15-3-2 アメリカ合衆国 ──────── 238
  - 15-3-3 中国 ──────── 241
  - 15-3-4 日本 ──────── 243
- 15-4 おわりに ──────── 244

第16章 研究開発
インセンティブを引き出す経済的手法 ──────── 249
- 16-1 はじめに ──────── 249
- 16-2 研究開発と環境政策 ──────── 250
  - 16-2-1 ポーター仮説 ──────── 250
  - 16-2-2 環境政策の具体的手法と研究開発
    インセンティブに与える影響 ──────── 251

- 16-2-3 環境政策が研究開発インセンティブ
に与える影響の経済学的説明 …………… 252
- **16-3 各国での事例** …………………………………………… 256
  - 16-3-1 米国 ………………………………………… 256
  - 16-3-2 スウェーデン ……………………………… 257
  - 16-3-3 スイス ……………………………………… 257
- **16-4 おわりに** ………………………………………………… 258

おわりに …………………………………………………………… 261
索　引 …………………………………………………………… 265

第Ⅰ部
資源の適正配分と環境保全
市場は有効か

第1章 電力・エネルギー

市場メカニズムを生かした政策推進

1-1 枯渇性資源と再生可能エネルギー

1-1-1 枯渇性資源とは

　我々が日常利用している乗り物，携帯電話，器具のほとんどは，エネルギーを使って動いている。これらのエネルギーは，太陽光や風力，水力など自然の力を直接利用するものと，石油や石炭，ガスなど地下から採掘して利用するものに分けることができる。前者は地球に大異変が起こらないかぎり半永久的に利用できるため，「再生可能エネルギー」と呼ばれる。これに対して，地下から採掘して利用するエネルギーは，使うほど減っていき，やがてなくなってしまうため，「枯渇性資源」と呼ぶ。産業革命以降，比較的安価な枯渇性資源の利用が進み，これまでのところ利用するエネルギーの大半は枯渇性資源である。

　枯渇性資源が今後どの期間利用できるのかを示す指標として，可採年数がしばしば用いられる。可採年数とは，資源の埋蔵量を年間の生産量で割った数値で定義される。たとえば，埋蔵量が100万tの枯渇性資源が年間1万t生産されている場合，可採年数は100万t÷1万t=100年となる。つまり，この資源を年間1万t生産していくと，100年後にすべてなくなることになる。わが国の発電用の燃料として代表的な枯渇性資源の可採年数は，2010年時点で石油が46年，天然ガスが59年，石炭が118年である（BP統計2011）。

枯渇性資源の価格については,「ホテリングの定理」と呼ばれる考え方がある（室田 1984）。ホテリングの定理では，枯渇性資源の価格上昇率は，利子率に等しくなる。枯渇性資源の価格は資源の価値を表し，それは採掘した資源を販売して得られる収益に相当する。このため，枯渇性資源の価格上昇率は，採掘して販売することから得られる収益率になる。採掘して販売する行為を投資と考えると，債券や預貯金などの資産に投資する場合と比べて収益率が高ければ，枯渇性資源に投資する方が有利である。逆に，債券や預貯金などの収益率の方が高ければ，これらの資産に投資する方がよい。債券や預貯金などの収益率が利子率で表されるとすると，結局枯渇性資源の価格上昇率が利子率と等しくなるように投資が行われることになる。

　ホテリングの定理が当てはまるのであれば，利子率が正であるかぎり，枯渇性資源の価格は上昇を続けるはずである。石油のもとになる原油を例にして，ホテリングの定理の妥当性を確認しよう。図1-1は，1970〜2005年における原油の輸入円建て価格の推移を示している。原油の価格はキロリットル（kℓ）あたりで示され，輸送費と船荷保険料込の値段（CIF価格）で表示されている。また，物価上昇の影響を除くため，価格を物価指数で割った数値（実質価格）で表示している。物価指数として，2000年を1として基準化したGDPデフレーターを用いている。図を見ると，1970年代と2000年代では原油価格の実質値は上昇傾向にあるが，1979年の第二次石油危機以降，2000年ごろまでは低下，あるいは横ばいの傾向もみられる。近年は，中国・ブラジルなどの新興国における石油の需要が急増したこともあり，原油価格の上昇がみられる。

図1-1　原油価格の推移

注）　輸入CIF価格，2000年価格。
出典）　エネルギー・経済統計要覧より作成。

1-1-2 バックストップ技術

では、このまま枯渇性資源の価格が上昇を続けると、将来エネルギーの利用は困難になり、経済活動は停滞するのであろうか？ 我々が利用できるエネルギーには、枯渇性資源だけでなく、再生可能エネルギーもあることを思い出そう。太陽光や風力などの再生可能エネルギーは、コストが高いためにこれまではあまり普及しなかった。しかし、枯渇性資源の価格が高水準に達すれば、再生可能エネルギーの割高感が薄れて利用が進むであろう。

このように、経済の発展段階の初めのうちは割安な枯渇性資源が活用されるが、やがて枯渇性資源の価格が高水準に達し、再生可能エネルギーが活用されるようになることを、図1-2をもとに確認しよう（ノードハウス 1982）。図1-2では経済発展を2つの期間に区分し、開始からT年までを第1期、T年から先を第2期としている。横軸に期間、縦軸に枯渇性資源の価格がとられている。再生可能エネルギーの限界費用は、OCの長さに相当する。限界費用とは、再生可能エネルギーを1単位追加供給するのに必要なコストである。第1期では、枯渇性資源の利用があまり進んでおらず、埋蔵量が豊富であるため、価格は低水準にある。このため、枯渇性資源が主に利用され、コストが割高な再生可能エネルギーはあまり利用されない。すると、埋蔵量の減少とともに価格が上昇し、T年において再生可能エネルギーの限界費用と一致するようになる。第2期では、コストの点で枯渇性資源と差がなくなったため、枯渇性資源にかわって再生可能エネルギーの利用が進む。再生可能エネルギーが普及して大量生産されるようになると、技術の進歩とともに限界費用が低下することが見込まれるため、やがてエネルギー価格が低下する。このように、再生可能エネルギーには枯渇性資源の代替的な役割を担うことが期待されるため、「バックストップ技術」とも呼ばれる。

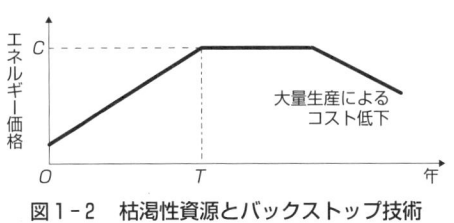

図1-2　枯渇性資源とバックストップ技術

図1-2は、エネルギー価格の高騰を長期的に抑制するうえで2つの政策が重要になることを示唆している。ひとつは、再生可能エネルギーの限界費用を低下させる政

策であり，再生可能エネルギーの技術開発を積極的に進めることによって限界費用を低下させる。たとえば，わが国では石油危機後に「サンシャイン計画」と呼ばれる政策が実行され，再生可能エネルギーの技術開発が推進されたが，このような政策には図1-2のOCの長さを引き下げることによって，エネルギー価格の高騰を抑制する効果がある。2つめは，枯渇性資源が主に利用される第1期の長さを延ばす政策である。これまで，採掘技術の発展にともなって，世界各地で海底を中心とした新規の油田開発が推進されてきた。新規の油田開発は，石油の埋蔵量を増やすことによって可採年数を引き上げる。その結果，図1-2のOTの長さが延びて，石油価格の上昇がゆるやかになり，エネルギー価格の高騰が緩和される。

1-1-3 再生可能エネルギーの普及政策

再生可能エネルギーを普及させることは，枯渇性資源の埋蔵量の減少にともなうエネルギー価格の高騰を抑制するだけでなく，地球温暖化を防止するうえでも重要である。市場メカニズムを活用して再生可能エネルギーの普及を促進する政策として，RPS（Renewables Portfolio Standard）とFIT（Feed-In Tariff）の2つの制度が代表的である。RPS制度は，電力会社の販売電力量に占める再生可能エネルギーの利用比率を一定以上にする政策である（資源エネルギー年鑑編集委員会 2009）。電力会社は，自ら再生可能エネルギーを用いて発電する以外に，太陽光発電や風力発電を行う他の事業者から電気を購入してもよい。太陽光発電や風力発電を行う他の事業者が遠隔地で操業していて直接購入できない場合には，発電量に応じてこれらの発電事業者に付与される「RPSクレジット（グリーン電力証書）」と呼ばれる証明書を購入してもよい。これらの方法を組み合わせて，結果的に販売電力量に占める再生可能エネルギーの利用比率が一定以上になればよい。このため，電力会社にとっては，再生可能エネルギーの導入をより柔軟に進めることができる。

FIT制度は，再生可能エネルギーによって発電した電気を，電力会社に一定の価格で買い取る義務を負わせることによって，再生可能エネルギーの普及を推進する政策である。買取価格を，通常の電力価格よりも高く設定することによって，再生可能エネルギーを設置して発電する経済的な誘因を事業者や家庭

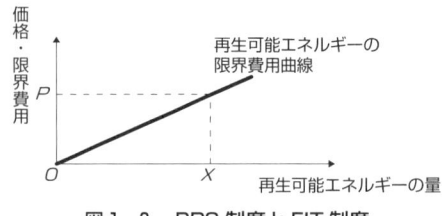

図1-3　RPS制度とFIT制度
出典）赤尾（2009：264）より作成。

に与える。また，買い取る期間をある程度長く設定することによって，再生可能エネルギーに投資する経済的なリスクを軽減することが期待される。

RPS制度とFIT制度は，経済理論の観点からは同一の効果を有する。この点を，図1-3をもとに確認しよう（赤尾 2009）。図1-3の横軸には再生可能エネルギーの数量，縦軸には再生可能エネルギーの限界費用・市場価格・買取価格が，それぞれ示されている。図では限界費用が再生可能エネルギーの数量とともに逓増する点が仮定され，右上がりの限界費用曲線が描かれている。電力会社の発電総量を一定とし，RPS制度における電力会社の再生可能エネルギーの量を OX の長さで表す。電力市場が完全競争であれば，市場価格は限界費用と等しくなる。このため，RPS制度のもとでは再生可能エネルギーの市場価格が図の OP の長さと一致する。ここで比較のために，FIT制度において買取価格を OP の長さと等しく設定するならば，電力市場が完全競争であるかぎり価格と限界費用が一致する点で均衡になり，再生可能エネルギーの量は OX の長さと等しくなる。以上から，RPS制度とFIT制度は，理論的には同一の効果を有することがわかる。

1-2　省エネルギーの経済理論

1-2-1　なぜ省エネルギーが必要か

省エネルギーとは，産業や家庭などで使われるエネルギーの消費を抑制することである。工場やビル，住宅など，エネルギーはいたるところで利用されているが，地球温暖化の原因となる CO_2 などの物質の大半は，石油，石炭，ガスなどの化石燃料を中心としたエネルギーの消費に由来する。わが国では戦後の高度経済成長とともにエネルギー消費が増加したが，1970年代の石油危機を境にして製造業を中心に省エネルギーが進展した。2005年における実質GDPあたりの一次エネルギー消費を見ると，わが国はOECD平均の約54％と

低水準にあり，米国の半分に過ぎない（日本エネルギー経済研究所 2008）。しかし，電力の比重は年々高まっており，最終エネルギー消費に占める電力の割合は，第一次石油危機前の1970年における12.7%から，2006年では24.3%に上昇した。わが国では化石燃料に依存する割合が依然として高く，電力消費の増加は化石燃料の消費をともなうため，電力を中心に省エネルギーを進め，地球温暖化の原因となるCO_2などの排出を抑制する必要がある。

わが国において消費される化石燃料の大部分は，海外から輸入されている。2006年時点で見ると，石油は主に中東諸国から，石炭は主にオーストラリアやインドネシア，中国から，天然ガスは主にオーストラリア，インドネシア，マレーシアから，それぞれ輸入している（日本エネルギー経済研究所 2008）。このため，石油危機のように燃料の輸入が困難になると，エネルギー不足が深刻化し，経済に悪影響を及ぼす。実際，1973年の石油危機の翌年には実質GDPの成長率がマイナスを記録した。今後も海外からの輸入に頼らざるをえないことを考えると，省エネルギーを推進して化石燃料の消費を抑制することが重要になる。

図1-4は，2006年度のわが国における発電用のエネルギーの内訳である。図の数値は，エネルギーごとの発電量（キロワット時）の割合を示している。LNGとは，液化天然ガスの略語である。海外で産出された天然ガスは，現地でいったん液化し，専用のタンカーでわが国に輸送する。そして，液化したガスを海水などによって気化し，利用するのである。図の「その他」には，地熱，太陽光，風力などの再生可能エネルギーが多く含まれる。わが国は，石油，石炭，ガスなどの化石燃料のほかに，水力・原子力・太陽光・風力・地熱など，さまざまなエネルギーを利用して発電している。このうち，石油・石炭・LNGを合わせた化石燃料の合計は6割を占めており，原子

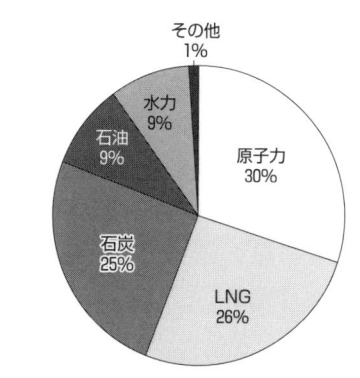

図1-4　わが国の発電用エネルギーの内訳（2006年）
出典）電気事業連合会（2008）より作成。

力（3割），水力（1割弱）を上回っている。水力以外の再生可能エネルギーは1％と非常に低い割合である。このため，地球温暖化の防止やエネルギーの安定的な確保の観点からは，再生可能エネルギーの利用促進とともに，省エネルギーを推進することが重要となる。

1-2-2　省エネルギー機器への投資

　エネルギーの消費を左右する要因は，車や家電などの機器の保有と利用に区分できる。このうち，機器の保有については，家庭やビル，工場に設置される機器の台数と省エネルギー性能が重要である。省エネルギー性能は，ひとつの機器を一定の時間および距離使用するのに必要なエネルギーの量で定義される。たとえば，車の省エネルギー性能は燃費によって測ることができる。技術の進歩にともなって，エネルギーを利用する機器の省エネルギー性能が年々向上している。ガソリン乗用車（新車）を例にすると，1ℓあたりの走行距離（燃費）が1976年で11.8km/ℓであったのが，30年後の2006年では15.3km/ℓと，約30％改善している（日本エネルギー経済研究所 2008）。省エネルギー性能の高い機器が普及することによって，省エネルギーの進展が期待される。すでに自動車や家電製品の普及が進んでいるわが国では，古い機器から省エネルギー性能の高い機器への買い替えが，省エネルギーの進展を左右する。

　省エネルギー型の機器への買い替えを投資行動と考え，省エネルギー型の機器の普及を左右する経済的要因を，投資回収年数によって分析することができる。投資回収年数とは，機器の購入コストを，省エネルギー型の機器への買い替えによって1年間に節約できたエネルギー・コストで割った数値で定義される。つまり，購入コストをC，エネルギー価格をP，1年間に節約できるエネルギーの量をEとすると，投資回数年数はC÷（P×E）の式で計算される。たとえば，電力価格がキロワット時あたり25円のとき，年間400キロワット時の節電が可能な1台10万円の省エネルギー型エアコンの場合，投資回収年数は次のようになる。

　　10万円÷（キロワット時あたり25円×年間400キロワット時）＝10年

　省エネルギー型の機器への買い替えに関する判断は，機器の種類や保有者に

よって異なる。大規模な工場では，投資回収年数が5年を超える設備への更新は困難であろう。逆に，環境保全を重視する消費者のなかには，投資回収年数が10年を超える省エネルギー型の家電製品に対しても積極的に買い替える人がいるかもしれない。いずれにしても，省エネルギー型の機器への買い替えが起こるのは，投資回収年数が，機器の保有者の定めた年数以下になる場合に限られる。つまり，機器の保有者が定めた年数をTとすると，T ≧ C ÷ (P × E)の場合に省エネルギー型の機器への買い替えが起こることになる。この式を変形すると，買い替えが起こる条件をP ≧ C ÷ (T × E)と書くことができる。この不等式の右辺は省エネルギーのコスト，つまり省エネルギー1単位あたりの機器コストを表し，また，左辺は省エネルギーの便益，つまり省エネルギー1単位あたりのエネルギー・コストの節約を表す。

　このことから，エネルギー価格が高く，省エネルギー型の機器が安く，省エネルギーの性能が高いほど，省エネルギー機器への買い替えが進むことがわかる。たとえば，T = 10の消費者にとって，電力価格がキロワット時あたり30円の場合には省エネルギーの便益がキロワット時あたり30円になるから，年間200キロワット時の節電が可能な1台5万円の省エネルギー型エアコンは，省エネルギーのコストが5万円÷（10年×200キロワット時）＝キロワット時あたり25円となり，省エネルギー型エアコンへの買い替えが進むことが期待される。

1-2-3　機器の利用

　保有する機器の利用は，機器の台数や省エネルギー性能とともに，エネルギー消費を左右する重要な要因である。機器の利用は，気候，地域，景気，業種，世帯構成など，さまざまな要因に左右される。このうち，電気やガス，灯油などのエネルギー価格は，機器の利用に影響を与える重要な経済的要因である。

　エネルギー価格と機器の利用の定量的な関係は，需要の価格弾力性によって測ることができる。需要の価格弾力性とは，価格の1%の変化に対して需要が何%変化したかを表す指標であり，需要の変化率を価格の変化率で割った数値で定義される。たとえば，所得や気候などの要因が一定のとき，電力価格が5%上昇してエアコンの消費電力が1%減少すれば，エネルギー需要の価格弾力性

は−0.2となる。目安として，絶対値が1を超える場合を，価格に対する需要の反応が敏感であると考え，需要が「弾力的」であるとする。逆に，価格弾力性の絶対値が1を下回る場合は，需要が「非弾力的」であるとされ，価格に対する反応が鈍いと考える。

エネルギー価格の変化が機器の利用に及ぼす影響は，自己価格効果および交差価格効果の2つに区分される。自己価格効果は，所得，気候，他のエネルギー価格などを一定とした場合に，当該エネルギーの消費が価格の変化によってどの程度変化するのかを示している。価格の上昇（下落）は，エネルギー需要を減少（増加）させるから，自己価格効果はマイナスになる。自己価格効果の規模を計測するため，あるエネルギー価格の1％の変化に対してそのエネルギーの消費量が何％変化するのかを示す「自己価格弾力性」を用いる。

あるエネルギーの価格の変化は，そのエネルギーだけでなく，相対価格の変化を通じて他のエネルギーの需要にも影響を与える。交差価格効果は，所得や気候などを一定とした場合に，他のエネルギーの価格変化によって当該エネルギーの需要がどの程度変化するのかを示す指標である。あるエネルギーの価格上昇が，その需要を減らすだけでなく，他のエネルギーへの代替を引き起こし，その結果他のエネルギーの需要が増加する場合には，2つのエネルギーは互いに競合していることになる。このため，異なるエネルギーが競合する場合には，交差価格効果はプラスになる。逆に，あるエネルギーの価格上昇が，そのエネルギーに加えて他の需要も減少させるのであれば，2つのエネルギーは競合しておらず，補完的な関係にあることになる。補完関係の場合には，交差価格効果はマイナスになる。したがって，交差価格効果を調べることによって，2つの財が競合しているかどうかを判断できる。交差価格効果の規模を計測するため，あるエネルギー価格の1％の変化に対して他のエネルギーの消費量が何％変化するのかを示す「交差価格弾力性」を用いる。

1-2-4 リバウンド効果

省エネルギー型の機器の経済的なメリットは，利用するエネルギーのコストが節約できる点にある。このため，消費者にとっては機器の利用が割安になり，買い替え前よりも機器の利用時間や回数が増えるかもしれない。たとえば，省

エネルギー性能の高いエアコンに買い替えた消費者は、冷房機器の設定温度を下げるか、あるいは以前よりも長い時間使うかもしれない。

このように、機器の省エネルギー性能が向上した結果、機器の運転費が低下することによって逆にエネルギー消費が増える現象を、「リバウンド効果」と呼ぶ。リバウンド効果が存在する場合、省エネルギー性能が1％向上した機器が普及しても、達成される省エネルギーは1％を下回る。エネルギー・コストの低下によって機器の利用が増えた分、省エネルギーの効果を相殺してしまうからである。たとえば、景気やガソリン価格など自動車の利用に影響を与える要因が一定の場合、燃費が5％改善されたガソリン車が普及したのにもかかわらず、ガソリンの消費量が普及前に比べて2％しか低下しなかったのであれば、リバウンド効果は5％－2％＝3％となる。

リバウンド効果は、エネルギー需要の価格弾力性に左右される。価格弾力性の絶対値が大きく需要が弾力的になるほど、リバウンド効果が大きくなり、省エネルギー性能の向上がもたらす効果が相殺される度合いが大きくなる。たとえば、わが国の家庭を対象として計測した最近の事例（松川 2009）を見ると、電力需要で－0.7、ガス需要で－0.4、灯油需要で－0.2である。したがって、ガスや灯油を使う機器に比べて、家電製品におけるリバウンド効果が大きくなる可能性が推察される。

1-2-5 省エネルギーを促進する政策

省エネルギーを推進するには、市場メカニズムを有効に活用して、高性能の機器の開発と普及を促すことが重要である。省エネルギーの性能に優れた機器の研究開発に対して補助金を供与する政策に加えて、燃費がよい車への買い替えに対して自動車重量税と取得税を免除あるいは軽減する「エコカー減税」（国土交通省 2012）や、省エネルギー性能の高い家電製品の購入に対して実質的に補助金を供与する「家電エコポイント制度」（グリーン家電エコポイント事務局 2011）が導入された。これらの制度は、いずれも金銭的な誘因を通じて、企業の技術開発や消費者の機器選択といった経済行動を望ましい方向に誘導することを目的としており、市場メカニズムを活用した省エネルギー政策である。

CO_2などの汚染物質の排出量に応じて課税する環境税も、市場メカニズムに

基づいて省エネルギーを進める経済学的な政策である。環境税は環境規制における経済的手段のひとつであり（栗山・馬奈木 2008），CO_2 などの地球温暖化の原因となる物質の主な発生源である化石燃料の利用に対して課税する。このことによって，エネルギー価格の上昇にともなう化石燃料の消費量の削減を進め，CO_2 などの排出を抑制することが期待される。環境税の収入は，汚染物質の回収・排出抑制を目的とした技術開発や森林の保全・整備などの地球温暖化対策に用いられる。環境税が導入されれば，環境負荷が高いエネルギーほど割高になるため，再生可能エネルギーの導入とともに，省エネルギー性能の高い機器の開発と普及が期待される。

環境税の導入によるエネルギー価格の変化は，機器の利用にも影響を及ぼす。たとえば，わが国の家庭を対象とした研究（松川 2009）では，仮に 2005 年 10 月 25 日発表の環境省提案（環境省 2005）が実施されることによってガス価格が 0.80％，電力価格が 1.15％，灯油価格が 0.96％それぞれ上昇するならば，比較的税率の高い電力の需要減少によって，電力消費から排出される CO_2 が 0.49％削減される可能性が指摘されている。電力については，課税による需要の減少に加えて，ガスや灯油との相対価格の上昇にともなうこれらのエネルギーへの代替によって，CO_2 の排出量の削減効果が最大になっている。他方，税率の低いガスや灯油から排出される CO_2 の削減量は 0.1％にも満たない。とくにガスについては，電力を代替して増えた需要が課税による需要の減少をほぼ相殺するため，CO_2 の排出量の削減効果が結果的に最小となっている。

参考文献

赤尾健一　2009「温暖化対策と都市ガス産業」竹中康治編著『都市ガス産業の総合分析』NTT 出版，253-276 頁

環境省　2005「環境税の具体案」http://www.env.go.jp/policy/tax/051025/index.html （最終アクセス 2012 年 6 月 6 日）

栗山浩一・馬奈木俊介　2008『環境経済学をつかむ』有斐閣

グリーン家電エコポイント事務局　2011「グリーン家電普及促進事業エコポイント」http://eco-points.jp/index.html（最終アクセス 2012 年 6 月 6 日）

国土交通省　2012「自動車重量税等の減免について」http://www.mlit.go.jp/jidosha/jidosha_fr1_000028.html（最終アクセス 2012 年 6 月 6 日）

資源エネルギー年鑑編集委員会　2009『2007〜2008資源エネルギー年鑑』通産資料出版会
電気事業連合会　2008 *Electricity Review Japan.* http://www.fepc.or.jp/english/index.html（最終アクセス2012年6月6日）
日本エネルギー経済研究所　2008『エネルギー・経済統計要覧』省エネルギーセンター
ノードハウス，W. 1982『エネルギー経済学』鈴木篤之・室田泰弘訳，東洋経済新報社
BP統計　2011 *BP Statistical Review of World Energy.* http://www.bp.com/（最終アクセス2012年6月6日）
松川勇　2009「エネルギー間競合——家計需要と環境税の効果」竹中康治編著『都市ガス産業の総合分析』NTT出版，95-109頁
室田泰弘　1984　『エネルギーの経済学』日本経済新聞社

第2章 レアメタル
先物市場とその役割

2-1 はじめに

　本章では，非再生資源（非再生可能資源）のなかでも特に希少性の高いレアメタルの先物市場を取り上げる。レアメタルとはその名のとおり希少な金属のことを指し，白金族金属やインジウムのような資源的に希少なものから，チタンやシリコンのように資源的には豊富であっても技術的に製錬することがきわめて困難な金属などを含めていう。しかし学術的にきちんと定義されているわけではない。また，レアメタルという言葉も日本ではよく使われているが，外国ではレアメタルという言葉はあまり使われておらずマイナーメタルと呼ばれており，その定義も異なっている。日本の産業界でよく使われる分類に従うと，レアメタルは図2-1のように非鉄金属に分類されており，原則として銅，アルミニウム，鉛といった比較的調達しやすいベースメタル（汎用金属）以外の非鉄金属をいう。

　レアメタルは電子機器，ハイブリッドカーのモーターとして使われる磁石材料，航空機の構造材，太陽電池など，近年ハイテク産業にとって不可欠な資源であり，その重要性は高まる一方である。しかしレアメタルの鉱石はアフリカ諸国，米国，中国，ロシアなど特定の国に偏在しており，日本などの輸入国にとって産出国の経済や国政に左右されやすいという問題を抱えている。このよ

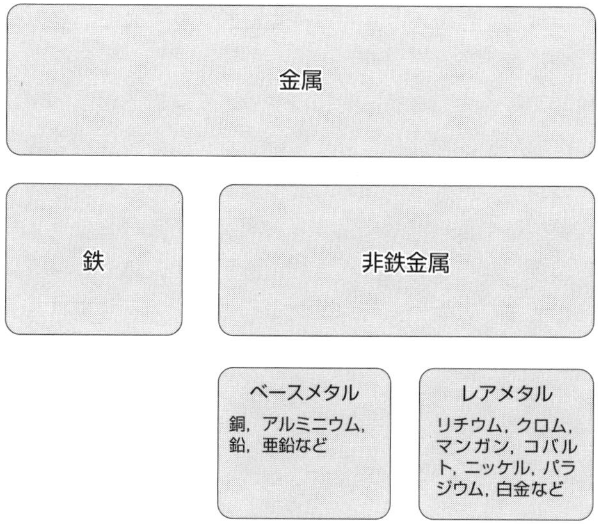

図 2-1　鉱物資源の分類

出典）志賀 2003：1-2。
注）パラジウム，白金は金，銀とともに貴金属にもしばしば分類されている。
なおレアアースもレアメタルのなかに分類されるケースもある。

うな問題に加えて，レアメタルは希少であるがゆえに供給量が少なく，安定した市場を形成するのが難しいというのが現状である。たとえば，2010年の中国による輸出枠削減方針の影響でレアアース（希土類）の価格が急騰したが，こういった価格の不安定性にどう対処していくかはレアメタルの需要側にとっては重要な課題である。

　レアメタルに限らず，石油や天然ガスといったエネルギー資源，トウモロコシや大豆といった農作物，銅やアルミニウムといったベースメタルなど，あらゆる商品の価格は常に変動しており，供給地域における天災，災害，経済や国政の不安定性などによって大きく変動することもある。そういう意味で商品市場は常に価格変動による損失リスクに直面しているといえる。価格変動によるリスクは，需要側にとっては上で取り上げた中国のレアアースの輸出制限のように，今まで通常通り供給されていた地域からの供給が減ることによる価格高騰といったものがある。一方，供給側にとっての価格変動による損失リスクとしては，いわゆる「豊作貧乏」といった供給過多による価格低下のリスクや，

第 2 章 レアメタル　15

類似した商品に需要が転換することによる需要の減少といったものがある。

　このような価格変動のリスクをヘッジ（回避）するための市場として発達してきたのが商品先物市場である。先物市場の主要な機能には，この「リスクヘッジ」の他に，市場関係者が商品に対していくらくらいの価格を想定して取り引きするのかを明らかにする「価格発見」の機能がある。市場参加者は，取引時点において需要関数や供給関数で定まる均衡価格を把握したうえで取引価格を決定しているわけではないため，ときに均衡価格とはほど遠い不当な価格で商品が売買されてしまうことがある。先物市場は将来の一定期日における取引を約束し，その時点における価格を現時点で決める取引であるため，価格変動のリスクを回避したり，先物市場での「価格発見」を通じて現時点の市場取引の際に有効な価格情報を提供したりすることができるのである。こういった先物市場の役割を「リスクヘッジ」と「価格発見」の機能を中心に説明していくことで，本章では先物市場がレアメタルの取引において市場メカニズムを有効に機能させるうえでいかに重要かということを説く。

　日本では，これまで主に大豆，小豆，コーヒー，粗糖，冷凍えびといった農水産物商品と，金，銀，白金，パラジウム，アルミニウムといった貴金属・レアメタル，原油やガソリンのようなエネルギー資源商品が先物市場で取り引きされている。日本の先物市場は江戸時代の堂島米会所の米取引が起源とされている。岡田（2008）によると，日本において商品先物を扱う取引所は，1954年から1972年までは全国で20ヵ所ほど存在していたが，2010年現在では表2-1のように統廃合が進み，東京工業品取引所（TOCOM: Tokyo Commodity Exchange），東京穀物商品取引所（TGE: Tokyo Grain Exchange），中部大阪商品取引所（C-COM: Central Japan Commodity Exchange），関西商品取引所（Kanex: Kansai Commodities Exchange）の4ヵ所に集約されている。[*1]

　次節では先物市場の主要な機能である「リスクヘッジ」と「価格発見」について説明する。第3節では，先物市場が有効に機能しているかを見る際によく議論される効率的市場仮説の概念について見る。第4節では，具体例として米国と日本の白金およびパラジウムの先物市場を取り上げ，近年の両者の市場価格の動向をみながら，これらの先物市場は効率的に価格形成がなされているのかということを議論する。第5節では本章のまとめとして今後のレアメタル先

表 2-1 日本の商品取引所の概要

	東京工業商品取引所	東京穀物商品取引所	中部大阪商品取引所	関西商品取引所
出来高（万枚）	4740.6	1780.5	569.5	16.4
出来高シェア(%)	66.70	25.05	8.01	0.23
取引金額（兆円）	124.3	20	3.9	0.2
会員数	99	127	105	72
監督官庁	経済産業省	農林水産省	経済産業省 農林水産省	農林水産省
主な上場商品	金，銀，白金，パラジウム，原油，ガソリン，アルミニウム	大豆，小豆，粗糖，トウモロコシ，コーヒー生豆	鉄スクラップ，ガソリン，灯油，鶏卵，ゴムシート	大豆，小豆，粗糖，ブロイラー，トウモロコシ，冷凍えび

注） 出来高，取引金額は2007年度の，会員数は2008年度の数字である。
出典） 岡田 2008：11。

物市場の課題や非再生資源における先物市場の重要性について論じる。

2-2 先物市場の機能

先物市場の主な機能は，市場関係者にとって価格変動のリスクを回避する場としての「リスクヘッジ」機能と，公正で透明性の高い価格情報を提供するという「価格発見」の機能である。本節ではこの2つの機能についてくわしく見ていく。

2-2-1 リスクヘッジ

リスクヘッジとは直訳すれば危険回避のことであるが，先物市場における危険とは，レアメタル市場の需要側を例にとればレアメタルの市場価格が予想より上昇することによる損失であり，レアメタルの供給側にとっては価格低下による損失である。このような価格変動による損失を回避するうえで，先物市場はどのような役割を果たすことができるのか。以下の例で説明する。

仮に，ある年の1月に，トウモロコシを生産している農家が6月に収穫したトウモロコシを売ることを予定している状況を取り上げる。一般に農作物価格の変動は激しく，仮にトウモロコシ1tあたりの価格が1月現在で5万円であっ

たとしても，6月までこのような高価格が続くという保証はなく，6月になると価格が3万円まで下がってしまう可能性がある。実際に価格が3万円まで低下すれば，この農家は2万円の損失を被るというリスクに直面していることになる。このようなリスクに対し，農家はトウモロコシの先物市場に参加することで次のような形でリスクを回避できる。それは1月の時点で，6月に5万円で1tのトウモロコシを売るという契約を先物市場で結んでおくという方法である。1月に先物市場でこのような先物契約を結んでおけば，6月になったときに収穫されたトウモロコシを5万円で売ることができ，価格低下のリスクを回避できるのである。

このように，ある時点より先の時点で価格が下落すると予想して商品を先物市場で売るような状態を，先物市場では売り建て（ショート）という。逆に将来のある時点で価格が上昇すると予想して，先物市場で商品を買うような状態を買い建て（ロング）と呼ぶ。この例のように，1月時点で6月に1tのトウモロコシを売ることを予定している状態にある農家は，売りポジションにあるという。その逆で，買う予定にある状態を買いポジションという。

一般に，先物市場の参加者は，この農家のように契約満期時に商品を届けるということはせず，満期前のある時点で売りポジションであれば先物商品を買い戻し，逆に買いポジションであれば先物商品を満期前に売る。このように現物の取引は先物市場ではしないことの方が多い。具体例として，表2-2のよう

表2-2　トウモロコシの先物市場を利用した売りヘッジの例

時点	現物市場	先物市場	先物取引の内容
1月	5万円	5ヵ月先の先物取引の価格 5.2万円	5ヵ月先に5.2万円でトウモロコシ1tを売る
5月	4万円	1ヵ月先の先物取引の価格 4.2万円	1ヵ月先に4.2万円でトウモロコシ1tを買う
6月	3万円		

先物取引を利用していなかった場合の損失
　5万円－3万円＝2万円
先物取引を利用していた場合の損失
　現物市場での損失－先物市場で得た利益＝2万円－（5.2－4.2）万円＝1万円

注）　価格は1tあたりとする。

にトウモロコシの現物市場と先物市場の価格が決まっていたケースを取り上げたい。

表2-2のような価格設定を想定しよう。このような価格状況であるなら、トウモロコシを生産している農家は、1月時点でトウモロコシ1tを5.2万円で6月に売るという契約を結んでおくと同時に、6月の満期時点が来る前の5月時点で満期まで残り1ヵ月の先物契約を先物市場で4.2万円で買い戻せば、先物市場で現物を売らなくても価格低下のリスクを減らすことができる。このように売りと買いの両方の契約を先物市場で結べば、自分に商品を売って自分で買っている状況と同じような状態を作ることになり、実際に現物取引をしなくても先物市場で1万円の利益が得られ、現物市場における価格低下のリスクを減らすことができるというわけである。表2-2に示したように、先物市場を利用していなければトウモロコシ1tを6月に売る際に2万円の損失が出ていたのだが、先物市場を利用することで先物市場から得た1万円の利益の分だけ損失を減らすことができるのである。

このように将来価格が低下することを予測し、あらかじめ決められた価格で先物市場で売り契約を結ぶことでリスクをヘッジする場合を「売りヘッジ」という。逆に、将来価格が上昇することのリスクをヘッジするために先物市場で将来の時点での購入価格を定める場合を「買いヘッジ」という。

レアメタルの場合、その鉱物資源の多くは日本では調達できないため、日本のレアメタル市場参加者の多くは購入する際の価格変動リスクに直面している。そこで買いヘッジについても簡単な例を紹介しておく。白金（プラチナとも呼ぶ）を例にとってみよう。仮に1月の時点で白金が現物市場で1gあたり4,000円前後で取り引きされているとする。ある商社が6月までに1kgの白金を調達しようとしており、6月の時点でこの価格が上昇すると予想しているとする。

表2-3のような現物市場と先物市場を想定しよう。この商社が表2-3のような状況で買いヘッジをする方法としては、価格が上昇する前の1月の時点で、あらかじめ先物市場で1gあたり4,200円で1kg分の白金を買っておけばよい。現物の輸送コストなどを考え、調達は近くにある現物市場で行い、先物市場では現物の取引は行わないとする。この場合、仮に満期1ヵ月前の5月時点で現物価格が1gあたり5,000円まで上がっていたとしても、先物市場で1gあたり

第2章 レアメタル

表 2-3　白金の先物市場を利用した買いヘッジの例

時点	現物市場	先物市場	先物取引の内容
1 月	4,000円	5ヵ月先の先物取引の価格 4,200円	5ヵ月先に1gあたり4,200円で白金1kg分を買う
5 月	5,000円	1ヵ月先の先物取引の価格 5,200円	1ヵ月先に1gあたり5,200円で白金1kg分を売る
6 月	5,500円		

先物取引を利用していなかった場合の損失
　　(5,500−4,000)円×1,000g = 1,500円×1,000g = 150万円
先物取引を利用していた場合の損失
　　現物市場での損失−先物市場で得た利益 = 150万円−(5,200−4,200)円×1,000g
　　　　　　　　　　　　　　　　　　　　 = 50万円

注)　価格は1gあたりとする。

4,200円で買っておいた白金を1gあたり5,200円で売れば，これによって得た1gあたりの利益分1,000円だけ現物市場における損失を減少させることができるのである。このように先物市場で買いヘッジを行えば，先物市場を利用しない場合に比べて損失を減らせることがわかる。

2-2-2　価格発見

「価格発見(price discovery)」という言葉は，経済学でよく使う「価格決定(price determination)」の概念と比べると，あまり馴染みのない言葉かもしれないが，価格発見は金融や経営学では重要な概念であり，とくに先物市場に関して，必ずといっていいほど出てくる言葉である。先物市場では，買い手と売り手がさまざまな情報をもとに交渉によって合意したところで価格が定まるため，必ずしも商品の実際の需要と供給の関係を反映して価格が決定されるわけではないのである。ここでは価格発見と価格決定の違いを説明しながら，先物市場の価格発見機能について説明する。

価格決定では，価格は需要と供給の量によって最終的に需給が均衡したときの市場価格に定まる。図2-2のように経済学でお馴染みの線形の需要関数と供給関数を見てみよう。均衡価格になるまでの調整の仕方では，需要と供給の数量が調整されることで均衡価格になるという調整過程（ワルラス的調整）や，需要と供給の価格差から需給調整を考える調整過程（マーシャル的調整）など

図2-2　価格決定

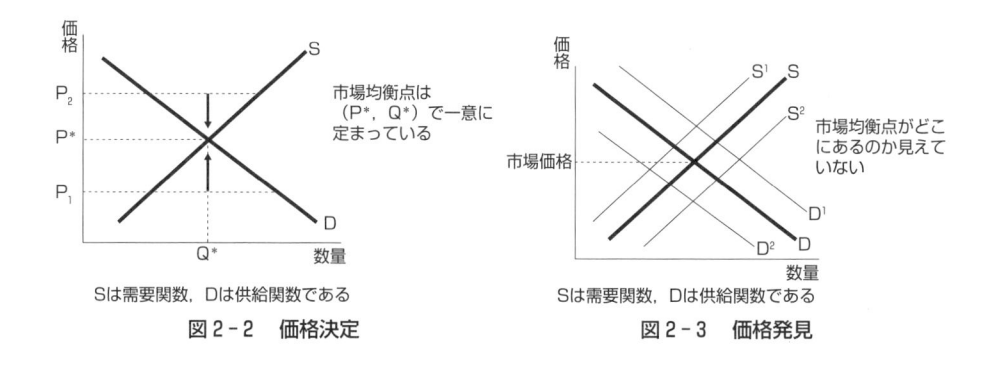

図2-3　価格発見

があるが、ここではワルラス的調整過程で市場均衡に到達すると仮定する。図2-2において、当初価格はP_1にあったとする。この価格では需要量の方が供給量より多く超過需要となっているため、価格は需給が一致する均衡価格P^*まで上昇する。また価格がP_2にあった場合は、供給量の方が需要量より多く超過供給となっているため、価格は需給が一致する均衡価格P^*まで下落する。このように価格は、需要量と供給量の関係から均衡価格より上にあっても下にあっても、いずれは均衡価格に到達するというわけである。レアメタル市場でたとえれば、レアメタルの価格はその需要と供給が一致するところで一意に決まるということになる。

一方、価格発見では、買い手と売り手が市場価格も含めてさまざまな情報をもとに交渉をすることで価格が決まる。そもそも価格の交渉をする際に、買い手と売り手は需要関数や供給関数の形を知っているわけではないし、それぞれが手にしている価格に関する情報も、どれだけ正確なものかわからないという不確実性を有している。価格発見では、図2-3のように買い手と売り手はさまざまな需要関数や供給関数を想定したうえで各自の情報をもとに価格交渉をしている。したがって、図2-2のように均衡点は無数に存在しており、価格は需要と供給の関係だけでひとつに決まるというわけではないのである。

先物市場ではとくに現時点から2ヵ月先、4ヵ月先、ときには1年くらい先の商品価格を交渉によって決める。そのため、価格決定の際には現在の市場価

第2章　レアメタル　21

格だけでなく，1年後の商品の供給状態に関する情報から，輸送コストに関連する石油などのエネルギーの価格，さらにはその年の経済状況，政治状況など，ありとあらゆる情報を考慮に入れながら価格交渉が行われる。このように先物市場では交渉によってさまざまな市場参加者同士で情報が共有されていくなかで価格発見がなされていく。

　このような先物市場の価格発見の機能の有用性としては，先物市場で形成される商品価格の情報が，現物市場に対して有用な価格指標を提供するという点があげられる。現物市場の価格が，先物市場で価格交渉をする際に価格指標として利用されるのと同様に，先物市場で形成された価格も，しばしば現物市場に価格情報を提供するという意味において重要な役割を果たしているのである。

2-3　効率的市場仮説

　ここでは，先物市場の価格が公正な取引価格を発見する場として有効に機能しているのかを見るうえで重要な概念である「効率的市場仮説」について述べる。効率的市場仮説は，金融の分野では頻繁に用いられ，ユージーン・ファーマ（Fama 1970）の定義が広く使われている。

　ファーマは，価格に入手可能なすべての情報が反映されていれば，その市場は「効率的」であると主張し，過去の情報，公的情報，私的情報が価格のなかに反映されているかいないかで，「弱い意味での効率性（weak form efficiency）」，「やや強い意味での効率性（semi-strong form efficiency）」，「強い意味での効率性（strong form efficiency）」の3つに分類している。「弱い意味での」効率的な市場では，市場価格に過去の情報が反映されていれば効率的であると定義されている。「やや強い意味での」効率的な市場は，過去の情報と公的に公表されている情報が含まれている場合をいい，「強い意味での」効率的な市場では，過去の情報，公的情報に加えて，さらに一部の市場参加者だけがもつ私的情報も含められている場合を指す。

　ここではこれらの3つの効率性に関する詳細な説明はしないが，要点をまとめると次のようになる。市場が効率的であるならば市場価格のなかに価格に影響を与えるニュースや出来事がすべて織り込まれており，市場価格は常に情報

に基づく適正価格になっているとされる。

　先物市場が効率的かどうかは，しばしば，このような定義にしたがって検証されている。よく使われる方法は，ある時点で購入した先物価格が満期時において現物価格の期待値と同じになるかどうかを見るという手法である。このような手法を使うのは，仮に市場が効率的で情報のすべてが価格に反映されるならば，すなわち「効率的」な状態であれば，新しい情報も市場価格のなかに織り込み済みであるため，いかなる市場参加者も他の市場参加者より情報優位に立つことで継続的な利益を上げ続けることはできないという前提があるためである。先物市場が効率的であれば，価格が上昇するという情報があったとして，この情報はすでに先物価格に反映されているため満期時の現物価格と近い価格で先物価格も定められるというわけである。また先物価格と現物価格の差を利用して利益を上げようとする行為を裁定行為と呼ぶが，市場が効率的であればあるほど裁定行為が活発に働き，先物価格と現物価格の差は縮まっていく。したがって，効率的な市場では，市場参加者が先物市場を利用して商品を継続的に将来の現物価格より安い価格で調達することで利益を上げ続けることはできず，平均的には先物市場から得られる利益はゼロになるのである。

　しかし実際の市場データを使った現物市場と先物市場の関係を見る研究では，効率的市場仮説が成立していないという結果も示されており（Chowdhury 1991），とくに市場参加者が少ないような先物市場では，一部の市場参加者の大規模介入などによって時に市場価格が操作されてしまうということも見られている。すなわち実際には常に先物市場が効率的に機能しているとは限らないのである。とくに2008年の世界金融危機以降，1990年以降発達してきた実験経済学や行動ファイナンスの分野からは，市場は一般的に常に効率的に機能しているわけではなく，バブルと呼ばれる状態のように，人々の思い込みといった客観性の低い要素が価格形成に影響を与えて不当に価格が高騰してしまうことも起こるとして，効率的市場仮説への批判も増えている（Krugman 2009）。

2-4　日米の白金・パラジウム先物市場

　レアメタルの先物市場のなかでも，米国のニューヨーク商業取引所

(NYMEX)と日本の東京工業品取引所（TOCOM）の白金とパラジウムの先物市場は，世界的に取引量が多く，これらの取引所の先物価格は現物市場においても世界的な指標とみなされている。[*2] そこで本節では，これらの取引所における白金とパラジウム市場の概要を説明するとともに，これらの市場における近年の価格動向について見ていく。

表2-4と表2-5は，それぞれ日本と米国における白金とパラジウムの取引概要をまとめたものである。各取引所では，扱っている商品に関する取引要綱を公開している。表2-4と表2-5はこのような取引要綱をもとにまとめたものだが，まず先物取引では取引対象となる標準品が定められており，限月に応じた取引の種類，取り引きする際の最小単位，価格の最小変動単位（呼値単位）なども決められている。[*3]

表2-4と表2-5を見ながら日本と米国の白金とパラジウムの先物市場の取引概要を比較すると，取引単位や貨幣単位の違いはあるものの，扱っている白金に関しては差がないことがわかる。電子取引を通じて夜間においても取引はできるようになっているが，両国とも表にある日中の立ち会い時間に取引がなされることが多いため，時差の関係から日本と米国では違う時間帯で取引がされている。したがって日本の先物市場の参加者にとって日中取引が始まる前の日本の夜間に定まる米国の先物市場価格は，重要な情報源となっている。他方，米国の市場参加者にとっても日中取引前の米国の夜間に取引が行われている日本の先物市場で成立する価格は有用な情報となる。このように日本と米国の先物市場は，市場参加者が価格情報を相互に利用しあっているために，両国の先物市場は価格情報を共有していることが多い。そこで次に，具体例として，2001年以降の両国の白金とパラジウム市場の価格の動きを比較しながら，実際に米国と日本の先物市場がどう関係しているかを見ることにする。

図2-4は東京工業品取引所で取り引きされている2001年以降の白金とパラジウムの先物価格を表している。図2-5はニューヨーク商業取引所の白金とパラジウムの価格を図にしたものである。これらの図を比較すると，日本と米国のどちらの市場も，白金・パラジウムともに同じような動きをしていることが見てとれる。

図2-6では，日本と米国の先物価格を比較しやすくするために，取引単位を

表2-4 日本と米国の白金先物市場の取引概要

	東京白金	NY白金
標準品	純度99.95％以上の白金地金	純度99.95％以上の白金地金
取引単位	500g	50トロイオンス
立会時間	日中：9：00～15：30 夜間取引：17：00～翌4：00	日中：8：20～13：05 電子取引：18：00～翌17：15
限月	新甫発会日の属する月の翌月から起算した12ヵ月以内の各偶数限月	当限および当限に続く2ヵ月，その後は1月，4月，7月，10月
呼値単位	1gあたり1円	1トロイオンスあたり0.1ドル
期限日	毎偶数月の末日	受渡の月の最終営業日から起算して3営業日前

出典) TOCOM, CME GroupのHP参照。

表2-5 日本と米国のパラジウム先物市場の取引概要

	東京パラジウム	NYパラジウム
標準品	純度99.95％以上のパラジウム地金	純度99.95％以上のパラジウム地金
取引単位	500g	100トロイオンス
立会時間	日中：9：00～15：30 夜間取引：17：00～翌4：00	日中：8：30～13：00 電子取引：18：00～翌17：15
限月	新甫発会日の属する月の翌月から起算した12ヵ月以内の各偶数限月	当限および当限に続く3ヵ月，その後は3月，6月，9月，12月
呼値単位	1gあたり1円	1トロイオンスあたり0.05ドル
期限日	毎偶数月の末日	受渡の月の最終営業日から起算して3営業日前

出典) TOCOM, CME GroupのHP参照。

g単位に変換し，さらに為替レートで日本の価格をドル建てにし，対数表示にしている。この図を見れば明らかなように，取引量が一緒で同じ貨幣単位に調整すれば，白金もパラジウムも日米でほとんど同じような価格で動いていることがわかる。このように異なる市場価格が一定のデータ区間で同じように価格変動をしているのかどうかを計量経済学の手法を用いて検証する方法として，エンゲルとグレンジャー（Engle and Granger 1987）や，ヨハンセンとユシリウス（Johansen and Juselius 1990）らによって発展した共和分検定（cointegration test）がある。検定結果の詳細は省略するが，筆者は図2-6のデータでこの検定を使って，2001～10年において日米の白金とパラジウム市場が同じような

動きをしていることを検定した。これにより，日本と米国の白金およびパラジウムの先物市場は価格情報を共有しているということがわかっている（Aruga and Managi 2011）。

　一般に効率的な市場ほど多くの情報を市場価格に反映しており，ここで紹介した日米の白金とパラジウム市場のように，他の取引所の価格と同じように価

図2-4　東京工業品取引所の白金とパラジウムの価格
（2001年1月～10年4月）
出典）　TOCOMのデータをもとに作成。

図2-5　ニューヨーク商業取引所の白金とパラジウムの価格
（2001年1月～10年4月）
出典）　EOD Data.comのデータをもとに作成。

格変動している市場ほど，多くの市場参加者が市場価格を共有しているといえる。そういう意味で，これらの先物市場では比較的効率的に価格形成がなされているといえる。

白金先物市場

パラジウム先物市場

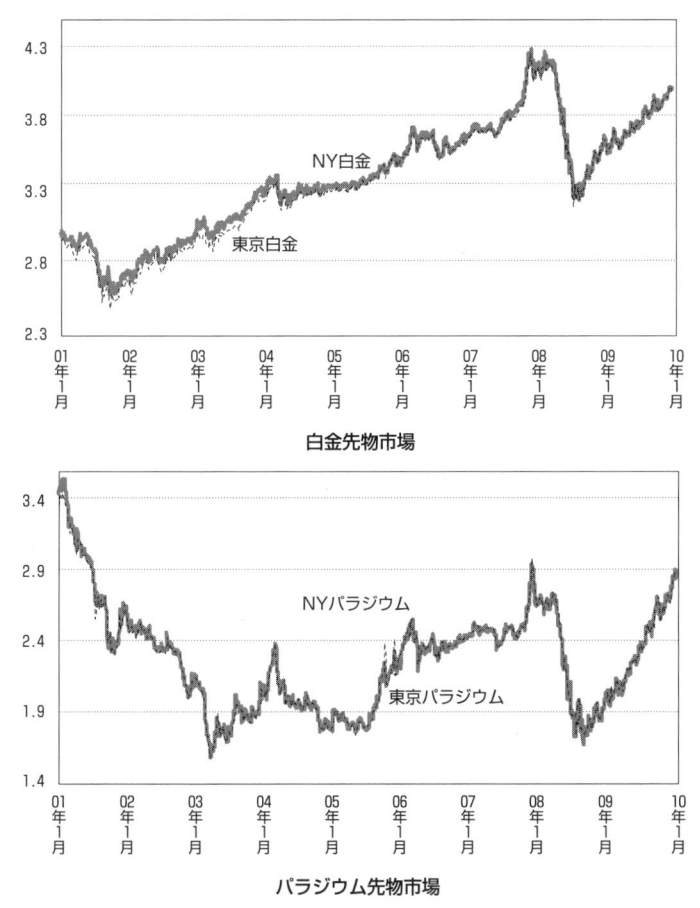

図2-6 単位を調整して対数表示にしたときの日米先物市場価格
(2001年1月～10年4月)

出典) TOCOM と EOD Data のデータをもとに作成。

2-5 おわりに

本章ではレアメタルの価格の不安定性に対処するための市場として先物市場を取り上げ，その機能や実際の先物市場の価格動向について見た。先物市場は価格変動によるリスクをヘッジし，価格発見を通じて現物市場に有効な価格情報を提供するという意味で，重要な役割を果たしていることを説明してきた。しかし，レアメタルの先物市場として現存しているのは白金とパラジウムだけであり，リチウム，クロム，コバルト，ニッケルなど，その他のレアメタルの先物市場は今のところ存在していない。とくにリチウムは次世代電気自動車の電池やノートパソコンの電源など今後ますます需要が増えることが予想され，これらの分野で多くの製造業を抱えている日本にとって，価格変動のリスクをヘッジできる場として，こういったレアメタルの先物市場を新たに創設することの重要性は高まるであろう。

またレアメタルの鉱石自体は今のところ日本では発掘されていないが，自動車や電気機器の廃品からリサイクルとして取り出されるレアメタルに関しては今後増えることが予想される。独立行政法人物質・材料研究機構（2008）の研究によれば，日本で蓄積されたリサイクル対象となる金属の量を計算したところ，日本には世界有数の資源国に匹敵するレアメタルがあるという。このようにリサイクルによるレアメタルの供給が進めば，供給側による先物市場設立の要望が高まるかもしれない。

注

* 1　中部大阪商品取引所は 2011 年 1 月 31 日をもって解散することが決まっている。
* 2　NYMEX は New York Mercantile Exchange の略称であり，現在は CME(Chicago Mercantile Exchange) グループの一員となっている。
* 3　「限月（げんげつ）」とは取引の期限が満了となる最終決済月のことをいう。日本では，取引時点に近い限月から順番に，1 番限（いちばんぎり），2 番限，3 番限，4 番限などと呼ばれている。また 1 番限は「当限（とうぎり）」，一番遠い先の取引である 6 番限は「先限（さきぎり）」とも呼ばれている。表 2-4 と表 2-5 の限月の説明に「新甫（しんぽ）」とあるが，新甫とは発会日（その月最初の立会の日）に新

たに生まれる限月のことをいう。

参考文献

岡田悟　2008「商品市場をめぐる現状と課題」『調査と情報』615：1-11

志賀美英　2003『鉱物資源論』九州大学出版会

東京工業品取引所　http://www.tocom.or.jp/（最終アクセス 2011 年 4 月 7 日）

独立行政法人物質・材料研究機構　2008「わが国の都市鉱山は世界有数の資源国に匹敵——わが国に蓄積された都市鉱山の規模を計算」http://www.nims.go.jp/news/press/2008/01/200801110/p200801110.pdf（最終アクセス 2011 年 4 月 7 日）

Aruga, k. and Managi, S. 2011. Testing the International Linkage in the Platinum-group Metal Futures Markets. *Resources Policy* 36: 339-345

Chowdhury, A. R. 1991. Futures Market Efficiency: Evidence from Cointegration Tests. *Journal of Futures Markets* 11: 577-589

CME Group　http://www.cmegroup.com/（最終アクセス 2011 年 4 月 7 日）

Engle, R. F. and Granger, C. W. J. 1987. Co-integration and Error Correction, Representation, Estimation, and Testing. *Econometrica* 55: 251-276

EOD Data　http:///www.eoddata.com/（最終アクセス 2011 年 4 月 7 日）

Fama, E. F. 1970. Efficient Capital Markets: A Review of Theory and Empirical Work. *Journal of Finance* 25: 383-417

Johansen, S. and Juselius, K. 1990. Maximum Likelihood Estimation and Inference on Cointegration: With Applications to the Demand for Money. *Oxford Bulletin of Economics and Statistics* 52: 169-210

Krugman, P. 2009. How Did Economists Get It So Wrong? *The New York Times* 2009, October 9

第3章 食料資源と水環境
農業における水質汚染をどう解決するか

3-1 はじめに

　農業とは本来，自然の営みのうえに成り立って環境を形成する産業である。環境が提供する物質循環機能を利用しつつ，農業は長い期間をかけて環境の一部として国土に定着してきた。そのなかで農地は，土壌保全，水源の涵養，自然環境の保全，景観形成などの多面的機能を提供し，経済と環境を支える重要な基盤であり続けてきた。

　しかしながら 1960 年代以降の農業近代化にともなう営農の変化により，農業と環境の関係は大きく変化した。化学肥料や化学合成農薬の多投入や，用排分離[*1]をはじめとする圃場整備[*2]の実施などにより，面積あたりの収量は飛躍的な増大を実現した。その一方で，農業が本来備えていた持続可能な生産機能は大きく損なわれ，地域環境との共生関係もあやうい特殊な産業へと変化していったのである。

　このような農業の変化はとりわけ水環境に大きな影響を与え，ごく短期間のうちに数多くの水棲生物が失われていった。その結果として地域の生態系は崩れ，食物連鎖の上位にあるトキやコウノトリなど大型の鳥類にいたるまで野生から姿を消すこととなった。また，窒素やリンなどの栄養塩が農地から大量に流出し，国内の河川・湖沼における水環境は急速に悪化の一途をたどっていっ

た。後に述べるとおり，農業由来の水質汚染はごく最近まで有効な施策が実施されてこなかったため，今日においても問題はなお深刻である。

環境経済学では，社会的に望ましい水準まで環境汚染を軽減する方法として，汚染物質を排出する個人や企業（汚染者）に対して排出量の上限を設けるなどの規制的手段や，汚染者の排出量に応じた課税・補助金の実施や排出権取引の導入などの経済的手段を議論することが一般的である。[*3] いずれの手段でも社会にとって最善の政策（first-best policy）を実現することが理論上は可能であるが，そのためには政策立案者は汚染源を特定したうえで，それぞれの汚染源からの排出量を把握しておく必要がある。

このように，汚染物質排出の実態について汚染者・政策立案者が同じ情報を有している（情報の対称性）ことが効率的な政策を立案するうえでの基本条件であるが，水質汚染のなかでも，工業型汚染は比較的この条件を満たしている。工場・事業場などの産業排水は，水質汚濁防止法のもとで詳細な汚染状況の届け出が義務づけられており，排水に含まれる汚染物質に対しても明確な排水基準が存在する。このような状況のもとでは排出源と汚染状況を「点」として把握することが可能であり，基準が達成されない汚染源に対しては排出課徴金を課すなど，その管理は比較的容易といえる。このような汚染を総称して点源汚染（point source pollution）と呼ぶ。

一方で農業分野における水環境問題では，汚染状況の届出義務はなく，畜産以外では法的な基準も存在しない。その主な理由は次節でくわしく述べるが，問題の解決には産業排水と異なるアプローチが必要であり，このことが近年まで対策が実施されてこなかった理由でもある。

本章の目的は，このような農業における水環境の問題を明らかにしたうえで，問題解決にむけた経済的手法を紹介することである。そこで次節では，農業における水環境問題に取り組むうえでは，規制や課徴金（課税）などの従来型アプローチがなぜ難しいかの理由を考察する。そのうえで，農業の事情に合った水環境対策の取り組みとして，第3節で環境直接支払制度，第4節で水質取引制度を紹介する。最後に第5節では本章の議論をまとめるとともに，今後にむけた課題を若干述べる。

写真3-1　農地からの面源汚染。米国アイオワ州で（米国自然資源保全局（NRCS）提供）

3-2　農業における水質対策の難しさ

　前節ですでに述べたように，農業の水環境汚染に対しては明確な規制がなく，汚染負荷量のモニタリングも実施されていない。そのため産業排水などの点源汚染とは大きく異なり，対策を検討する以前に状況把握さえも十分とはいえないのが現状である。その背景には農業汚染に固有の問題があり，それらが経済的な手法による問題解決を困難にしている。問題とは主に以下の4点である。

　まず1点目は汚染源を特定することの難しさである。農業における環境汚染は一般に，降水（降雨・降雪）にともなう形で土壌・栄養塩・農薬などが農地から流出するプロセスで発生する。そのため農業汚染では農地すべてが汚染源となることが一般的であり，汚染源を点として把握するのは難しい。このような汚染は面源汚染，あるいはノンポイント汚染（diffuse pollution あるいは nonpoint source pollution）と呼ばれ，農業汚染がもつ最も重要な特徴といえる[*4]（写真3-1）。

　2点目は面源汚染における不確実性と季節要因である。上述のように面源汚染は降水量など自然条件に大きく左右されるため，事前の正確な予測は非常に難しい。この傾向は気候変動などの影響により近年ますます顕著になりつつある。また農業の面源負荷量は年間を通じて一定ではなく，作物の生産スケジュールや農薬・肥料の投入時期などに左右される。たとえば水稲栽培の場合，一般に栄養塩の流出は4月から5月がピークであり，これは代かきにともなう濁水の発生と密接に関係しているためである（写真3-2）。

3点目は面源汚染における空間的異質性である。同じ流域内で同一の生産を行う農地でも、面源負荷量はそれぞれ異なるのが一般的であり、それは農地ごとの物理特性（標高、傾斜、河川までの距離、土壌特性など）が空間的に異なることによる場合が多い。農地ごとに面源負荷量をモニタリングすることは費用対効果の面から難しいため、その定量化には物理特性を考慮に入れ

写真3-2　代かきによる濁水の琵琶湖への流入
（滋賀県琵琶湖環境科学研究センター・佐藤祐一氏提供）

たシミュレーションモデルに頼ることが一般的である。しかし、その利用はきわめて限定的なのが現状である。以上の3つの理由で述べたように、農業の面源汚染では負荷量を正確に把握することが難しく、対策を検討するうえでの大きな障壁となっている。

最後に4点目は、規制や課徴金などの経済的手法に対する考え方の違いである。工業分野では汚染排出が望ましくない行為として広く認識されているため、汚染者負担原則（PPP: Polluter-Pays Principle）に則り規制や排出課徴金などが課せられることが一般化している。これに対し、農業分野では現状の営農を望ましくない行為として捉えることには無理があり、工業型汚染のようにPPPに沿った考え方で対策を実施することは現実的ではない。むしろ現状に則した営農の基準（ベースライン）を設定したうえで、対策の実施による環境負荷の軽減を進めるベースラインアンドクレジット型の考え方が現実的といえる。そこで次節以降では、そのような取り組みの事例として環境直接支払制度および水質取引制度を紹介する。

3-3　環境直接支払制度

3-3-1　環境直接支払制度とは

環境直接支払制度（agri-environmental payment programs; conservation payments）[*5]とは、環境保全型農業などを通じて環境改善を自発的に行う農家に

第3章 食料資源と水環境　33

対し，取り組み内容に応じて助成金を支払う制度全般を指す。

　この分野で先行する米国では，1985 年農業法[*6]（1985 Farm Bill）による保全留保計画（CRP: Conservation Reserve Program）を契機として，保全型農業や休耕の普及にむけた直接支払制度を本格的に実施するようになった。現在では CRP に加えて湿地保全計画（WRP: Wetlands Reserve Program），環境改善奨励計画（EQIP: Environmental Quality Incentive Program），野生動物生息地回復奨励計画（WHIP: Wildlife Habitat Incentives Program），保全保障計画（CSP: Conservation Security Program）など，さまざまな直接支払制度を展開しており，その目的も土壌劣化防止や水質対策から生態系回復や野生動物保護まで多岐にわたっている[*7]。

　EU では EU 理事会規則に基づいて域内共通の農業環境支払いの枠組みを設けており，農家による肥料・農薬の低減や景観保全などの取り組みに対して国や自治体が支援を行う際に，支援額の一定割合（55〜80％）を助成する制度を実施している。2003 年の共通農業政策（CAP: Common Agricultural Policy）改革では環境への最低限の配慮の基準を支払要件として設定し，環境支払におけるクロスコンプライアンスを強化している[*8]。

3-3-2　国内における取り組み

　日本国内において環境直接支払制度の先駆けとなったのは，2004 年度より滋賀県で実施されている環境農業直接支払制度である。これは同県の「環境こだわり農業」を普及・促進するための取り組みであり，この制度を通じて琵琶湖の水質改善・生態系回復を図るとともに，「環境こだわり米」による地域農産物のブランド化・高付加価値化を目指している。

　この制度に参加する農家は県知事と 5 年間の協定を結んだうえで，①化学肥料・農薬の 5 割削減，②堆肥・農業排水の適正使用・管理などの要件を満たすことで，取り組み内容と面積に応じた交付金を受けることができる[*9]。たとえば水稲栽培の場合の交付額は 10a あたり 5,000 円であり，これは要件を満たした場合に生じる追加的な栽培費用をもとに算出されたものである。この滋賀県独自の直接支払制度は，2008 年度から国による農地・水・環境保全向上対策（後述）へと移行したが，国が定める要件に達しない場合でも協定期間内の農地に

は，県による経過措置として従来単価の半分程度を継続支援している。

環境農業直接支払制度の実施により，環境こだわり農業は当初見込みを上回る普及を見せ（図3-1），2011年度では滋賀県内の約3割の農家が同制度に参加しており，水稲栽培における取り組み面積は約1万2,000haまで拡大している（滋賀県 2011）。

次に，国による環境直接支払制度であるが，その始まりは上述の農地・水・環境保全向上対策である。これは，地域の共同活動と農家の先進的な営農活動を総合的に支援することを目的として2006年度より開始された制度であり，その支払制度は共同活動についての1階部分と先進的営農活動についての2階部分の2層構造となっている。この2階部分では，地域で一定のまとまりをもって，化学肥料・農薬の5割削減，エコファーマーの認定などを先進的営農の基準としており，基準を満たした農地に対して作物区分に応じて10aあたり3,000～4万円が交付される。とくに明記はされていないものの，この2階部分は保全型農業に対する支援の取り組みであり，実質的な環境直接支払制度といってよい（荘林 2009b）。

また，2011年度からは新しい取り組みとして環境保全型農業直接支援対策が実施されている。これは農地・水・環境保全向上対策の後継事業であり，地球温暖化防止や生物多様性保全に効果の高い営農活動など，従来よりも高度な環境保全型農業を支援することを目的としている（農林水産省 2012a）。同事業

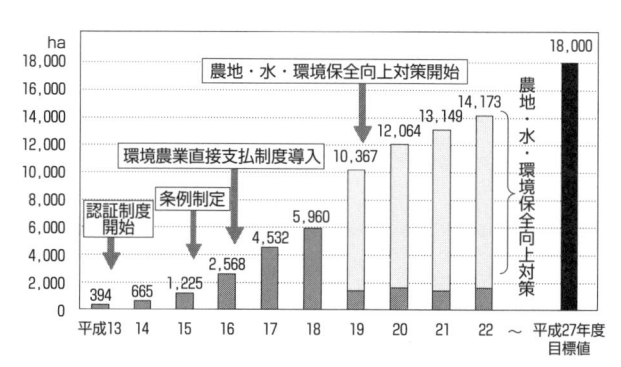

図3-1　滋賀県における環境こだわり農業面積の推移

出典）滋賀県 2011：6。

第3章　食料資源と水環境

の主な支払制度である環境保全型農業直接支払交付金のもとで，対象となる取り組みは以下の4種類である（農林水産省 2011）。

① 化学肥料・化学合成農薬の5割低減＋カバークロップ（主作物の栽培期間の前後にレンゲなどの緑肥を作付けする取り組み）の作付。

② 化学肥料・化学合成農薬の5割低減＋リビングマルチ（主作物の畝間に麦類や牧草などを作付けする取り組み）または草生栽培（園地に麦類や牧草等を作付けする取り組み）。

③ 化学肥料・化学合成農薬の5割低減＋冬期湛水管理（冬期間の水田に水を張る取り組み）。

④ 有機農業（化学肥料，農薬を使用しない農業）。

参加農家は上記取り組みのいずれかを実施することにより，国と地方公共団体からそれぞれ10aあたり4,000円の支援を受けることができる。また，2012年度より導入された「特認取組」では，地域固有の環境や農業を考慮した，地域を限定した独自の支援を実施している。対象となる取り組みは地方自治体により異なるが，たとえば滋賀県では希少魚種等保全水田の設置など5種類が承認されており，取組内容により国および県からそれぞれ10aあたり1,500〜4,000円の支援を受けることができる（農林水産省 2012b）。このように環境保全型農業直接支援対策では支援対象となる取り組みが拡大傾向にあり，より包括的かつ地域の独自性を反映した柔軟な制度へと，今後も発展していくことが期待される。

3-3-3　今後の方向性と課題

農地・水・環境保全向上対策から環境保全型農業直接支援対策へと続く環境直接支払の流れは，日本の農業政策が環境保全に大きく舵を切った一大転換点といってよい。先行する米国やEUと比べてまだ日は浅いが，保全型農業の普及にむけた制度として急速な発展を見せている。内容も水質対策だけでなく生物多様性や温暖化対策など，農地が持つ多面的機能を反映した支払制度となってきており，今後の発展が期待される。

環境直接支払制度はその助成金としての性格上，ばらまきとの批判や効率性への懸念がつきまとう。同制度に30年近く取り組んできた米国においても効率性の問題には常に腐心してきたが，制度の非効率性に対する指摘は少なくな

い（たとえば Claassen et al. 2008; Wu and Tanaka 2005）。そこで近年の支払制度では，対象を環境負荷の高い農地に限定したり，参加が望ましい農地を特定したうえで直接的に参加を促すなど，実施のメカニズムが多様化してきている。国内の直接支払制度では，主に公平性の観点からこのような対象を限定する取り組みは行われていないが，支払制度の効率性を高めていくうえで今後検討が必要であろう。

3-4　水質取引制度

3-4-1　水質取引とは

水質取引（water quality trading）とは，湖沼・流域などにおける水質改善を目的とした排出権取引制度の総称である。その基本的なメカニズムは CO_2 などを対象とした既存の排出権取引制度と共通であり，汚染の限界削減費用が高い排出主体が自ら削減に取り組むかわりに，限界削減費用の低い主体から排出クレジットを購入するものである。市場原理を利用して限界削減費用の異なる汚染主体間で取引を行うことにより，社会全体の削減費用を最小化しつつ排出削減を実現することが可能となる[*10]。既存の排出権取引ではクレジットの売り手・買い手ともに点源汚染主体である場合（点源−点源取引）が一般的であるが，水質汚染の限界削減費用は農業部門が他部門よりも低い場合が多いため，水質取引では点源汚染主体と農家との間の取り引き（点源−面源取引）にも近年注目が集まってきている。本節ではこの点源−面源取引を中心に水質取引制度を紹介する。

セルマンらによれば，2008年時点で実施されている水質取引制度は世界に57あり，そのうち16のプログラムが農業部門を含む点源−面源取引を実施している（Selman et al. 2009）。それらのなかで実際に取引実績のあるものを表3-1に示す。

3-4-2　水質取引の課題

上述のとおり，水質取引には費用を最小化しつつ汚染軽減を実現する可能性があるが，表3-1のとおり農家を対象とした取引制度は米国内の一部の流域に

表3-1　現在実施中の農家を対象に含む水質取引制度*

実施州(米国)	プログラム名称	取引対象	取引比率	取引方式	主な特徴
オハイオ州	シュガー川水質取引プログラム	リン	1:3	相対取引**	産官学連携にむけた適切なインセンティブ体制の構築。伝統的営農のアーミッシュの取引への参加
オハイオ州	グレートマイアミ川取引プログラム	リン	1:1〜1:2	クリアリングハウス***	水質達成地域と未達成地域で取引比率を差別化
オレゴン州	トゥアラティン川水温取引プログラム	水温	1:2	相対取引	汚染物質ではなく排水の水温を取り引きする独自の取り組み
ペンシルバニア州	ペンシルバニア水質取引プログラム	窒素	1:2	市場取引	
カリフォルニア州	グラスランド地域農業水質取引プログラム	リン	1:2	相対取引	
ノースカロライナ州	タール・パムコ水質取引プログラム	リン, 窒素	1:2	クリアリングハウス	最も歴史が長く知名度の高いプログラムのひとつ
コロラド州	ディロン貯水池取引プログラム	リン	1:2	相対取引	
ミネソタ州	南ミネソタ水質取引プログラム	リン	1:2	クリアリングハウス	
ノースカロライナ州	ヌース川窒素取引プログラム	窒素	1:2	クリアリングハウス	
ウィスコンシン州	レッドシダー川水質取引パイロットプログラム	リン	1:2	相対取引	下水処理場の超高度処理導入に代わり保全型農業を導入した農家より削減クレジットを購入

注)　*Selman et al. (2009) や環境省 (2004) などをもとに筆者作成。
　　**売買における当事者間の1対1 (相対) の交渉により数量・価格を決める取引のこと。
　　*** 取引において専門の精算機関 (クリアリングハウス) が精算業務を行い, 売買契約の確実な履行を担保する取引のこと。

限定されており, 実施中のプログラムのなかにも取引が活発でないなど問題を抱えている事例が少なくない。これは排出権取引のなかでも水質取引に固有の問題によるものが大きく, それらは主に以下の3点である。

　まず第1に, CO_2 など既存の取引とは異なり, 水質取引では排出源の位置関係が重要である。たとえば, 河川の上流域と下流域でそれぞれ同量の排出削減が実施された場合, 河口における水質改善の貢献度は一般に後者の方が高い。

これは上流域からの汚染の場合，拡散や自然の浄化作用により，河口に到達するまでに汚染負荷量が減少するためである。そのため，取引においてはクレジットの売り手・買い手双方の位置関係によく留意する必要がある。また，クレジットの買い手が同一地域に集中した場合，取引の実施により排出が局所的に増加して水質がむしろ悪化してしまう，いわゆる「ホットスポット」の可能性にも留意が必要である。これらは点源－点源間の水質取引にも共通する問題であるが，農家を対象とした点源－面源取引では小規模な取引主体が多数参加することが一般的なため，状況の把握と対応がより困難といえる。

　第2に，点源－面源取引の制度設計では，面源汚染の不確実性を考慮する必要がある。3-2節で述べたように，面源汚染は気象条件や季節要因に左右されるため，排出負荷量は年間を通じて一定でなく，その把握には不確実な要素が伴う。そのため，水質取引では点源と面源の負荷量を同等には取り扱わず，1対2ないし1対3の取引比率（trading ratio）を設定することが一般的である。これは，点源汚染主体が自らの環境負荷を1単位オフセットする場合，面源汚染主体から2単位ないし3単位の削減クレジットを購入する必要があることを意味する。ただし，硬直的な取引比率による効率性の問題も指摘されているため，取引比率に柔軟性をもたせることで効率性を改善する研究も進められている（たとえば Malik et al. 1993; Tanaka and Kuriyama 2011）。

　第3は，取引制度における利害関係者に対するインセンティブの供与である。一部の水質取引では制度設計や取引仲介に関わるステークホルダーに十分なインセンティブが供与されておらず，制度が十分に機能しない一因にもなっている（Selman et al. 2009）。一方で，オハイオ州シュガー川流域の水質取引プログラム（Box参照）のように，利害関係者に対する適切なインセンティブを供与することで産官学の連携を進め，小規模ながらも着実に取引実績を伸ばしている事例も見られる。このようにクレジットの売り手・買い手だけでなく，制度の運営に関わるステークホルダーにも適切なインセンティブを供与するような制度を設計することが，水質取引をより普及させるためには必要といえよう。

3-4-3　水質取引制度の課題と国内への適用可能性

　水質取引は国内においていまだ実施されていない制度であるが，その可能性

Box3-1 水質取引における産官学連携
オハイオ州シュガー川流域の事例

オハイオ州シュガー川流域でチーズ製造を手がけるアルパイン・チーズ（Alpine Cheese）社は，同流域におけるTMDLの設定により大幅なリンの排出削減を課せられたが，その実施は費用対効果の面から困難であった。そこで同社は流域農家の水質改善にむけた削減クレジットを提供することで小規模な水質取引制度を創設し，2006年のプログラム開始以降80万ドルを支出している。運用開始から2010年までに25農場で100近くの水質対策が実施され，5ヵ年計画で始まったこの水質取引では開始後3年で目標としていた排出削減を達成するにいたり，現在では同プログラムを流域全体に拡大する計画が検討されている。

西澤らの研究では，このプログラムが成果を上げている理由のひとつとして，適切なインセンティブのもとでの産官学の連携体制を指摘している。同プログラムの制度設計ではオハイオ州立大学と土壌・水保全区（SWCD: Soil and Water Conservation District）の共同で進められ，農家との削減クレジット契約はSWCD，全体調整および流域の水質モニタリングはオハイオ州立大学と，主要業務を分担して行っている（西澤 2011）。取引で生じる利益はアルパイン・チーズ社を含む三者間で分配しているため，それぞれが事業を継続するうえでのインセンティブも維持される形となっている。このように，水質取引では制度の設計・運用に多くのステークホルダーが関わることが一般的であるが，同プログラムの成功は各ステークホルダーに配慮した適切なインセンティブを供与することの重要性を示している。

については研究の蓄積が進みつつある。たとえば国土交通省は下水処理場間での点源-点源取引の経済性について検討を行い，取引の実施により最大10%の費用削減が可能との結果をまとめている（国土交通省 2003）。また奥田・赤根（2009）は，伊勢湾を対象とした応用一般均衡モデルによる水質取引の実証研究において，水質改善と地域の費用負担の変化について空間情報を考慮した

定量的評価を行っている。また，琵琶湖の水質改善にむけた点源－面源取引に関する田中・栗山（Tanaka and Kuriyama 2011）の実証研究では，水質取引における取引比率の弾力的な運用の重要性を指摘している。このように，国内においても制度の有効性に関する研究が進んできており，それらの多くは制度の有効性を支持する結果となっている。このように，徐々にではあるが制度の導入にむけた下地が整備されつつあるといえる。ただし同制度の実施に際しては，海外の先行事例における課題・問題を明らかにしたうえで，国内事情にも十分配慮した制度設計を行うことが不可欠である。

　最後に，水質取引を機能させるには点源汚染に対する規制強化がセットとして必要不可欠である。現行の排出規制のもとでは点源汚染主体のほとんどが基準を満たしているため，追加的な削減に取り組むインセンティブが存在しない。このような状況で水質取引を導入しても，活発な取引を期待することには無理がある。米国では，1日あたり総合最大負荷量（TMDL: Total Maximum Daily Load）による点源汚染主体への削減義務の強化が，水質取引を実現する牽引役となっており，水質取引の成否を決める大きな要素となっている。[*11] 国内で水質取引を導入する際にも，点源汚染主体に対する規制強化策をセットで導入する，いわゆるポリシーミックスの考え方が重要であろう。

　国内の多くの湖沼・流域では，点源汚染に対する規制が遵守されながらも水質が改善されない状況が長期間にわたり続いており，現行の水行政に手詰まり感が生じているのも事実である。このような状況に変化をもたらすという意味においても，水質取引制度を検討する意義は大きいものと考える。

3-5　おわりに

　本章では，農業における水環境問題の解決にむけた経済的アプローチを紹介した。冒頭で議論したように，農業における面源汚染では規制や課税による従来的なアプローチは有効とはいえず，点源汚染とは異なるアプローチでの対策が必要となる。そのための基本的な考え方はベースラインアンドクレジットであり，経済的手法により環境保全型農業の普及を促していくことが，水環境問題の改善にむけた鍵といえる。そのための手法として，本章では環境直接支払

および水質取引という比較的新しい2つの制度を紹介してきた。

　一見すると環境直接支払と水質取引はまったく異なる制度のように思えるが，農家にとってはいずれも保全型農業の実施に対する助成であり，両制度の差異はさほど大きくない。西澤らによる米国オハイオ州における水質取引制度の調査でも，参加農家の間には水質取引に参加しているという認識はあまりなく，数ある助成制度のなかのひとつとして位置づけられている（西澤 2011）。環境直接支払・水質取引いずれのアプローチにおいても，環境保全型農業の普及にむけて農家に適切なインセンティブを供与することが重要であり，そのための効率的な制度設計が重要な課題といえる。

　最後に，農業と水環境の問題を考えるうえで留意すべき事項を2点指摘しておきたい。まず1点目は，学際的な視点の重要性である。環境直接支払や水質取引などを検討するうえで環境経済学は主要な役割を担うが，制度設計に必要な面源負荷量などの定量的な情報を得るためには，農学・土木工学・水文学など自然科学の知見が欠かせない。そのため米国やEU各国では制度設計や政策評価において文理融合型の統合的アプローチをとることが一般的であるが，国内において同様のアプローチによる研究はごく少数派である。この点については今後の研究体制などの拡充が望まれる。

　2点目は政策の継続性と改善努力である。荘林（2009）も指摘するように，農業環境政策は決して「ワンショット」ではなく，恒常的な修正の連続である。これは先行する米国やEUの政策運営においても同様であり，農業法の改正などを通じて制度の改善・拡大にたえず努めてきている。日本の農業環境政策は現在大きな転換点を迎えており，将来的な方向性は必ずしも定かではないが，水環境の改善にむけた基本方針を堅持しつつ，制度のさらなる改善・拡充にむけた政策的な努力を継続していくことが今後ますます重要であると考える。

　　注
　　＊1　用水路と排水路を分離させること。排水路の水位を下げて乾田化することで農機の導入を容易にする一方，従来の水田がもっていた多面的機能が失われる原因となった。
　　＊2　稲作を大規模化・効率化するための一連の取り組みのこと。用排分離はその代表例といえる。
　　＊3　規制的手法や経済的手法など環境経済学の基礎については，たとえば栗山・馬奈

* 4 面源汚染(ノンポイント汚染)に対する経済政策の基礎理論についてはShortle and Horan(2001)がくわしい。
* 5 環境保全型農業の解釈は多岐にわたるが,農林水産省では「農業の持つ物質循環機能を生かし,生産性との調和などに留意しつつ,土づくり等を通じて化学肥料,農薬の使用等による環境負荷の軽減に配慮した持続的な農業」と定義している。
* 6 米国の農業法は,1938年農業法と1949年農業法の2つの恒久法を基本としたうえで,5〜6年に1度の周期で修正する形で制定される。この農業法修正のなかで農業政策の基本方針と関連予算の骨格を固めるのが通例であり,環境直接支払制度もこのプロセスのなかで見直しが適宜行われている。
* 7 米国の環境直接支払の経緯や展開については嘉田(1998)や村田(2006)がくわしい。
* 8 EUの環境直接支払の経緯や展開については市田(2006)や荘林(2009a)がくわしい。
* 9 環境こだわり農業および環境直接支払制度の経緯や,それらの経済分析については宋(2006)や藤栄(2008)がくわしい。
* 10 水質取引の理論的枠組については,西澤(1999)がくわしい。
* 11 TMDLとは,水質法(Water Quality Act)第303条d項に基づき導入された汚染物質の総量規制である。この規制は,水質が基準を満たさない河川に対して設定されるものであり,水質基準を達成するための1日あたりの最大許容汚染負荷量を定めるとともに,必要な汚染削減のための各汚染主体に対する排出枠を規定している。

参考文献

市田知子 2006「EUの環境支払いとその現状」『公庫月報』54(1):8-11
奥田隆明・赤根幸仁 2009「排出権取引による水質汚濁負荷削減の影響分析——ベンチマーク&クレジット方式の併用」『土木学会論文集G』65(1):26-36
嘉田良平 1998『世界各国の環境保全型農業——先進国から途上国まで』農山漁村文化協会
環境省 2004『水質保全分野における経済的手法の活用に関する検討会報告書』http://www.env.go.jp/water/report/h16-02/
栗山浩一・馬奈木俊介 2008『環境経済学をつかむ』有斐閣
国土交通省 2003『下水道事業における排出枠取引制度に関する検討について』
滋賀県 2011『滋賀県環境こだわり農業推進基本計画』http://www.pref.shiga.jp/g/kodawari/kodawari/kodawari-keikaku.pdf
荘林幹太郎 2009a「EUの農業環境政策——クロスコンプライアンスと環境支払」『土・水研究会資料』26:3-10

荘林幹太郎　2009b「環境保全型農業へのステップアップ──その評価と今後の展望」
『農業と経済』75（7）：33-45
宋丹瑛　2006「環境こだわり農産物認証制度の特徴と地域農業」『現地農業情報──農』
284：2-64
西澤栄一郎　1999「水質保全対策としての排出取引制度──アメリカの経験から」『農
業総合研究』53（4）：83-123
西澤栄一郎　2011「農業部門の窒素・リンの削減手法としての水質取引」『2011年度日
本農業経済学会論文集』409-416頁
農林水産省　2012a『平成24年度環境保全型農業直接支援対策（取組の手引き）』
　　　http://www.maff.go.jp/j/seisan/kankyo/kakyou_chokubarai/pdf/h24_tebiki.pdf
農林水産省　2012b『平成24年度環境保全型農業直接支援対策別紙（特認組について）』
　　　http://www.maff.go.jp/j/seisan/kankyo/kakyou_chokubarai/pdf/h24_tebiki_bessi.pdf
藤栄剛　2008「農業環境政策の経済分析──滋賀県の環境農業直接支払制度を対象とし
て」『彦根論叢』370：65-85
村田泰夫　2006「アメリカの環境保全型農業」『公庫月報AFCフォーラム』2006年4
月号，12-15頁
Claassen, R. et al. 2008. Cost-effective Design of Agri-environmental Payment Programs: U. S. Experience in Theory and Practice. *Ecological Economics* 65（4）: 737-752
Environmental Protection Agency 2003. *Water Qaulity Trading Assessment Handbook: Can Water Quality Trading Advance Your Watershed's Goals?*
Malik, A. S., D. Letson and S. R. Crutch-field 1993. Point/Nonpoint Source Trading of Pollution Abatement: Choosing the Right Trading Ratio. *American Journal of Agricultural Economics* 75: 959-967
Selman, M. et al. 2009. *Water Quality Trading Programs: An International Overview.* World Resources Institute（WRI）Issue Brief
Shortle, J. S. and R. D. Horan 2001. The Economics of Nonpoint Pollution Control. *Journal of Economic Surveys* 15（3）: 255-289
Tanaka, K. and K. Kuriyama 2011. Cost-effectiveness of Water Quality Trading in Spatially Heterogeneous Watershed: An Integrated Modeling Approach. *Proceedings of 14th World Lake Conference*（Austin, Texas）
Wu, J. and K. Tanaka 2005. Reducing Nitrogen Runoff from the Upper Mississippi River Basin to Control Hypoxia in the Gulf of Mexico: Easements or Taxes? *Marine Resource Economics* 20: 121-144

第4章 水産資源
漁業者のインセンティブを生かした管理手法

4-1 はじめに

　本書の読者の多くは，水産業は時代遅れで，非生産的な産業だと思っているかもしれない。過去30年以上，日本の水産業は衰退の一途を辿ってきた。しかし海外に目を向けると，持続的に漁業生産を伸ばしている先進国が数多く存在する。たとえばノルウェーは，毎年のように漁業生産金額の自己ベストを更新している。ノルウェーの漁業者は安定した収入を得ており，生活水準も高い。漁業が成長産業になるか衰退産業になるかは，その国の漁業政策によって決まる。

　水産資源は伝統的に，漁獲して初めて所有権が発生する無主物であった。早い者勝ちで有限な資源を奪い合えば，共有地の悲劇に陥りやすい構図をもっている。生物資源は自立的に再生産をするので，ほどほどに利用すれば，半永久的に利用することができる。その一方で，乱獲によって，生物の再生産能力が損なわれると，種のみならず生態系まで撹乱されてしまう。

　中長期的に漁業の生産性を高めるには，次の2つを目指すしかない。
①天然生物資源の生産力の範囲で，持続的な漁獲をする（乱獲をしない）。
②獲った魚をできるだけ高く売る（単価を上げる）。
　海の生産力には限界がある。現在の人間の漁獲能力は自然の生産力をはるか

に上回っているので，獲りたい放題にすれば，あっというまに魚がいなくなってしまう。多く獲って利益を出そうという試みは，中長期的には必ず破綻する。次世代を生み出すのに十分な親魚を残したうえで控えめに利用する必要がある。漁獲量が限られる以上，その魚をどれだけ高く売るかで勝負は決まる。

　漁業の生産性を高めるには，控えめな漁獲量で単価を上げる方向に政策誘致する必要がある。漁業者のインセンティブを「多く獲ること」から「高い魚を獲ること」に変える必要がある。漁業者のインセンティブを考慮した漁業政策の重要性について，論じてみよう。

4-2　産業革命・大規模乱獲の幕開け

　人類は有史以前から海洋生物を利用してきたが，乱獲のリスクが高まったのは近代に入ってからである。産業革命以前のテクノロジーで乱獲が可能だったのは，ウニやアワビのように沿岸に付着する生物がほとんどであった。海洋を泳ぎ回る魚を根こそぎ漁獲することは，まず不可能だったのだ。

　19世紀後半に，蒸気船を使って，海底を網で引く，汽船トロールという技術が欧州で生み出された。平坦な漁場の底層付近に生息する底魚を根こそぎ漁獲する効率的な漁法であった。効率的すぎる漁法の誕生によって，世界屈指の好漁場であった欧州の北海の底魚資源は急速に減少した。

　汽船トロールはまたたくまに世界中に広がって，各地で資源の枯渇をもたらした。日本にも，20世紀初頭に汽船トロールが導入されると，またたくまに普及した。海底が平坦でトロール操業に適している東シナ海の資源は激減した（西海区水産研究所 1951）。

　汽船トロールの発明以降も，テクノロジーの進化によって，人間の漁獲能力は高まる一方であった。テクノロジーの進歩に対して，漁獲を規制する資源管理はまったく追いつけなかった。車でいえば，エンジンばかりが強化されてブレーキが追いつかない状態が，半世紀以上続いたのである。

　1970年代に200マイルの排他的経済水域（EEZ: Exclusive Economic Zone）が設定される前は，沿岸国の主権が及ぶのは沿岸から8マイル程度の領海のみであった。「公海自由の原則」では，領海外の生物資源は無主物であり，漁獲

は無規制な早い者勝ちだったのだ。たとえば、自国の漁船を規制したところで、他国が漁獲をしてしまったら、元も子もない。沿岸国にできることといったら、海外の漁船よりも先に魚を獲り尽くすことぐらいである。当時の国際海洋法の下では、海洋生物資源の管理は実質的に不可能だったのだ。

この状況が変わったのが、1970年代の排他的経済水域の設定である。ほとんどの海洋生物資源は沿岸から大陸棚に生息しており、どこかの国のEEZに含まれる。公海を回遊するマグロやカツオなどごく一部の高度回遊性の魚類を除いて、沿岸国が資源管理をするための前提条件が整ったことになる。

4-3　漁業管理の歴史

4-3-1　2種類の規制

水産資源を管理しようという初期の試みは、失敗の連続だった。「漁業管理の歴史は、失敗の歴史」といっても過言ではない。では、漁業管理の失敗の歴史を、簡単に振り返ってみよう。

漁業管理のアプローチは、入口規制と出口規制の2つに分けられる。入口規制は漁場に入る人数や装備を制限しようという考え方。出口規制は、漁場から持ち出す水産物の量を規制しようというやり方である。

①入口規制

出漁する船の数、出漁時間、曳網回数などに上限を設けるアプローチ。自由参入を禁じて、漁業者の数をコントロールするライセンス制度。出漁時間など漁獲努力量を規制するエフォート・コントロール、漁具や漁法を規制するテクニカル・コントロールなどがある。

②出口規制

港に水揚げされる漁獲物の量を規制するアプローチ。全体の漁獲枠を早い者勝ちで奪い合うオリンピック方式と、漁獲枠をあらかじめ個々の経営体に配分する個別漁獲枠（IQ: Individual Quota）方式がある（図4-1）。

4-3-2　入口規制

ほとんどの漁業国は入口規制から資源管理を開始した。出口規制をするには、

第4章 水産資源

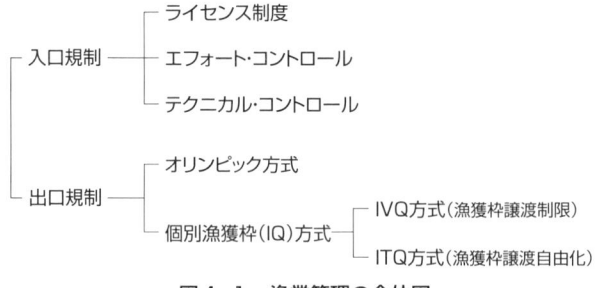

```
                    ┌─ ライセンス制度
          ┌─ 入口規制 ─┼─ エフォート・コントロール
          │           └─ テクニカル・コントロール
          │           ┌─ オリンピック方式
          └─ 出口規制 ─┤                        ┌─ IVQ方式(漁獲枠譲渡制限)
                      └─ 個別漁獲枠(IQ)方式 ─┤
                                              └─ ITQ方式(漁獲枠譲渡自由化)
```

図4-1　漁業管理の全体図

漁獲量をリアルタイムでモニタリングする必要があり，ハードルが高いのである。まずは，やりやすい入口規制からスタートしたのだが，十分な成果は得られなかった。

入口規制のなかでも最初に広まったのがライセンス制度である。自由参入漁業では，儲かる漁業に新規参入者が殺到し，すぐに過剰漁獲に陥ってしまう。そこで，ライセンス制にして，ライセンスの供給量を調整することで，過剰な漁獲努力量を防ごうという考えである。ライセンス制度は速やかに普及したが，その背景には，既得権をもっている漁業者の賛同が得やすいという側面もあるだろう。ライセンス制度による規制は，乱獲を防ぐには，まったく不十分だった。すでに漁業者は過剰な状態にあったからだ。個々の漁業者が出漁日数を増やしたり，漁具を大型化したために，人間の漁獲能力は上昇の一途をたどった。

次に，ライセンス制度で人数を制限するだけではなく，出漁日数など個人の操業時間を規制するエフォート・コントロール（努力量規制）が導入されたが，やはり十分な成果は得られなかった。出漁時間が制限されると，漁業者は，限られた時間でより多くの魚を獲るために，積極的に設備投資を行う。結果として，早獲り競争が促進されてしまうのである。

産業革命以降，漁船の動力化，漁船の大型化，冷蔵技術の発達による航海の長期化，網の大型化など，さまざまな技術革新が組み合わさって，人間の漁獲能力は今も上昇を続けている。なかでもインパクトが大きかったのが，魚群探知機やソナーなどの電子機器の発達である。漁労長の経験と勘に頼って操業していた時代には，人間には存在が知られていない漁場が数多く存在した。戦後の一時期は「沈船を見つけたら家が建つ」といわれていた。魚が集まるポイン

トを見つけて独占すれば，巨万の富が築けたのである。

　魚群探知機が開発されると，状況は一転した。魚群探知機を使えば，海の中の魚の群れが手に取るように把握できる。魚群探知機は，飛躍的に漁獲効率を向上させたが，それは資源が低水準であっても効率的に漁獲ができることを意味する。

　近年はソナーが急速に普及している。魚群探知機は船の真下しか見ることができないが，ソナーは船の周り360度の魚群を見つけることができる。ソナーの普及によって，群れをつくって移動する魚の漁獲効率が格段に上昇した。マグロの一本釣りで有名な大間では，クロマグロの水揚げは比較的安定している。しかし，その内容を見ると，最新のソナーを装備して効率よく群れを探す一部の船が漁獲を伸ばす一方で，昔ながらの漁法で操業する漁船の水揚げは低迷している。クロマグロの群れは年々減少している。それでも低水準資源を効率的に漁獲する技術が進歩することで，なんとか漁獲量が維持されているのである。

　ライセンス制度とエフォート・コントロールでは不十分ということで，次にテクニカル・コントロール（漁船や漁具の規制）が導入された。テクニカル・コントロールもやはり十分な成果を上げることができなかった。漁業者は常に規制のもとで漁獲量を増やすように創意工夫を行い，結果として，思ったような漁獲圧の抑制につながらなかったのである。

　欧州では漁船の長さを規制するのが一般的であった。規制のもとで，できる

写真4-1　横方向にふくらんだ欧州の漁船

第4章 水産資源　49

だけ多くの魚を水揚げしようとした結果，欧州の漁船は横にふくらんでころころと丸い船体になった（写真4-1）。日本は漁船のトン数を規制したので，日本の漁船は，居住空間を極限まで切り詰める方向に進化した。日本の漁船の住居スペースは，天井が腰の高さまでしかなく，1人のスペースがタタミ1畳もないケースが多い。その国の漁船の規制に適応する方向に，漁船の設計が進化していくので，「漁船を見ると，その国の漁船の規制がわかる」といわれていた。

漁業者は必ず規制に適応するので，テクニカル・コントロールは，思ったような漁獲量の削減にはつながらなかった。それどころか，規制に適応するために余計なコストがかかることで，漁業全体に負の影響を与えてしまう。欧州のように漁船が横に広がれば，それだけ燃費は悪くなる。また，住居スペースの削減は，労働環境の悪化につながる。つまり，十分な効果が得られないうえに，漁業者に大きな負担となり，漁業の生産性が損なわれてしまうのだ。

4-3-3　入口規制の問題点と限界

入口規制で，漁獲圧をコントロールしようという試みは，終わることのないイタチごっこであった。テクニカル・コントロールによって，障害を設けたところで，漁業者は障害に適応して，漁獲圧を増やしていく。入口規制では，限られたリソースをめぐる競争そのものにはメスを入れることができなかった。それどころか，障害に適応するために，非合理的な操業を余儀なくされるために，余計なコストが増えて，漁業の生産性が落ちてしまう。

入口規制のみで管理できるのは，伝統的集落で占有されている独立した小規模資源ぐらいであろう。顔が見える範囲であれば，皆で話し合って無駄な過剰投資を抑えることができる。また，ひとつの集落内であれば，漁具や漁法にも大差はない場合が多い。大規模資源だと集落間の資源の奪い合いが発生し，競争して早く獲る方向に向かいやすい。また，群れを一網打尽にできる効率的（資源破壊的）な巻き網と，大型魚を狙って獲るような一本釣りのような複数の漁法が混在する場合，共通の尺度で漁具や漁期の規制をするのは現実的ではない。

4-3-4 出口規制

現在の資源管理の主流は出口規制（漁獲量制限）である。出口規制では，科学者のアセスメントをもとに，管理当局が総漁獲量（TAC: Total Allowable Catch）を決定する。次に，全体の漁獲量がTAC以下に収まるように，漁獲枠を設定・配分する。

出口規制には，共通の漁獲枠を早い者勝ちで奪い合うオリンピック方式と，個々の漁業者にあらかじめ漁獲枠を配分しておく個別漁獲枠（IQ）方式の2つに分類できる。

初期の出口規制は，共有の漁獲枠を早い者勝ちで奪い合うオリンピック方式であった。港に水揚げされる漁獲量を制限することで，水産資源の過剰利用には，一応の歯止めをかけることができたが，漁業者間の早獲り競争という問題を解決できなかった。魚の奪い合いが，漁獲枠の奪い合いに変わっただけだった。出口規制では，資源に余裕をもった状態で漁獲をストップすることになり，漁業者間の早獲り競争は，より熾烈になっていった。早獲り競争を抑制するにはIQ方式への移行が必要なのだ。

カナダの銀ダラ（sablefish）漁業を例に，オリンピック方式とIQ方式の違いを見てみよう。1981〜89年まで，この漁業はオリンピック方式で管理されていた。限られた漁獲枠を早獲り競争で奪い合った結果，個々の漁船の漁獲能力は急激に上昇した。その結果として，1981年に245日あった漁期は，1989年には14日まで減少した（図4-2）。漁期の短縮は，オリンピック方式で管理される漁業に一般的に見られる現象である。

銀ダラの場合，生物資源は健全な状態に保たれたので，漁獲枠・漁獲量ともに右肩上がりで推移をした。漁期が18分の1に短縮されたにもかかわらず，漁獲量は3割も増えたのである。漁期が短くなれば，それだけ早獲り競争は過酷になる。限られた漁期の間に，他の漁業者よりも，より多く漁獲をするために，資源の規模とは不釣り合いな状態まで設備投資が進んだ。

オリンピック制度は，過剰投資を煽り，漁業の利益をどこまでも減らしていく。早獲り競争のための設備投資を行った漁業者が魚を独り占めする一方で，投資できなかった漁業者の獲り分はない。早獲り競争の勝者にしても，設備投

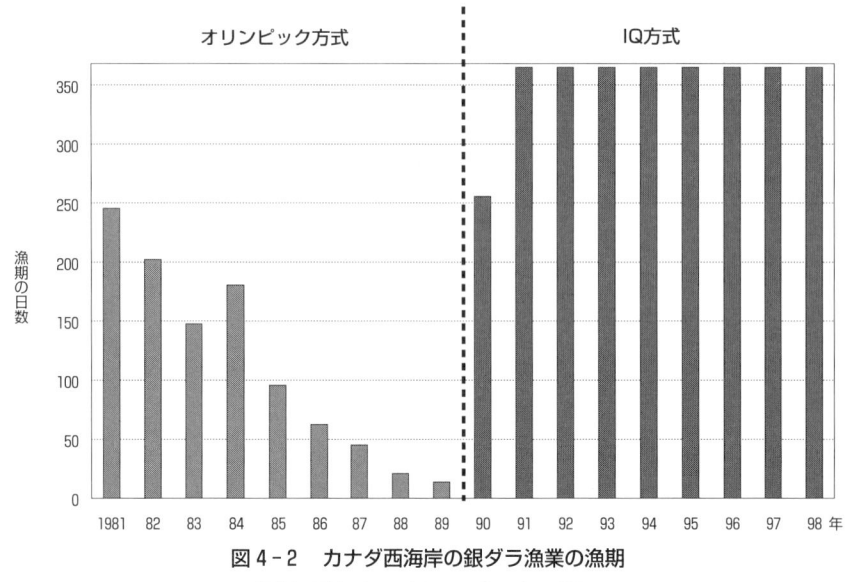

図4-2 カナダ西海岸の銀ダラ漁業の漁期
出典) Fisheries and Oceans Canada の HP。

資費用がかさみ，中長期的な利益は出ない。早獲り競争下では，獲った魚の事後処理も適当に済ませて，次の網を入れることになり，魚の質は下がっていく。また，解禁直後に水揚げが集中し，処理が追いつかずに値崩れする。その一方で，短い漁期が終わると，残りのシーズンは魚が水揚げされないので，残りの期間は冷凍物を食べることになる。質が悪い魚が集中水揚げされるのは，生産者のみならず，消費者にとっても不利益である。

カナダ政府は，1990年から，あらかじめ漁船ごとに漁獲枠を配分するIQ方式を導入した。IQ方式によって競争が緩和されると，漁業の生産性はいちじるしく改善された。IQ方式なら，自分の漁獲枠をいつ使うかは自分で決めることができる。漁業者は自分の魚を，海に在庫として保管しているような状態である。相場を見て，値崩れをしないように分散して供給することができる。IQ方式を導入した1990年の漁期は250日を超え，その後はほぼ周年操業されている。その結果，レストランでは常に新鮮な魚を食べることができるようになった。昔のように漁具や漁船への過剰投資の必要もなくなった。

また，オリンピック制度の時代には，終漁直前の駆け込み漁獲によって，常

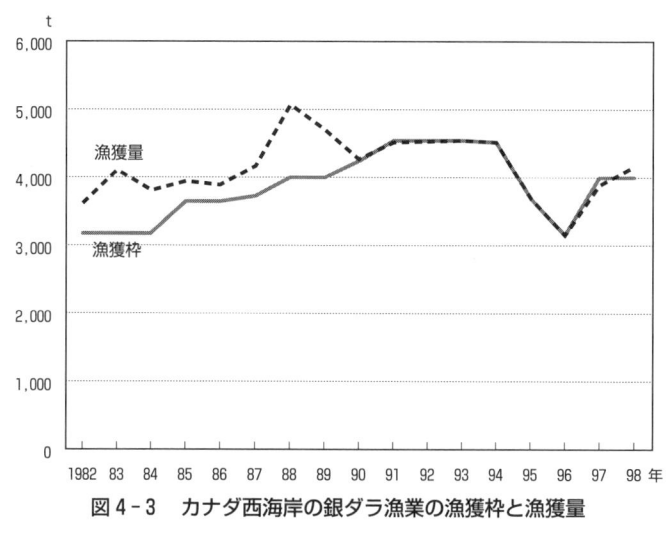

図4-3　カナダ西海岸の銀ダラ漁業の漁獲枠と漁獲量
出典）Fisheries and Oceans Canada の HP。

に漁獲量が漁獲枠を上回る状態であったが，個別漁獲枠制度が導入されてから，漁獲枠が成果に守られるようになった(図4-3)。IQ方式は，資源の持続性にとってもメリットがある。

4-3-5　IQ方式のメリット

　IQ方式の重要な点は，漁業者のインセンティブを「より早く，より多く獲ること」から，「より価値の高い魚を獲ること」に変える点にある。海のなかの魚は，漁業者にとっては落ちている現金と同じようなものである。500円玉と10円玉が混在して落ちている現金つかみ取り大会を考えてみよう（図4-4）。オリンピック方式での漁業は，「よーいドン」でコインを奪い合うことになる。参加者はライバルを押しのけて，できるだけ多くのコインを手当たり次第につかむだろう。一方，IQ方式のように，「1人が拾えるコインは10枚まで」という決まりがあったら，参加者は500円玉をじっくり狙って拾うだろう。参加者が拾うコインの合計枚数は同じでも，拾う枚数を決めておいた方が合計の金額は大きくなる。

第4章 水産資源

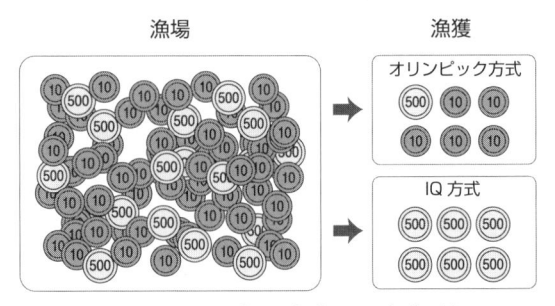

図4-4　オリンピック方式とIQ方式の違い

　IQ方式の導入によって，漁業者のインセンティブを，より多く獲ることから，単価を高める方向にシフトさせる。インセンティブの変化は，設備投資にも影響を与える。自分が漁獲できる量が限られているので，高性能のソナーや高馬力のエンジンへの投資は，経済的なリターンが期待できない。漁業者は，魚の価値を高めるために，フィッシュポンプ（網のなかの魚を海水と一緒に吸い出す機械）や冷凍設備に投資をするようになる。漁業者が自分の収益を増やそうと努力をすると，結果として，漁業全体の利益が増加する。以上が，IQ方式が漁業の生産性を高めるメカニズムである。

　IQ方式を導入して，漁業者のインセンティブを変えることで，資源の保全と，漁業経営の安定を両立することが可能になる。現在，世界の漁業管理ではIQ方式がスタンダードになっている。そのうえで，未成魚や他種の混獲を避けるために，漁具や漁期の規制などの入口規制を併用する場合が多い。

4-3-6　漁獲枠の譲渡ルールについて

　IQ制度を導入する際には，個人に配分された漁獲枠の譲渡ルールについても決定する必要がある。漁獲枠の譲渡を自由化すれば，資本力のある経営体は漁獲枠を買い集めることができる。漁業への投資の増加や，操業の大規模化・効率化などが期待できる。その一方で，漁獲枠の寡占化が進み，雇用確保や社会的平等の面で問題が生じる可能性がある。

　漁獲枠譲渡の自由度は，その後の漁業の発展方向を決定する重要なファクターである。漁業をどのように発展させたいかというグランドデザインを明確

にしたうえで，適切な譲渡ルールを決める必要がある。

　先進漁業国のなかでも，譲渡ルールは国によって大きく異なる。漁業者の既得権が強いノルウェーでは，漁業者の権利を守るために，漁獲枠を漁船に結びつけて，譲渡を制限した。このような方式を IVQ (Individual Vessel Quota) と呼ぶ。漁船のオーナー以外は，漁獲枠を所有できないことになる。ノルウェーの漁業も，家業がほとんどである。親から子どもに船を譲るときに，漁獲枠も一緒に譲ることになる。ノルウェーでは，漁船をスクラップにする場合にかぎり，その漁船の漁獲枠を他の漁船に移すことができる制度がある。利益が出ない経営体や，高齢で跡継ぎがいない漁師は，漁獲枠を譲渡することで，退職金代わりにすることができる。漁業を去る者にも，漁業に残る者にも，メリットのある制度である。

　ニュージーランドは，漁業の経済性を増すために，漁獲枠を証券化し，自由に取引ができるようにした。その結果，漁獲枠が一部の投資機関や企業に集中した反面，漁業の生産性は向上し，国際競争力は高まった。漁獲枠の取引を自由化する方式を ITQ 方式 (Individual Transferable Quota) と呼ぶ。

　ニュージーランドは 1980 年代に漁業改革を断行した。それまでは，補助金で一次産業を手厚く保護してきたが，経済が悪化して，国家が財政破綻の危機に陥った。ニュージーランド政府は，漁業制度を改革することで，漁業の生産性の改善を目指したのである。

　現在，ITQ 方式の導入を進めている米国では，漁村地域の雇用の確保のために，地域に固定した漁獲枠を配分し，地方の雇用促進に努めている。

　IQ 方式の導入にあたっては，漁業に何を求めるかという国家戦略を明確にしたうえで，譲渡ルールについて，慎重に決定する必要がある。ひとたび自由化した漁獲枠を元に戻すのは困難なので，最初は厳しく規制したうえで，状況を見ながら段階的に自由化を進めるべきであろう。

4-4　魚の管理よりも，漁業者の管理が重要

4-4-1　ITQ 方式で水産資源は回復する

　学術雑誌『サイエンス』に「乱獲によって，2048 年に世界の漁業が消滅する」

という論文が掲載された。執筆者はカナダの研究者ワーム（Worm）を中心とするグループである（Worm et al. 2006）。ワームらは，漁獲量が過去最大値の10％を割ったら「崩壊」という定義に基づき，国連食糧農業機関（FAO: Food and Agriculture Organization）の魚種別漁獲量の長期データ（1950〜2003年）から，世界漁業の崩壊率を求めた。崩壊率に放物線を当てはめたところ，2048年に崩壊率が100％になるという予測が得られた。これを根拠に，ワームらは，2048年に商業漁業が消滅すると警告したのである。

ワームらのセンセーショナルな警告は，世界中のメディアで取り上げられた。しかし，多くの水産研究者は，ワームの主張に懐疑的だった。世界には適切に管理されている持続的な漁業が，数多くあることを知っているからだ。米国漁業学会の重鎮ヒルボーン（Hilborn）は，「適切に管理されている漁業は，持続的である」と主張し，「『ネイチャー（*Nature*）』や『サイエンス（*Science*）』といった学術誌は，漁業が破滅に向かっているという先入観に基づき，研究の質よりも，話題性で掲載論文を選んでいる」と痛烈に批判した（Hilborn 2006）。

米国のコスティロ（Costello）らは，ITQ方式で管理されている漁業と，そうでない漁業を分類し，それぞれの崩壊率をワームらの手法で計算したところ，ITQで管理されている漁業は崩壊率が上がるどころか，むしろ下がっていることを発見した（Costello et al. 2008）。もし，1970年にすべての漁業にITQが導入されていたら，世界の漁業崩壊率は改善されていたのである。

4-4-2　生物の情報が少なくても管理は可能

資源管理を行う前提条件として，正確な資源量（バイオマス）の把握が不可欠という意見がある。日本では，今でも「情報の欠如」が資源管理を怠る口実として使われることが多い。不確実性への対応という意味では，国際捕鯨委員会（IWC: International Whaling Commission）の科学委員会が世界に先駆けていた。しかし，鯨類の商業利用は，いまだに再開できていない。資源解析の技術的な研究で世界をリードしていた米国・カナダは，資源管理に苦戦を強いられてきた。漁業管理の歴史は失敗の連続であり，1990年代には，大規模禁漁区によって漁業を大幅に制限する以外に，水産資源を存続させる方法はないという，悲観的な意見も少なくなかった。ところが，1990年代中ごろから，IQ制

度を導入したニュージーランド，アイスランド，ノルウェーの漁業がめざましく発展をしてきた。生態学よりも，むしろ社会学的なアプローチから，漁業を管理する方法が見つかったのである。

　ニュージーランドは，194魚種384系群に漁獲枠を設定している。いくつかの重要資源をのぞけば，きわめて簡便な資源評価手法が用いられている。生態系管理の一環として，商業漁獲の対象外の混獲種にも漁獲枠を設定している。こういった生物の情報はほとんど得られていないのだが，過去の混獲量などを基準に漁獲枠を設定している。漁獲枠を設定して，漁獲量のモニタリングをしておき，資源減少の兆候が見えたら，すぐに規制・調査しようという考えだ。ニュージーランドの資源管理の成功は，資源評価の精度によるものではない。不確実性を考慮したうえで，控えめに漁獲枠を設定したこと。そして，その漁獲枠を個別配分することで，漁獲枠を守りながら，利益が出るような状況をつくったことが，成功の秘訣といえるだろう。

4-4-3　インセンティブの重要性——ホキの成功とオレンジラフィーの失敗

　ニュージーランドで経済的に最も重要な資源は，ホキ（hoki）という白身魚である。ホキは，近年，卵の生き残りが悪かったために，資源が減少傾向にあった。ニュージーランド政府は，2008年にそれまで20万tあったホキの漁獲枠を13万tに削減する計画を発表した。ニュージーランドの水産業界は，政府が提示したいくつかの回復シナリオを検証し，政府案よりも厳しい漁獲枠の削減を要求した。ニュージーランド政府は業界の要求を受け入れて，2009年のホキの漁獲枠を9万tに削減した。ニュージーランドの水産大手企業サンフォード（Sanford）社のCOE，エリック・バレット（Eric Barrat）氏は，「より早く，より確実にホキ資源を回復させるために，業界自らが漁獲枠の削減を要求したのです。ITQが導入される以前は，このようなことは考えられませんでした」と筆者に語ってくれた。[*1] 2009年の調査でホキ資源の回復が確認できたため，2010年の漁獲枠は12万tに増加された。

　ホキを獲っている漁船の漁労長の話によると，漁獲枠が削減された年も，ホキは網を引けばいくらでも獲れたそうである。操業記録を見ると，網を入れているのは10分前後であった。彼の船だと10分で約20tのホキが網に入る。そ

第4章 水産資源

のまま網を引き続ければ，すぐに30tになる。しかし，25tを超えると，水揚げ時に魚の重みによって魚が傷んでしまうので，「ちょうど20tで上げるのが，漁労長の腕の見せ所」とのことである。漁獲枠が限られているニュージーランドでは，魚が獲れるのは当たり前であり，魚価を上げるための取り組みが徹底しているのである。資源管理ができていない日本近海では魚が減ったために，漁師は何時間も網を引かなければ魚が獲れない。これでは鮮度の面でも勝負にならない。

　ニュージーランドの漁業者が自ら漁獲枠の削減を要求したのは，その方が経済的だからである。IQ方式が徹底されているニュージーランドでは，2009年に獲り残した魚は，2010年以降に自分が獲ることができる。慌てて魚を獲りきる必要はないのである。また，ニュージーランドでは，漁獲枠は資産として高い価値をもっている。漁獲枠が価値をもっているのは，漁業が今後も利益を生み出すと期待されているからである。資源状態が悪化すれば，漁獲枠の価値は半減し，結果として自らの資産の価値を減らしてしまう。ニュージーランドの水産業界がホキの漁獲枠削減を要求したのは，経営的にも合理的な判断である。

　IQ方式は，漁業者の持続的な漁獲へのインセンティブを与えるが，例外も存在する。ニュージーランドの資源のほとんどは良好な状態にあるのだが，例外はオレンジラフィー（orange roughy）という深海に生息する白身魚である。オレンジラフィーは，ホキよりも，なお資源状態が悪い。にもかかわらず，ニュージーランドの水産業界はオレンジラフィーの漁獲枠の削減に強硬に反対し，漁獲枠を削減しようとしたニュージーランド政府を提訴したのである。漁業者は，ホキの場合とはまったく逆の態度を示したのだが，この行動も経済的インセンティブで説明できる。

　オレンジラフィーは，きわめて成長が遅く，成熟に20年以上を必要とし，寿命は70年以上もある。自然の生産力の範囲で持続的に獲ろうと思うと，漁獲率を低水準に維持しなければならない。サブプライム危機以前のニュージーランドは，年間7%の経済成長が続いていた。オレンジラフィーのような生産力が低い資源は，獲り尽くしたうえで資産を運用した方が，高い利益が期待できる。

　寿命が短く，生産力が強いホキの場合は，親を残せば将来の自分たちの利益

につながる。だから漁業者は，目先の収益を捨ててでも，漁獲枠を削減するように政府に圧力をかけた。一方，資源の増加力がきわめて低いオレンジラフィーは，持続的に漁獲するよりも，短期的に獲りきる方向に経済的インセンティブが働くので，漁獲枠の削減に全力で抵抗をした。一見正反対に見える行動も，経済的なインセンティブによって，説明ができる。

ニュージーランドにおいて，オレンジラフィー以外の水産資源の保全が成功したのは，漁業者の意識が高いからではなく，IQ方式によって漁業者の経済的インセンティブを変えたからだということがわかる。IQ方式は万能ではないので，オレンジラフィーのような資源に対しては，禁漁区を設定するなどして，確実に資源が残るような別の枠組みを準備する必要があるだろう。

4-4-4 世界から取り残される日本の水産政策

現在の主要な漁業国における資源管理制度を比較したのが，表4-1である。最初にIQ方式を導入したのはアイスランド，ノルウェー，ニュージーランドのような比較的小さな国であった。これらの漁業国の成功を目の当たりにした豪州，米国なども次々にIQ方式へと舵を切った。韓国も，盧武鉉大統領の政治主導によって1998年にIQ方式を導入し，漁獲量をV字回復させた。日本では，地球温暖化のせいで魚が減っているという論調が主流だが，地球温暖化の影響を日本だけが受けるというのは，おかしな話である。

表4-1 世界の主要漁業国の資源管理制度のまとめ

国名	漁獲枠設定	漁獲枠配分ルール		
		IQ方式	ITQ方式	オリンピック方式
アイスランド	○		○	
ノルウェー	○	○		
韓国	○	○		
デンマーク	○		○	
ニュージーランド	○		○	
オーストラリア	○		○	
米国	○		○	
日本	▲			○

第4章 水産資源

現在の早獲り競争を放置したまま，いくら補助金を投入したところで，日本漁業に明るい未来はない。逆に，日本の EEZ は世界屈指の好漁場であり，世界最大規模の水産マーケットが国内にあるのだから，適切な資源管理制度を導入すれば，高い利益が期待できる。日本漁業はすでに世界から取り残されて周回遅れである現実を認めたうえで，今すぐ韓国を含む海外の成功事例から謙虚に学ぶべきであろう。

注
　＊1　インタビューの様子は http://www.youtube.com/watch?v=gciXrAon14w で見ることができる。

参考文献
西海区水産研究所　1951『以西底魚資源調査研究報告 1』
Costello, C., S. D. Gaines and J. Lynham 2008. Can Catch Shares Prevent Fisheries Collapse? *Science* 321: 1678-1681
Hilborn, R. 2006. Faith-based Fisheries. *Fisheries* 31: 554-555
Worm, B. et al. 2006. Impacts of Biodiversity Loss on Ocean Ecosystem Services. *Science* 314: 787-790
Fisheries and Oceans Canada　http://www.pac.dfo.gc.ca/science/species-especes/groundfish-poissonsdesfonds/sable-charb/quotas-eng.htm（最終アクセス 2012 年 6 月 15 日）

第5章 森林資源

国内林業をどう制度設計するか

5-1 森林をめぐる市場の失敗と政府の失敗

わが国は，国土の3分の2が森林に覆われる世界有数の森林国であり，その森林は生物学的ホットスポット（地球上で生物多様性がとくに高い地域）として，世界的に貴重なものである。すなわち，世界でも数少ない温帯多雨林を形成し，島国という地理的特徴も加わって，多数の固有種を有する。

歴史を振り返ると，第二次世界大戦中を除き，わが国の森林は極端な減少や劣化を免れてきた。江戸時代には幕府および藩による厳格な伐採規制が行われていた。同時代に里山（村持ち山）では，農民による植林が始まるが，これは世界で最も古い持続的森林経営のひとつである。第二次世界大戦時の強制伐採は，資源劣化による災害と木材需給の逼迫を引き起こした。このため戦後，政府は拡大造林（天然林から植林によるスギやヒノキ林への転換）を促進するとともに，1962年に他の一次産品に先駆けて木材の輸入自由化にふみきった。その結果として，現在日本の森林の約40％，1,000万haが人工林に覆われる一方，日本林業は衰退し，木材自給率は90年代以降20％台に低迷している。

経済学的には，森林資源は私的財と公共財の2つの性質をあわせもつ財である。私的財とは市場で売買される財であり，木材に代表される。一方，公共財とは，非排除性（特定の人を消費できなくすることは難しい）か，非競合性（特

定の人がそれを消費しても他の人の消費が減ることはない）のいずれかの性質をもつ財を指す。これらの性質のために，公共財供給を市場に任せると，その効率的な供給は期待できない。森林の公共財的側面には，土砂災害防止および洪水防止サービス，水源涵養，CO_2吸収，遺伝子資源保護，レクリエーションの場の提供といったさまざまな環境サービスが含まれる。本章では，これら市場で取り引きされないサービスを森林の非市場性生態系サービスと呼ぶ。

　もうひとつの森林の経済学的特徴として，木材生産がその造成から収穫まで長年月を要することがあげられる。このため収穫には無視できない不確実性が存在する。このような投資対象については，諸個人のリスク回避性向のために民間に任せていては過少投資が生じることが知られている。[*1]

　これら森林資源の経済学的特徴は，市場だけでは，効率的な資源造成や管理は期待できなこと，いわゆる「市場の失敗」が生じることを示唆する。実際のところ，さまざまな政府の干渉が民間の森林に対して行われてきた。造林や林道開設のための補助金，低利融資制度，そして所得や相続に関わる税制上の優遇措置である。なかでもユニークな政策は，1958年に制定された分収林特別措置法による分収林制度である。それは，土地所有者から公的機関が土地を借り受けて森林経営を行い，得られた収益を両者で分配する契約制度である。さらに造林された森林への追加的投資を民間が行う場合（分収育林制度と呼ばれる）には，収益は3者に分配される。分収林制度では，自由な契約によって市場の失敗を是正することができる。

　本章では，この分収林制度に焦点をあてる。その第1の理由は，森林資源のような政府の干渉を必要とする天然資源の管理方法として，分収林制度が理論的に望ましい性質を有しているためである。しかし現実には，この制度は過剰な人工林造成と巨額の借入金を公的機関にもたらしている。後に詳述するように，その原因は広い意味での「政府の失敗」による。市場の失敗を引き起こす天然資源に対して，いかに政府の干渉による政府の失敗を避けて，資源利用の効率性を実現するかは，天然資源管理の永遠の課題である。わが国の分収林制度は，この課題に対する貴重な経験のひとつであり，今後の森林政策や広く天然資源政策のための有用な教訓を与えるものと期待される。このことが，本章が分収林制度を取り上げる第2の理由である。

以下，本章は次のように構成されている。次節（5-2節）では，わが国に分収林制度が導入されるようになった背景，制度のあらまし，そして現在の問題点を紹介する。5-3節では，分収林制度の理論的特性を解説する。5-4節では，現行制度の問題点を指摘する。5-5節では望ましい分収林制度の設計のための留意点をあげる。最後に5-6節では，歴史的・大局的観点から分収林制度を評価するとともに，その可能性を構想する。

5-2　分収林制度——その歴史と現状

分収林とは，複数の主体が植林（造林）プロジェクトに何らかの貢献を行い，収穫時にそれぞれの主体が一定の比率で収入を分け合うものである。図5-1に分収林の基本的概念図を示す。

日本の分収林制度は，江戸時代に始まる（表5-1）。日本全国の諸藩で分収林が設けられた。領主側が土地所有者であり，領民側が植林を担う。そして，収穫を一定の比率で分け合う。名称としては，一般的には「部分林」という用語が用いられる。五公五民という分収比率が最も多く見られる事例である。その場合には，収穫時に収入を領主側5割，領民側5割の比率でそれぞれが受け取る。領民側としては，武士，農民，町民などさまざまな人々が参加した。その

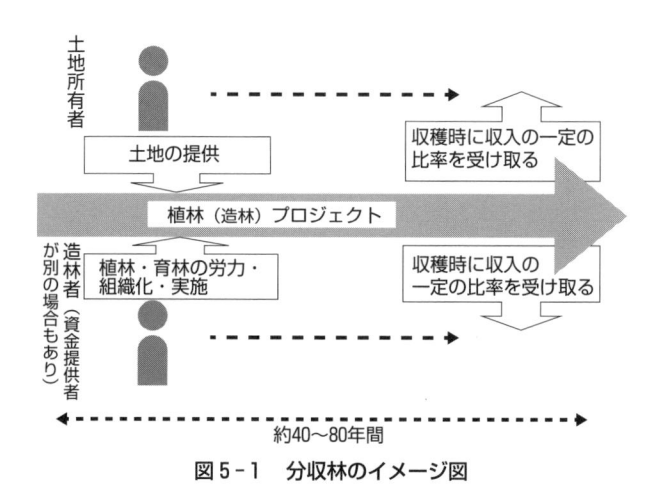

図5-1　分収林のイメージ図

表5-1 歴史上・現代の分収林

	部分林	官行造林	公団造林	公社造林
時代	江戸時代	大正～昭和	昭和	昭和～平成
目的	領主林での木材生産	地方公共団体(市町村)での財産造成	奥地水源林造成	山村振興など
土地所有者	領主	地方公共団体	地方公共団体,林家,共有林	林家,共有林
造林者	領民(武士,農民,商人)	国有林	森林開発公団または地元	林業公社
資金提供者			森林開発公団	
造林面積	(不明)	30万 ha	45万 ha	39万 ha

　始まった時期は明確ではないが，第5代将軍綱吉の時代（1680年ごろ）から，このような事例が見受けられ（塩谷 1959：90），全国36の藩において，部分林制度を確認している（塩谷 1959：104）。

　近代日本においても，分収林制度は実施された。官行造林がそれである。この場合は，市町村が土地を提供し，国，具体的には国有林が造林を実施する。大正から昭和にかけて進展し，その面積はおよそ30万 ha に及ぶ（塩谷 1959：557-558）。

　官行造林を引きついで，森林開発公団が奥地水源林造成を目的として，1956年より事業を開始した。現在は，独立行政法人森林総合研究所の森林農地整備センターが事業を継続している。分収による植林面積は45万 ha にも達している（独立行政法人森林総合研究所森林農地整備センター c.2008）。

　これに対して，本章で取り上げる分収林制度とは，1958年に制定された分収林特別措置法（2011年最終改正）によるものである。それは林業公社（あるいは造林公社）を推進機関として，第二次世界大戦後，燃料革命によって経済的価値を失った薪炭林へ拡大造林を行うというかたちで進展した。1959年設立の対馬林業公社を端緒として，林業公社が各都道府県により設立された。地元の所有者が土地を提供し，林業公社はその土地にスギ，ヒノキなどの木材生産を目的とした植林を行う。収入の分配の比率は多くの場合，土地提供者4割，林業公社6割，というものである。2008年度の資料によると，日本全国には36の都道府県に40の林業公社があり，分収林は約39万 ha，国有林を除いた

日本の人工林面積の5%に達している（造林公社問題検証委員会2008）。

　林業公社による分収林は，それがなければ（金銭経済的には）眠ってしまっていた広葉樹林を皆伐したうえで針葉樹を植林し，経済的価値を創造するというもくろみに基づくプロジェクトであった。ブナ林など広葉樹林に対する見直しが進んだ現在から見ると，理解しがたいところもあるだろう。が，木材生産上価値の高い森林を造成する。山村に産業を定着させる。これらの目的に正当性があるならば，この当初のもくろみをまったくの誤りということはできないであろう。事実，山村において雇用が生み出され，大量の植林地が形成されたというのは，分収林制度なくしてはありえなかったところである。

　しかし，公社による植林は，負の遺産としての印象が強い。なぜなら，全国の40の林業公社の長期借入金残高は約1兆円に及ぶが，木材価格の低迷により，伐採時にこれだけの収入が得られるとは考えられないからである。

　はたして，分収林とは経済的に見て，どのような仕組みなのか。モデル化によって，新鮮な角度から改めて見直してみよう。

5-3　分収林制度の経済分析

　分収林制度を形式的に表現するならば，公的機関が契約期間中，その費用を負担して森林（土地および林木）を管理し，最後に林木を収穫して，得られた伐採収益を土地（森林）所有者と分け合って契約が終了するというものである。[*2]私的な森林経営では，木材など市場で取り引きされる森林生産物からのみ利益が得られるのに対して，分収林契約においては，公的機関は社会を代表しており，分収契約期間を通じて得られる利益には，その森林が社会に提供した有形無形の市場で取り引きされない生態系サービスが含まれる。それら非市場性生態系サービスの価値が正であるかぎり，

　A. 分収林契約を通じて，その森林の社会的最適利用から得られる社会的純便益
　B. 土地所有者が所有森林を自らの立場から見た最適利用をして得られる私的純便益

の間に次の不等号関係が成立する。

第5章 森林資源　　65

A＞B

　つまり，もし森林が提供する社会的純便益，とりわけ生態系サービスがすべて貨幣価値に換算されるならば，公的機関が土地所有者に提示できる最大分収金分配額（Aに一致する）は，土地所有者が公的機関と分収林契約を結ぶうえで最低必要と考える期待利益（Bに一致する）を上回る。その分配額は一意に決まらないものの，分収契約は，公的機関に代表される社会の人々と当該土地所有者を win-win の関係に導く。すなわち，土地所有者は自ら森林経営を行っていれば木材販売収入のみが利潤の源泉であったものが，分収林契約によって，森林が提供する非市場性生態系サービスからの報酬もまた部分的に得られるようになる。一方，土地所有者以外の社会の人々は，土地所有者への支払いと引き換えに，市場に任せていては過小にしか提供されない非市場性生態系サービスを適正な水準で享受できる。このように，土地所有者もその他の人々も，分収林契約を通じてより多くの森林の恵みを受けることができる。誰も分収林契約によって損をすることはない。経済学の用語でいえば，分収林契約は社会をパレート改善することができるのである。

　分収林契約のこの望ましい性質をもたらしているものは，森林が社会に提供する非市場性生態系サービスである。それは文字通り市場で取り引きされないので，政府の政策なしには適切に供給されることはない。つまり，市場の失敗が生じる。それに対して，分収林契約は，適切に制度が設計されるならば，市場の失敗を是正する有力な政策手段として，社会をより幸せにする方向に森林利用のあり方を変えることができるのである。

　分収林契約には，もうひとつ市場の失敗を是正する重要な機能がある。それは，森林経営が数十年もの生産期間を有することと，民間の多くの森林が小規模な森林所有者に所有されていることに関係する。前者の特徴は，森林経営には多大な不確実性があることを意味し，後者の特徴は，その森林経営の不確実性を森林所有者はうまくリスク分散できないことを意味している。多くの森林経営者は，リスク回避的に行動するため，森林経営からの将来収益をより低く評価する。その結果，森林所有者は社会にとって適正な水準を下回って過小な森林投資を行う。また，リスク回避的な森林所有者は，森林というリスクのあ

る財よりも，より安全な資産，たとえば現金を好むので，森林を社会的に最適なタイミングよりも早くに収穫（＝現金化）してしまう傾向をもつ。分収林契約は，将来収益を分け合うことで，収穫に関わるリスクを森林所有者から広く社会に分散する。それによって森林投資が過少になるのを防ぎ，また，分収契約に適正な収穫のタイミングを盛り込むことで，森林所有者のリスク回避性向のために森林が早まって収穫されることを避けることができる。

5-4 政府の失敗

　以上のような経済理論から導かれる分収林制度のすぐれた特質と，現実に行われてきた分収林政策との間には大きなギャップがある。すなわち，現実の分収林政策は，天然林を，非市場性生態系サービスの提供という点で劣る——とくに生物多様性の点で明らかに劣る——人工林に転換するものである。また，事業を実施してきた政府機関（林業公社）は，積極的な造林投資を行ってきた結果，現在では返すあてのない莫大な借入金を抱えてしまっている。以下で詳細に論じるように，こうした問題は，すべてではないにせよ，部分的には，政策担当者の経済学的知識の欠如のために，分収林制度を適切に設計できなかったことによっている。また，分収林による拡大造林は社会的に最適な水準以上に行われた可能性があるが，それは官僚の非効率的な意思決定の結果である。これらは広い意味で政府の失敗と呼べるものである。ただし，今日，分収林問題とされているものには，必ずしも非難されるにあたらないもの，一般の人々の政府投資に対する誤った認識によるところのものも含まれている。この節では，これらのことを説明する。

5-4-1　制度設計上の問題

　分収林契約は，通常，伐採収益を分収する時期，すなわち林木の伐採年齢（伐期齢）を決める。これはごく自然な契約のように思われるかもしれない。しかし，実はきわめて不自然な契約である。ここで気づくべきは将来の不確実性である。契約時点で伐採齢を定めてしまうと，契約期間の途中で木材価格が高騰しても，そこで伐採して利潤を得るチャンスを利用できない。反対に（こちらが日本の

現実であるが)，木材価格の低迷によって，予定された伐採は赤字を生むことになるのに，泣く泣く木を伐らねばならないということも起こりうる。木は，イチゴとは違って腐敗して商品価値を失うものではないし，立木の形で置くことが最も安上がりの在庫の方法である。さらにいえば，伐採を延期すれば自然成長によってその価値が高まる。にもかかわらず，収穫時期を固定してしまう契約は，個別森林経営にとっても，社会全体にとっても望ましいものではない。

少し専門的な話をすると，最初に将来の行動を決めて，それを必ず実行するという意思決定方法は，オープン・ループ・コントロール（open loop control）と呼ばれる[*4]（図5-2）。上述のように，それは森林経営においては不適切な意思決定方法である。森林経営では状況に応じて収穫の決定を選択できるし，明らかにそうすることが望ましい。状況ごとにとるべき行動を決める意思決定方法は，クローズド・ループ・コントロール（closed loop control）と呼ばれる[*5]。森林経営の場合，典型的なクローズド・ループ・コントロールは，森林の年齢に応じて，立木価値の基準を設定し，現実の立木価値がその基準を上回ったときに収穫するというものである。木材価格が高騰すれば，基準の立木価値に早々に到達して林木は収穫されるだろうし，木材価格が低迷すれば，基準への到達

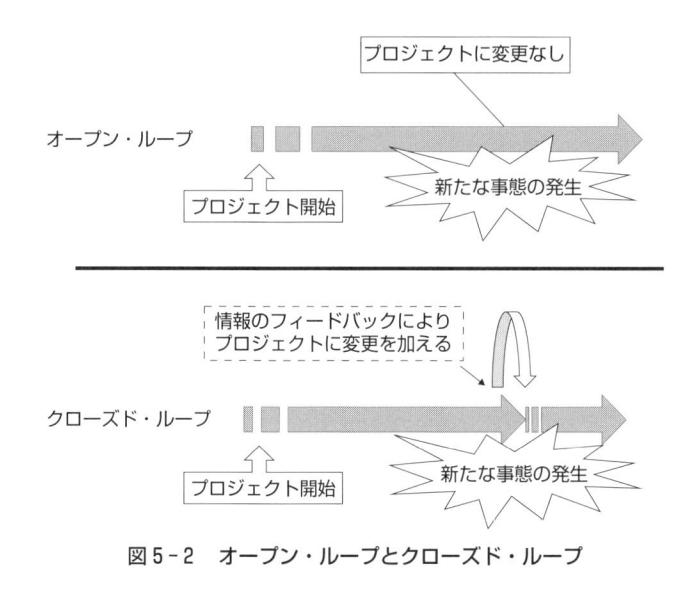

図5-2　オープン・ループとクローズド・ループ

は遅れるだろう。つまり収穫は延期される。この適切な意思決定ルールの代わりにオープン・ループ・コントロールを採用してしまうと，森林からの期待収益は半分以下になるというシミュレーション結果も知られている（ブレイジーとメンデルソン Brazee and Mendelsohn 1988）[*6]。

分収林制度のもうひとつの設計の誤りは，上記の契約伐採齢として，標準伐期齢の採用を推奨したことである。ここで標準伐期齢とは，木材の持続的収穫量を最大にするものである。このような伐期齢は，より多くの木材を「一国内で」持続的に供給することに目的がある場合には妥当である。しかし，自由貿易体制下では，木材は海外からも調達可能であり，量ではなく価値を持続的に最大にする森林経営が求められる。

典型的な標準伐期齢は，スギで30年，ヒノキで40年程度である。一方，木材販売収入のみを考えた経済的最適伐期齢は，現在の市場条件で，それぞれ80年，60年以上である（赤尾（1993）を参照）。さらに非市場性生態系サービスを考慮した社会的最適伐期齢は，通常立木の年齢が高いほど，それらのサービスがより多く提供されることから，さらに長くなる（例外はCO_2吸収機能である。赤尾（Akao 2011）を参照）。

前節で述べたように，分収林制度の利点のひとつは，民間の森林所有者がリスク回避のために早まって収穫するのを是正することにある。つまり，民間よりも収穫のタイミングを遅らせるべきものなのだが，現実の分収林制度は，まったく逆の選択をとっていたのである。

5-4-2 オーバーシュート

以上の制度設計上の失敗は，ひとつには政策担当者が適切な経済理論の知識をもたなかったことによっている[*7]。これに加えて，政府を構成する政治主体，とくに官僚が（彼ら自身は明確に意図したわけではなかったかもしれないが）望んで引き起こした失敗が存在する可能性がある。

民有林における拡大造林に占める分収林の割合が高まるのは1970年代である。同時期，それまで戦後の復興需要を背景に増加一方であった林業の内部収益率が低下に転じ，それに対応して，民間の拡大造林活動も低下し始めた。前節で述べたように，森林所有者のリスク回避性向は，社会的に最適な水準と比

較して，拡大造林への投資を過小なものとする。そこで，リスクを分散する分収林制度が，その過小投資分を是正する役割を果たすことになる。ここに分収林制度の望ましい機能のひとつがあるわけなのだが，オーバーシュート（やり過ぎ）が引き起こされた可能性がある。すなわち，社会にとって望ましい水準以上に拡大造林が進められた可能性である。そのことを証明する実証分析は存在しないものの，官僚は必ずしも社会的最適化を目指すわけではなく，自らの利益を最大にするように行動すると考えることは自然である。ニスカネン（Niskanen 1971）の予算最大化仮説が主張するように，官僚が分収林のための予算を維持，増大させ，その結果，過剰な人工林化が進められてしまったことは十分に考えられる。

ところで，林業公社などの政府機関は，借入金によって分収林事業を行ってきた。そこで，資金を提供する側がオーバーシュートをコントロールできる可能性が考えられる。残念ながら，現実には，この可能性は期待できない。なぜなら，資金提供者は都道府県および農林漁業金融公庫（現在，日本政策金融公庫に統合）であり，これら政府および政府機関にも予算最大化仮説があてはまるからである。すなわち，より多く貸付け実績をつくることは，これら組織の成員の利益に沿うものとなる。

5-4-3 借入金問題

現在社会問題化している分収林問題とは，それがすべてではないにせよ，木材価格が低迷するなか，林業公社が1兆円に及ぶ返すあてのない借入金を抱えていることである。しかし，一般の認識と異なり，その責任を林業公社その他政府機関に求めることは必ずしも適切ではない。より正確には，上述の制度設計上の失敗や官僚の予算最大化行動のために生じたオーバーシュートに関しては，政府は非難されるべきだが，それら以外の部分に関しては，政府にその責任を負わせることは，社会にとって望ましいことではない。以下，その理由を，順を追って説明しよう。

分収林による（社会的に最適な）造林投資は，リスク回避的な民間部門の過少な造林投資を補うものである。しかし，なぜ民間部門が臆する投資を政府は行うことができるのだろうか。それは，政府が民間の個別事業主体と比較して，

はるかに多くの投資対象をもち，それゆえ適切なポートフォリオ（投資案件や金融資産の組合せ）を構成して，リスク分散を図ることができるためである。また，政府が得る投資の果実は，それがプラスであれマイナスであれ，広く薄く市民に還元される。その結果，全体での総額は大きくとも，個々の市民が受ける利益または損失はわずかであり，対応して，市民のリスクプレミアムも小さくなる。これらのことによって，政府はリスク回避者ではなくリスク中立者として，リスク回避的な民間部門を補って，公共投資を通じて社会的最適投資水準を実現できるのである。

ここで注意すべきは，この社会的に望ましい公共投資とは，個々の公共投資ではなく，それらを束ねたポートフォリオとしての公共投資である。そのなかには成功する投資とともに失敗する投資もまた含まれている。失敗した投資（ここでの文脈では分収林）だけを取り上げて，政府を非難することは，政府をして民間同様にリスク回避的にふるまわせることになる。その一国全体での帰結は，社会的最適水準を下回る過小な公共投資である。

ただし，分収林投資にあたって，そのリスクに適切に対応した財源が求められなかったのは残念なことである。具体的にいうと，分収林投資の財源の大きな部分は，金利固定の借入金に求められた。これが巨額の借入金のひとつの要因となっている。自己資本に収益・損失が拡大して反映されるレバレッジ（leverage＝テコ）効果が発生している。こうした資本構成上の誤りについても未来にむけた教訓とすべきである。

5-5　望ましい分収林制度──21世紀型分収林

今日，分収林制度は公的機関に返すあてのない巨額の借入金をもたらしたものとして問題視されている。前節で論じたように，政府が「特定の」公共投資において，その思惑がはずれて債務を発生させたとしても，それ自身は非難されるべきことではない。問題は，官僚の経済学的知識の欠如と私的合理性に基づく非効率な意思決定にある。さらに問題なのは，そのことによって，分収林制度という，天然資源の社会的最適利用を実現できる政策手段が不当に低く評価され，政策手段の選択肢からはずれてしまうことである。そこで，ここでは

```
                                    ┌─────────────┐
                                    │1. 留保価格による│
                                    │  クローズド・  │
                                    │  ループ管理   │
                                    └─────────────┘
```

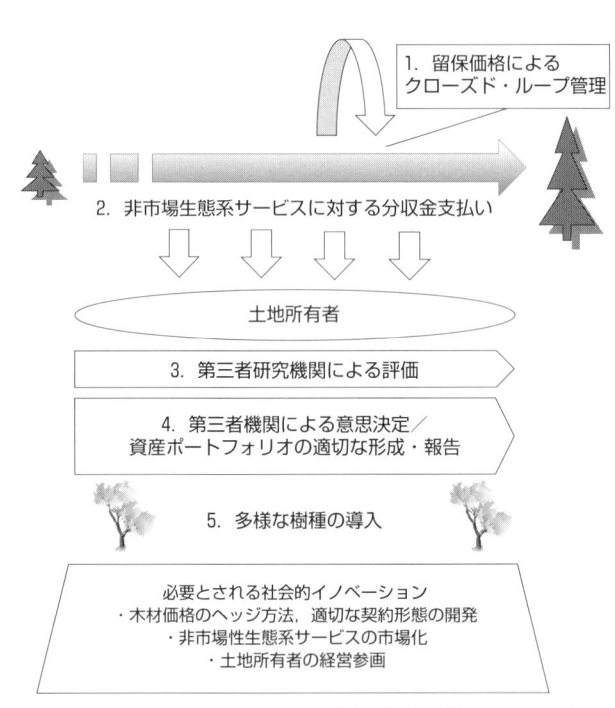

図中テキスト:
1. 留保価格によるクローズド・ループ管理
2. 非市場生態系サービスに対する分収金支払い
土地所有者
3. 第三者研究機関による評価
4. 第三者機関による意思決定／資産ポートフォリオの適切な形成・報告
5. 多様な樹種の導入

必要とされる社会的イノベーション
・木材価格のヘッジ方法，適切な契約形態の開発
・非市場性生態系サービスの市場化
・土地所有者の経営参画

図5-3　望ましい分収林（21世紀型分収林）のイメージ

適切な分収林制度の設計のために，経済理論から示唆される，留意すべき点を5点あげておく。

第1に，伐採の決定を特定の伐採齢によって固定的に定めるのではなく，木材価格の留保価格に関連づけることが必要である。ここで留保価格とは，その価格以上に木材価格が上がれば伐採することになる価格である。留保価格は林木の年齢によって異なる。一般に，若い年齢ほど高く，年齢が高くなると低下する。これは，若い木は将来より大きな収益が得られる可能性があるため，よほど木材価格が上昇しないかぎり収穫を後送りすることが最適だからである（具体的な数値例として吉本（Yoshimoto 2009）を参照）。

留保価格には，伐採によって失われる非市場性生態系サービスが考慮されねばならない。このことは留保価格をより高く（したがって伐採のタイミングが遅れるように）する。留保価格に基づく収穫の決定は，上で述べたクローズド・ルー

プ・コントロールとなる．留保価格は，木材価格や非市場性生態系サービスの価値がどのように変動するかという確率過程の予想に基づいて決まる．契約には，そうした確率過程の見直しと，それによる留保価格のアップデートが含まれるべきだろう．

第2に，林業をめぐる現在の厳しい市場環境のもとでは，伐採収益が期待できない林分（樹種，年齢などが同一な，ひとかたまりの森林）も多々あるだろう．そのような林分では，伐採は永遠に行われず，したがって伐採収益が分収されることもない．そのような場合には，年々の森林の非市場的生態系サービスに応じて，森林所有者は毎年分収金を得ることが選択できるようにしておけば，分収林契約は森林所有者にとってより魅力的なものとなり，分収林を通じた森林の社会的最適利用が促進されることになる．

第3に，官僚の予算最大化行動に基づくオーバーシュートをどうコントロールするかだが，そのためには，第三者機関として，研究機関が，森林の最適利用とそれによって発生する社会的便益を評価することが必要となる．すなわち，各森林に対して，その森林が年々発生する非市場的生態系サービスの価値と伐採したときに得られるであろう収益（いずれも確率的に変動する）を予想することである．実際のところ，分収林を通じて森林の社会的最適利用を実現するためには，上記1に示した留保価格を適切な水準に設定することが重要であり，そのためには，森林の木材価値とともに非市場性生態系サービスの価値評価の作業が不可欠となる．

第4に，現状がそうであるように，分収林の原資を政府資金に頼ることは，リスク分散の点で理に適っている．問題は，実際の投資者である林業公社など政府機関にどこまで負債の責任を負わせるかである．その責任が重ければ重いほど政府機関はよりリスク回避的行動をとることになる．ひとつの考え方は，林業公社など政府機関は責任を負わないが裁量ももたないようにすることである．すなわち，投資総額は政府の決定事項とし，一方，個別分収契約においては，その対象とすべき森林の選択，施業や分収内容の決定は，利害関係をもたない第三者機関に任せることが考えられる．いまひとつの考え方は，負債に対応する資産のポートフォリオをリスク分散の観点から適切に形成し報告することを，政府機関に義務づける方法である．

第5に，従来，分収林は拡大造林を対象としてきた。しかし，森林経営の採算悪化によって，伐採後放棄地が増加している現状に対して，再造林についても，分収林制度は社会的に最適な森林利用を実現するための有力な政策手段となる。その場合，再造林の樹種は，以前のような用材利用のためのスギ，ヒノキに限られず，非市場的生態系サービスの増進を目的に，多様な樹種が，植えられるか，または自然力によって導入されるであろう。いずれの樹種が植えられる（導入される）にせよ，将来的に林業の採算性が回復する可能性は低く，したがって伐採収益が期待できないケースも多々あるはずである。そのような場合の分収制度については，上の2で述べたとおりである。

5-6　分収林制度の再評価と可能性

　改めて顧みると，資源の動員という面で分収林制度は，歴史的には大成功をおさめてきたといえる。昭和の林業公社の場合，多くの土地所有者から土地の提供を受けた。さらに，プロジェクトを「担保」として，資金を大量に集めることができた（ただし，事後的にこの資金投入判断は問題となるのではあるが）。加えて，労働力の動員も大規模に行うことができた。これらは，自由意思に基づく分収林契約によって達成された。

　社会（国民，県民）で支える森林管理ということが唱えられるようになっている。社会で支えるというと，一般財源，森林環境税収入の投入ということが，まず頭に思い浮かぶかもしれない。しかし，さらに広く考えると，契約関係を通じ，異なった立場の主体が出会い，資金，労力，土地を出し合って，森林づくりを行った分収林は，社会で支える森林づくりといえるだろう。しかも，この資源動員は自由な契約の一環として行われる。江戸時代の部分林では，領主と領民との間の上下関係が経済外強制として働いていた。しかし，現代においては，公共の意思を強制することは，例外的な場合に制限されるべきである。

　江戸時代から300年以上もの間，分収林という制度はその意味合いを変えつつも，土地，労働力，資本といった生産要素を社会的に組み合わせ投入する仕組みとして機能し続けてきた。したがって，分収林という仕組みを将来にむけて生かす可能性を見失ってはいけない。それは社会で支える森林管理を考える

うえで欠くことのできない要素である。20世紀後半は，急激な成長の時代であった。この特殊な時代に分収林というプロジェクトが，ある意味失敗したからといって，将来にわたって可能性を無視するのは，あまりにも早計だろう。

将来にむけて分収林を生かしていくには，どうしたらよいのだろうか。

5-5節「望ましい分収林制度」で述べた21世紀型分収林を実現するためには，制度上のイノベーションが必要である。とくに，木材価格下落の場合に損失分をどのように処理するかについて，最悪のケースを想定した手当てが必要だろう。木材価格が下落する場合に価格が上昇する商品，債券などによりヘッジすることが考えられる。そうしたヘッジにあわせて，留保価格に基づいた，柔軟な契約を工夫することも肝要である。

また，非市場性生態系サービスを主目的とした分収林制度を確立するためには，「非」市場性生態系サービスの市場化が期待される。たとえば，CO_2の吸収機能，水循環の調整機能が環境機能として販売できるようになれば，それら販売収入を財源とすることもできるし，価格シグナルを市場から得ることもできる。

最後に，土地所有者側が分収者として経営に参画できる体制の創出が望まれる。一定額の地代を土地所有者が受け取る借地林業と違って，分収林では土地所有者は，最終的損益の利益や損失を分担する共同経営者である。事業の成功を後押しするインセンティブは強い。さらに，土地所有者が森林に近い場所に居住する場合，事業の成否に関わる微細な情報を日常的に入手できる立場にある。病害虫被害の兆候，生育状況などの監視に地元の土地提供者が関わることは，分収林経営にとっての大きな力となるであろう。

21世紀型分収林は，新たな展開を見せるのかもしれない。たとえば，企業による森づくりへの支援がそれである。多数の企業がCSR（企業の社会的責任）として森林管理に資金投入を行っている。さらには，森林のCO_2吸収クレジットの購入，パートナー協定の締結といったかたちで，企業の森林への資金投入も始まっている。新たな主体が参加することによって，分収林はwin-win関係の輪を広げるのではないだろうか。

注

*1　詳細はアローとリンド（Arrow and Lind 1970）を参照。
*2　分収林契約の際，地上権が設定され，林業公社が立木の地上権を獲得する。したがって，林業公社がその時点で森林の「保有者」となる。金銭の分収のみならず，材積分収という方法も試みられている。この場合，土地提供者分の分収比率に見合った立木が林地に残される。
*3　これらの理論的結果について，詳細は赤尾（Akao 1996）を参照。
*4　将来の時点で明らかになる新たな情報のフィードバックを意思決定に取り入れない，すなわち，フィードバックのループ（輪）が閉じていないという意味で「オープン」ループである。
*5　将来の時点で明らかになる新たな情報のフィードバックを意思決定に取り入れる，すなわち，フィードバックのループ（輪）が閉じているという意味で，「クローズド」ループである。
*6　それでは，なぜクローズド・ループ式の意思決定を行わないのかが疑問となるだろう。クローズド・ループ式の意思決定は，複数の主体が参加する場合，機会主義的（opportunistic）な行動を引き起こす危険性がある。状況によって自分に有利な行動を取るということである。機会主義的な行動を防ぐには，監視をしたり，適切な契約を設計したりする費用が発生する。こうした費用（取引費用 transaction costs）がクローズド・ループ式意思決定を阻害する要因のひとつである。
*7　公平を期すならば，こうした経済理論上の結果は1980年代以前ほとんど知られていなかった。したがって1950年代末の制度設計を非難することは正当ではない。問題は，その後に制度修正が行われなかったことである。

参考文献

赤尾健一　1993「分収契約と社会的最適伐期齢――ある森林整備法人の事例分析」『京都大学農学部演習林報告』65：194-209
井口隆史　1987『公社造林論』文部省内地研究員報告
塩谷勉　1959『部分林制度の史的研究――部分林より分収林への展開』林野共済会
造林公社問題検証委員会　2008「全国の林業公社等の管理面積および債務残高の状況」『造林公社問題検証委員会報告書』http://www.pref.shiga.jp/d/rimmu/zorin-kosha/kensho/houkoku.htmlf （最終アクセス2012年6月8日）
独立行政法人森林総合研究所森林農地整備センター　c. 2008「水源林造成事業で水源地域の森林の整備を」（パンフレット）http://www.green.go.jp/gyoumu/zorin/pdf/zouseijigyou-panf.pdf（最終アクセス2012年6月8日）

Akao, K. 1996. Stochastic Forest Management and Risk Aversion. *Forest Planning* 2: 131-136

Akao, K. 2011. Optimum Forest Program When the Carbon Sequestration Service of a Forest Has Value. *Environmental Economics and Policy Studies* 13: 323-343

Arrow, K. J. and R. C. Lind 1970. Uncertainty and the Evaluation of Public Investment Decisions. *American Economic Review* 60: 364-378

Brazee, R. and R. Mendelsohn 1988. Timber Harvesting with Fluctuating Prices. *Forest Science* 34: 359-372

Niskanen, W.A. 1971. *Bureaucracy and Representative Government*, Aldine-Atherton

Yoshimoto, A. 2009. Threshold Price as an Economic Indicator for Sustainable Forest Management under Stochastic Log Price. *Journal of Forest Research* 14: 193-202

第6章 森林資源とREDD
排出量取引市場を活用した森林保全政策

6-1 はじめに

　近年，CO_2吸収源としての森林に注目が集まってきている。FAOの推計によれば，世界の森林バイオマスが蓄えている炭素量は289ギガトンであるが，2005～10年の間に年平均0.5ギガトンの炭素蓄積量の減少が見られている（FAO 2010）。図6-1は全世界のCO_2総排出量に占める森林減少の寄与度を示すものであるが，この図からも森林減少に起因するCO_2増大のインパクトの大きさが示唆されよう。炭素蓄積量の減少は，主として世界全体の森林面積が減少したことによるとされている（FAO 2010）。

　FAOの推定では，2000～10年の間に森林面積は全世界で年平均520万ha減少している。この減少は1990～2000年までの年平均830万ha（北海道よりも少し広い面積）の減少に比べるとスピードは遅くなっているものの，依然として森林は減少し続けていることが示唆されよう。ただし，図6-2に示すように，地域別に見ると傾向はそれぞれ異なり，南米とアフリカにおいて減少の傾向が強い。一方で，欧州ではこの期間一貫して森林面積は増大傾向にあることがわかる。さらに，アジアは90年代の減少から一転，中国の大規模な植林政策を主たる原因として2000年代は増大に転じていることがわかる。このことは森林資源量を人為的にコントロールしていくことは不可能ではないというこ

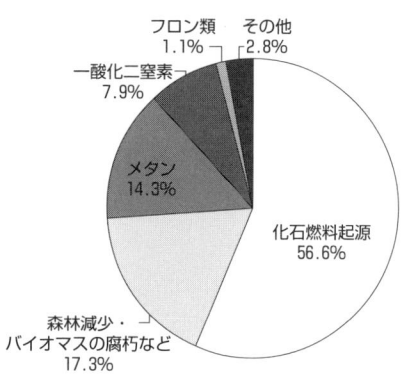

図6-1
人為起源温室効果ガス総排出量
に占めるガス別排出量の内訳
（CO_2換算ベース）
出典）IPCC 2007: 103.

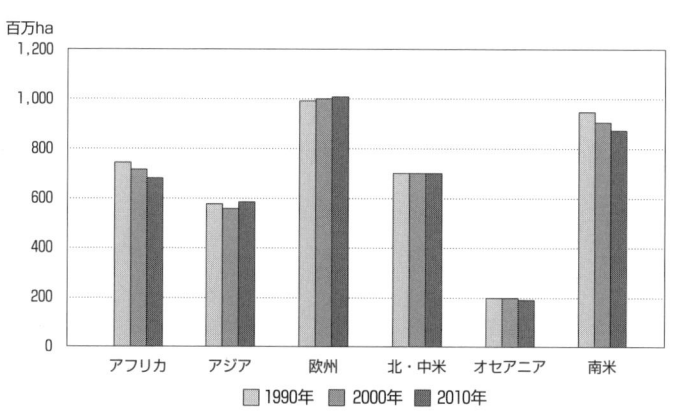

- フロン類 1.1%
- その他 2.8%
- 一酸化二窒素 7.9%
- メタン 14.3%
- 化石燃料起源 56.6%
- 森林減少・バイオマスの腐朽など 17.3%

図6-2　森林面積の推移
（1990～2010年）
出典）FAO 2010: xvii.

とを示す希望の光ともいえよう。

　温室効果ガス排出の2割程度を占める森林起源のCO_2の重要性を鑑みて，京都議定書は1990年以降の「新規植林」「再植林」「森林減少」によるCO_2の吸収・排出量の報告を義務づけており[*1]，その分を目標遵守に計上することを許している。さらには「森林経営」による吸収量も削減量として計上することも許している。こうした森林による吸収量については，第一約束期間（2008～12年）では国ごとに算入上限が定められ，たとえば日本については，1990年比3.8%に相当する1,300万炭素トン（約4,770万CO_2トン，第一約束期間の年平均値）を計上することが可能とされた。すなわち，日本は京都議定書において，

2008～12年までの5年間で1990年比で6％のCO₂排出量の削減を義務づけられているが，この森林に関する基準を受け，6％削減のうち，温室効果ガスの排出削減によって0.6％分，京都メカニズムによって1.6％分，そして森林吸収源対策によって3.8％を削減する計画としてきた（2008年3月に改定された「京都議定書目標達成計画」）。また第17回締約国会議（COP17）等で国際的に合意されたルールに沿って，第二約束期間（2013～20年）において，森林吸収量の算入上限値3.5％分（1990年比）を最大限確保すること，削減義務を負わない国であっても，2013年以降も森林吸収量等を報告することが義務づけられている。ここで注意すべきは，新たに植林をすることが難しい日本においては，森林吸収量のほとんどを「森林経営」[*2]によって確保する必要があることである。2008年度における日本の森林吸収量は1990年比3.4％に相当する1,182万炭素トンであったが，目標の1,300万炭素トンの確保のために，「森林の間伐等の実施の促進に関する特別措置法」により間伐を推進するとともに，森林整備，木材供給，木材の有効利用などの総合的な取り組みが進められた（林野庁2010）。また，2013年5月の同法改正により，平成32年度までの間の森林吸収源対策の法的枠組みが整備され，同法に基づく「基本指針」で森林吸収量3.5％の確保に向けて年平均52万haの間伐，主伐後の確実な再造林等を位置づけている。東日本大震災によって化石燃料によるCO₂排出量の増大が見込まれ，「京都議定書目標達成計画」の根幹が揺らいだ中，CO₂吸収源としての森林の価値はますます高まったといえる。日本において森林吸収源が果たす役割は今後ますます大きくなることが予想されよう。

　ここで重要となるのは途上国に対する扱いである。20年以降の次期枠組み交渉では，米国や中国，インドも含めたすべての国・地域が排出削減目標を持つ合意を目指しているが，現状では途上国は削減義務を負っていない。しかし，今後経済発展をしていく途上国のCO₂排出量は増加の一途をたどる可能性が高く，中国・ロシア・インドの3国を合計しただけでも世界全体の総排出量の4割に匹敵する状況にある（2012年度）。先進国とは異なり，途上国は森林を管理する資金的余裕がないことが多く，その意味で先進国とは異なるアプローチで方策を考えていく必要があるといえる。

　なお，先進国が資金提供や技術協力を通して途上国における温室効果ガスの

排出削減に協力する京都議定書の仕組みとしてクリーン開発メカニズム（CDM: Clean Development Mechanism）があげられる。2001年のCOP7において成立したマラケシュ合意において，途上国における新規植林と再植林をクリーン開発メカニズム（CDM）の対象とすることが認められた。この制度は途上国における森林減少を食い止めるための手段として注目されてきたものであり，具体的には，先進国による途上国での一定の条件を満たす植林活動に対して，その森林が有するCO_2吸収量に応じて「炭素クレジット」が認められ，削減義務を負う先進国が補完的にその炭素クレジットを自国の排出削減量として使用することができるというものである。しかし，この制度は炭素クレジットとして認められるための条件が厳しく，実際にはほとんど活用されていない状況にある（2010年12月時点でCDM登録件数全体に占める割合は0.56％）。商業植林でなければ認められないという厳しさ，および創出した排出権は期限つきで消滅してしまうため価値が低いなどの背景が，そこにはあるといわれている。こうした状況であるため，途上国の森林に関する新たな仕組みの構築が待望されてきているのである。

京都議定書において，途上国が，過去の温室効果ガス排出は先進国側に責任があるという考えから，温室効果ガス削減義務を負わない形となったことは記憶に新しい。途上国の温室効果ガスを減らしていくためには，先進国を含めた世界全体での議論が必要といえよう。先進国が協力をしつつ，途上国の温室効果ガスを減らそうという取り組みが，本章のテーマであるREDD（レッド。Reducing emissions from deforestation and forest degradation in developing countriesの略）である。

REDDの基本的な中身は，森林減少・劣化を抑制し，それにより温室効果ガスの排出量を削減する途上国の取り組みに対し，先進国が何らかの経済的インセンティブや技術援助をしていくというものである。気候変動枠組条約における2005年の第11回締約国会議（COP11）において，パプアニューギニアとコスタリカが森林減少の回避を検討するよう提案したことから，このREDDの検討が始められた。具体的には，過去の推移などから推測される森林減少・劣化と実際の森林減少・劣化を比較して，その差に対してクレジット（排出権）を発行し，そのクレジットを売却することで，森林管理に要した費用を回収す

るという仕組みが，REDDの基本的な考え方である。[*3]森林資源を管理していくにあたって，資金的に余裕のない途上国であっても，管理を行っていくことが期待できるという意味で，途上国にとって有益な仕組みと考えられる。また，先進国が資金提供を行うことになるが，この事業が軌道に乗った場合，排出権による利益の配分がなされることも期待され，先進国にとっても投資を行うインセンティブが生じる可能性がある。また，過去の先進国の排出責任に対して先進国が責任を果たすための具体的な取り組みと位置づけることができるであろう。

本章では以下，このREDDの具体的内容，REDDを拡張させた取り組みであるREDD＋（レッドプラス）の具体的内容について説明を行い，途上国が森林を管理する資金を得るためにどのような仕組みが考えられているのかを示していきたい。

6-2　REDDおよびREDD＋

REDDおよびREDD＋の概要を図6-3に示す。REDDは，森林減少・劣化によるCO_2排出量を過去の傾向から予測し，森林管理の徹底などによって，予測よりも排出量を減らすことができた場合に，その削減分を削減量として計上する仕組みである。この削減量を得ることに対して経済的インセンティブを与える方策として考えられているのが，排出量取引市場である。この市場において削減量を売却することができれば，森林管理にコストがかかったとしても，その資金を回収することができる。あるいは要した管理コストを売却価格が上回ることができれば，利益が生まれる。したがって，ビジネスモデルとしての森林管理も実現される可能性があるのである。もともと森林を管理していく資金的余裕がなかった途上国に対して，森林管理をしていくインセンティブを与えるという意味で，この仕組みは注目を集めている。なおこの仕組みを活用することが期待される国は図6-4におけるインドネシアやブラジルなどの森林が減少・劣化している段階の国々である。

一方，REDD＋は，森林が減少・劣化している途上国だけでなく，増大・改善している途上国においても森林管理のインセンティブを与えるものとなって

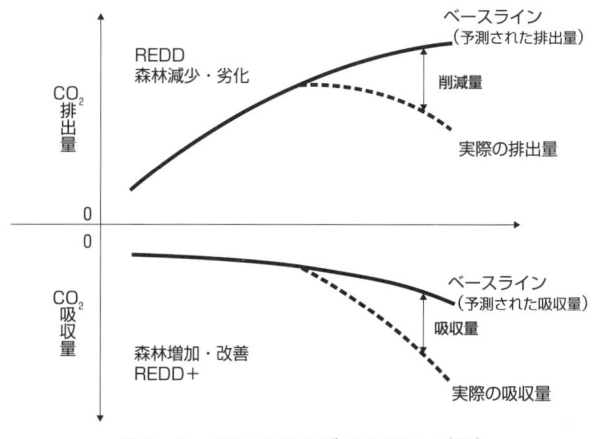

図6-3　REDDおよびREDD＋の概念

注）Hyakumura and Sheyvens (2012) をもとに著者作成。

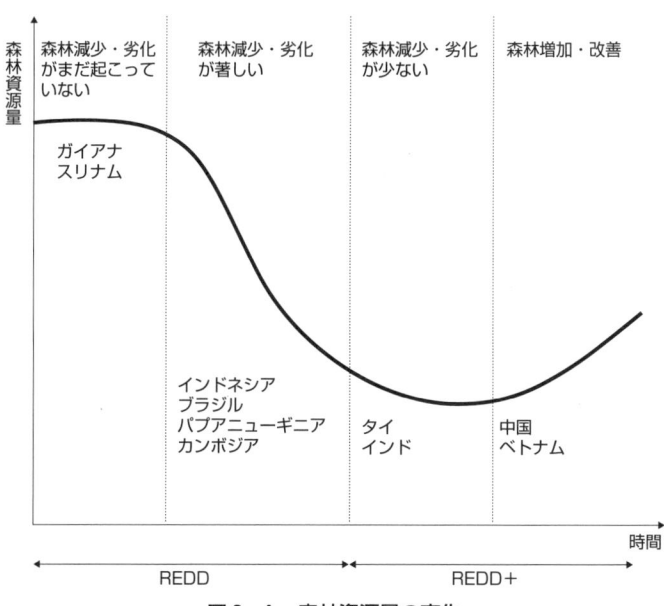

図6-4　森林資源量の変化

注）Mather (1992) をもとに著者作成。

第6章　森林資源とREDD

いる。これは図6-4における中国やベトナムの段階に該当する。すなわち，森林管理を強化するなどして過去のトレンドよりも森林を増大・改善させることができた国に対して，その増大した森林によって吸収される温室効果ガスの吸収量を計上し，その吸収量を排出量取引市場などで売却することを想定した仕組みといえる。

　国別に森林資源量の増減を見ると，各国間で大きな差異が存在しており，インドネシアやブラジルの熱帯雨林など，森林が大きく減少している地域が存在する一方で，中国など大規模な植林などによって森林面積が増大している国も存在している。図6-3に示したように，前者に対してはREDDの概念が，後者に対してはREDD＋の概念が適用されることになるのである。両者ともに削減量あるいは吸収量を確保することで排出量取引に計上することができる可能性がある。このように，途上国全体において森林管理に対して経済的インセンティブを与えることを期待するのがREDDおよびREDD＋であるといえよう。

　REDDについては，すでに触れたように2005年のCOP11において検討が始まったが，2007年にインドネシア・バリで行われた第13回締約国会議（COP13）において主要議題のひとつとして取り上げられ，同会議で採択された「バリ行動計画」において次期枠組みの検討課題として盛り込まれた。それ以降，REDD＋の議論は本格化している。

6-3　森林の環境クズネッツ曲線

　すでに触れたように，途上国は先進国と異なり，経済発展に注力をする場合が多く，そのため管理のための費用が必要となる森林管理について自国の財源を捻出するインセンティブをもたないことが多い。このことは「環境クズネッツ曲線仮説」の議論とも関係している。

　環境クズネッツ曲線仮説とは具体的には以下のようなものである。すなわち「経済発展の初期の段階では国の方針として経済発展を最優先する傾向にあり，環境問題への取り組みがおろそかになりやすいが，その後，経済がさらに発展し，環境問題が深刻化して何らかの被害が生じるようになるとようやくその対

策のために環境規制が導入され始める。そして、さらに経済発展が進むと、国民の環境意識の高まりも相まって、環境保全に対する具体的対策が積極的になされ、環境負荷が低減しはじめる」という仮説である（仮説の詳細については、鶴見・馬奈木（2012）を参照のこと）。すなわち図6-5 に示すように、グラフの縦軸に森林減少率を、横軸に所得をとったとき、両者の関係はU字の逆（逆U字型）の関係となる可能性が、この仮説からは示唆されるのである。

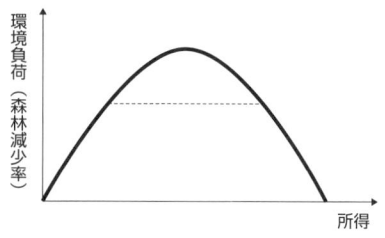

図6-5 環境クズネッツ曲線仮説
注）著者作成。

森林に関してこの仮説が成立する可能性はあるだろうか。つまり「経済成長の初期段階では、森林を管理する意識は低く、農地転換や森林伐採などによって森林の減少が進んでしまう。この森林減少が深刻化してきた段階で保全のために何らかの対策がなされ始める。そして経済が発展していき、さらなる対策がなされることで森林の減少は抑えられ始める」というストーリーである。

ここで注目すべきは、図中の水平ライン（破線）の経路である。この経路は、先進国から森林管理の資金提供を行った場合に想定されるものである。すなわち、森林減少が著しい経済発展の段階では得てして森林管理に対する資金が十分に用意されていない状況が多いと考えられるが、この段階において、仮に先進国から森林管理に対する資金が入ってきたならば、その資金を原資とした森林管理がなされ、資金提供のない場合に比べて森林減少を減速させる結果となることが想定される。この場合には逆U字型ではなくこの水平ラインの経路をたどると考えられる。

なお、この環境クズネッツ曲線仮説が成立するかどうかの議論は研究途上であるため、ここで一般的にこの仮説が成り立つと断定することはできない。しかし少なくとも、森林破壊が起きている地域は主として途上国であること、そして経済発展にのみ注力してしまう可能性の高い国であること、そして資金的な余裕がないため環境対策がおろそかになっている可能性があるということを考えると、先進国の資金が途上国に入ってくる仕組みを構築する必要性が示唆されるであろう。一方で、先進国の立場から考えた場合にも、過去の温室効果

ガスを先進国が出してきた責任を鑑み，途上国に資金提供を行う責務があるという視点が重要となってくるであろう．

以上のように，先進国から途上国への資金提供は先進国にとっても途上国にとっても有益なことであると考えられ，具体的にどのように資金提供を行っていくのか，その仕組みの構築が待望されている．

6-4　REDD および REDD＋事業に必要となる資金

前節で述べたように，先進国から資金提供があれば森林減少は抑えられる可能性がある．本節では，この資金をどのように途上国に提供するかについて触れたい．

現在のところ，途上国への資金提供の方法として有力といわれているものは2つ存在している．ひとつめは市場方式，2つめは基金方式である．まず，市場方式であるが，これはすでに述べたように，REDD および REDD＋事業において生じた CO_2 の削減量および吸収量に相当する排出権を，排出権市場において売買する仕組みを指す．すでにヨーロッパでは EU-ETS と呼ばれる炭素市場が確立しつつあり，排出権の売買が行われている．ただし，市場方式において REDD および REDD＋事業で得られた排出権をどのように扱うかについては，現在も議論が分かれている．すなわち独自の排出権市場を創設する案，クリーン開発メカニズムに組み入れる案が存在する．途上国にとっての市場方式の最大のメリットは，当然のことながら，森林管理に必要なコストを排出権を売却することで賄うことができるという点である．場合によっては，売却によって利益が生じる場合もある．一方，排出権を購入することで自国の排出削減分に充当することができる仕組みとなれば，先進国の政府・企業などが排出権を購入するインセンティブが生じる．

なお，市場方式に対する懸念として，次のようなことが指摘されている．すなわち，事業が利益優先に走ると森林への関心が炭素蓄積のみに集中してしまうため，その結果，生態系への悪影響が生じる，そして地域住民の生計が脅かされる，といった可能性である．こうしたことを避けるためのルールづくりも重要であるといえよう．

一方の基金方式は，大きく分けて2つの方向性が存在する。ひとつめは，基金のみでREDDおよびREDD＋事業を行おうとする考え方である。すなわち，ODAあるいは多国間および二国間援助の活用，そして炭素を含む商品やサービスなどへの課税によって基金を創設し，その資金を活用することで事業を行っていくという考え方である。事業によって創出された排出権をもとに利益配分を行うこととなる。しかし，この利益配分が実績に基づいて行われる保証がない場合，排出権としての位置づけは低くなり，資金が集まりにくくなる可能性が指摘されている。

　2つめは，市場方式を補完するという意味での基金である。たとえば，世界銀行は市場方式を補完するための基金「森林炭素パートナーシップファシリティ（FCPF: Forest Carbon Partnership Facility）」を提唱している[4]。たとえば途上国が森林管理を行う際の準備段階にこの資金を利用するということが考えられる。REDDおよびREDD＋事業の開始段階においては，当然のことながら売却する排出権も存在せず，元手となる資金をどこから得るのかという問題がある。REDDおよびREDD＋事業は従来の森林管理の事業とはまったく異なった技術の適用や新たな制度の構築とその実施能力が必要となるため，準備段階から本格的な実施にいたるためのさまざまな局面において莫大な資金が必要となるのである（Hyakumura 2012）。以下，REDDおよびREDD＋事業においてどのような費用が必要となるのかについて，具体的に3つに分けて提示したい。

　まず，ひとつめは事業の準備段階にかかる費用である。REDDおよびREDD＋において正確な森林蓄積量の把握は大前提となる。正確な森林の量が把握できなければ，REDDおよびREDD＋の森林管理事業によってどれだけの排出権が生じるのか，その根幹部分が揺らいでしまうであろう。現在，森林減少や森林劣化を人工衛星から観察し排出量を割り出すリモートセンシング技術の開発が始まっている。リモートセンシングや地上調査などの技術の確立および人的資源の教育を行う準備段階での費用は莫大であるとされる。たとえばエリアッシュ（Eliasch 2008）は途上国25ヵ国の森林資源調査の準備に5,000万米ドル，またホーアら（Hoare et al. 2008）は途上国40ヵ国の人的な能力育成に年間40億米ドルが必要と試算している[5]。こうした費用を途上国が自前で用意することが難しいことは明らかである。

2つめに必要となる費用は，実際に運営していく際に必要となるコストである。具体的にこの段階には，違法伐採対策のためのパトロール，山火事防止活動，および森林管理活動などの森林減少・劣化を抑制する活動，造林・森林保全活動などの森林蓄積量増加へむけての活動，そして事業にともなう森林の炭素蓄積量の変化を計測するための調査費用が該当する。エリアッシュ（Eliasch 2008）によれば，途上国25ヵ国でこの段階で必要となる費用は700～1,700万米ドルとされている。

　最後に3つめは補償費用である。この段階はREDDおよびREDD＋事業において農産物の生産や農園開発，さらには木材販売といった生産活動を取りやめる場合，そこから得られたであろう利益を保証するためのもので，この段階が最も費用が必要と考えられている。すなわち，2030年までに森林減少を現行の半分までに抑えるためのこの段階の費用は，年間170～330億米ドルといわれている（Eliasch 2008）。

　以上3つのような費用を，基金を利用することなく途上国が自前で用意することが難しいことは明らかである。このため，市場方式を補完するための基金が検討されているのである。[*6]

6-5　REDDおよびREDD＋の不確実性

　ここまでの節で，先進国からの資金提供が，途上国がREDDおよびREDD＋の事業を行っていくうえで不可欠なことを示した。ここで注意すべきことは，当然のことながら一般に森林資源の管理は長期的な視点が必要となる点である。

　森林資源量は気温や降水量などの自然要因に大きな影響を受けることが知られている。長い時間をかけて森林資源管理に費やしたコストと比較して，自然要因によって当初の想定よりも森林資源量が増大しなかった場合に，排出権売却ではコストを回収できない場合も想定されるのである。地球温暖化による将来の気候変動についての予想は，ある程度の幅をもたせた予測となっている。こうした気候の不確実性というものは，このREDDおよびREDD＋事業にも少なからぬ影響を与えると考えられる。気候変動によって将来台風などの自然災害が増加する可能性もあり，また山火事など直接的に森林量を低下させる被

害の可能性もゼロではない。こうした要因によって森林資源量が影響を受けるというリスクは，森林経営への投資にブレーキをかけることになりかねない。先進国や国際機関も将来回収できるかどうか不安のある投資対象には資金を提供しないであろう。こうした気候変動リスクのある状況にあっては，どのようにREDDおよびREDD＋事業を推進していけばよいのであろうか。

　ここにひとつの解決のためのヒントが存在する。WII（Whether Index Insurance）と呼ばれる仕組みである（Fuchs and Wolff 2011）。この仕組みは，洪水や台風などの自然災害に対して影響を受けやすい農作物に対して保険をかけるものであり，今後長期的に気候変動のリスクがある場合にリスクを分散させるために有益であると考えられている制度である。WIIは基本的には次のような仕組みをとる。すなわち，特定の測定可能な天候要素（たとえば降水量）について閾値を設けておき，その閾値を超えた場合に保険金が支払われるというものである。

　通常の保険の方法は，実際に被害を受けた農作物に対して保険が支払われるというものである。この通常の保険がもつ問題点として，モラルハザードおよび逆選択という問題がある。ここでいうモラルハザードとは，保険に入っている状況から安心が生まれ，農業従事者がリスク回避のための努力を怠るため，被害を受ける確率が高まってしまうという問題である。一方で逆選択というのは，リスクの高い事業を展開するような保険者が集まってきやすいという問題を指す。一方で，WIIが支払われる判断基準は完全に自然要因の閾値のみである。WIIは人為的な要因であるモラルハザードおよび逆選択の問題を排除することができるのである。

　この気候要因を基準として保険金が支払われる補償制度は，気候変動によるリスクを回避していくための方策として注目が集まっている。気候変動の影響を受けやすい森林経営に対しても，この仕組みを適用することを検討していく必要があるのではないだろうか。すなわち，REDDおよびREDD＋によって作り出された排出権の価格が自然要因によって変動する可能性が指摘できる。このような状況では，森林経営に対して行った投資が将来回収できないリスクが存在するため，思うように資金が集まってこない可能性がある。この状況を打破するひとつの方法としてリスク分散の仕組み，すなわちWIIのような保

険の仕組みが，REDD および REDD＋の事業に対する投資を促進していくために必要であると考えられる。

6-6　おわりに

気候変動が与える経済影響を分析・試算した報告書であるスターンレビューによると，森林の減少・劣化を抑止する活動やその対処策をとることは，他の温暖化対策と比較して「非常に費用対効果の高い排出削減方法」とされている（Stern 2007）。本章で扱った森林に着目した地球温暖化対策は議論が始まったばかりであるが，森林によって排出権を創出し，それを市場において売却することで，森林管理の費用を賄う仕組みが確立されていけば，温室効果ガス削減にむけて多大な貢献をすることが期待される。図6-6は自主的な排出量取引市場でのプロジェクト別シェアを示すものである（Hamilton et al. 2010）。この図から読み取れるように，森林に関係するプロジェクトは大きなシェアを有している。今後REDDおよびREDD＋事業によって創出される排出権が果たす役割は大きいといえるであろう。

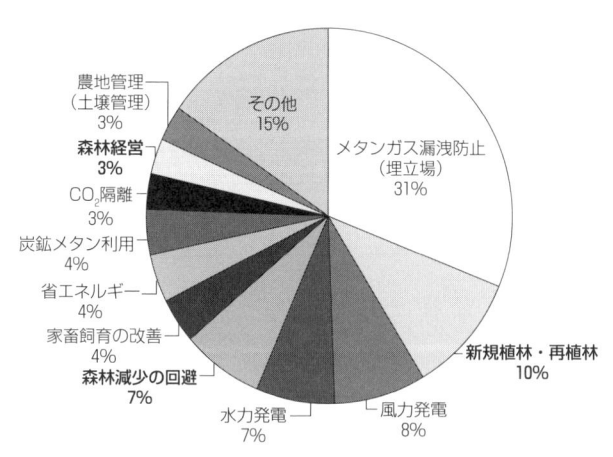

図6-6　排出権取引市場でのプロジェクト別シェア

出典）Hamilton et al. 2010: 30.

本章で述べたように，REDDおよびREDD＋は途上国における温室効果ガス排出削減を途上国にも経済的メリットがあるように進める方法であり，一方の資金を提供する先進国に対しても利益の配分がなされる可能性があるという意味で，途上国そして先進国両方にとって経済的インセンティブが存在する仕組みであるといえよう。

注

* ＊1　「新規植林」とは過去50年間森林ではなかった土地に植林をすることであり，「再植林」とは，1989年12月31日位時点で森林ではなかった土地に植林することである。
* ＊2　「森林経営」の定義は国際合意をふまえて各国の事情に応じて定めることとされている。
* ＊3　「森林減少」とは森林の伐採や森林の農地や牧草地などへの土地利用転換により森林面積が完全に消失することを指す。一方，「森林劣化」とは林業活動による伐採や林道の整備，林地での小規模農業などにより，統計上の森林面積は減らず，森林の質が劣化することを指す。ただし，森林劣化についてはその定義について現在も議論が行われている。
* ＊4　能力開発のための準備基金と炭素クレジット購入のための炭素基金の2つが設けられている。
* ＊5　得られた排出権の利益配分を明確にするための法整備も準備段階では必要となる。
* ＊6　REDDおよびREDD＋だけを目的とした資金提供ではないが，途上国における緩和策，適応策，技術移転，能力開発を進めることを目的として，2010～13年にかけて，総計300億米ドル，2020年までに年間1,000億米ドルを目標とした支援を行うことが，COP15のコペンハーゲン合意に盛り込まれている。また，2010年のCOP16において設立が合意された「緑の気候基金」も存在している。

参考文献

鶴見哲也・馬奈木俊介　2012「経済成長と環境」細田衛士編『環境経済学』ミネルヴァ書房，223-254頁

林野庁　2010『平成23年版　森林・林業白書』

Eliasch, J. 2008. *Climate Change: Financing Global Forests* (*the Eliasch Review*). London: Office of Climate Change, Government of the United Kingdom

Food and Agriculture Organization (FAO) 2010. *Global Forest Resource Assessment 2010*. FAO

Fuchs, A. and H. Wolff 2011. Concept and Unintended Consequences of Weather

Index Insurance: The Case of Mexico. *American Journal of Agricaltural Economics* 93 (2) : 505-511

Hamilton, K. et al. 2010. *Building Bridges: State of the Voluntary Carbon Markets 2010.* Ecosystem Marketplace and Bloomberg New Energy Finance, Washington, D.C. and New York, USA

Hoare, A. et al. 2008. *Estimating the Cost of Building Capacity in Rainforest Nations to Allow them to Participate in a Global REDD Mechanism.* Chatham House and ProForest, UK

Hyakumura, K. and H. Sheyvens 2012. Financing REDD-plus : Review of Opitions and Challenges. in S. Managi (eds.), *The Economics of Biodiversity and Ecosystem Services.* Routledge, NY, USA, forthcoming.

International Panel on Climate Change (IPCC) 2007. Chimate Change 2007-Mitigation of Climate Change : Working Group Ⅲ Contribution to the Fourth Assessment Report of the IPCC. Cambridge University Press, Cambridge, UK and New York, USA.

Mather, A. 1992. The Forest Transition. *Area* 24 (4): 367-379

Stern, N. 2007. *The Economics of Climate Change: The Stern Review.* Cambridge University Press, Cambridge, UK

第7章 クリーンテック
環境技術への投資

7-1　はじめに

　多くの人が家庭，学校，職場において家電製品を使っている。たとえば大学ではエアコンを利用して部屋の温度を管理し，照明をつけて部屋を明るくし，パソコンとディスプレイの電源は登校してから下校するまで常にオン，レポートや論文を書いたり資料を集めたりすることも常に椅子に座った状態で進められる。運がよければ電子レンジと冷蔵庫まで利用することも可能だ。では一世代前の学生はどうだっただろうか？　エアコンはないから扇風機で夏の暑さを我慢し，冬は石油ストーブに手を近づけて悴む手を温め，卒業論文は現在よりも暗い照明を浴びながら手書きで作成し，資料収集は常に図書館に足を運んで手に入れていた。それに比べると現在に生きる我々はなんと恵まれた環境で研究をすることができているのだろうか。

　このように我々が先人の生活と比べてより快適な生活が送ることが可能になった背景には，技術の進歩とそれを利用することによる利便性の向上もさることながら，それらを利用するために，より多くのエネルギーを使用するようになった事実に目を向ける必要がある。

　図7-1は，1990年から現在までの世界のエネルギー消費量と将来のエネルギー消費量の予測を併せて示したものである（Greenstone and Looney 2011: 5）。

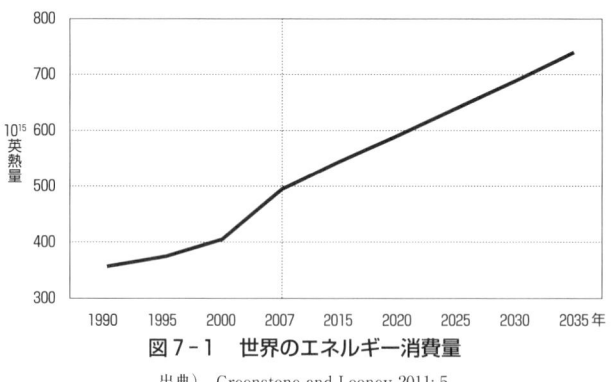

図7-1　世界のエネルギー消費量

出典）Greenstone and Looney 2011: 5.

　1990～2010年までの20年間で，我々人類は約1.5倍のエネルギーを使用するようになった。そしてこの予測によれば2035年にはさらに1.5倍のエネルギーが必要になるとされている。こうしたエネルギー消費量の上昇は，先進国の人々がより多くのエネルギーを使用するようになっただけでなく，それ以上に中国やインドなどの人口の多い発展途上国が経済的に発展し，これまで先進国が享受してきたような快適な暮らしを営む人々が増えてきたことが大きな要因である。そして図7-1が示すように，今後も途上国における人口の増加と経済成長がエネルギー消費量の増加を後押しする可能性は高いと思われる。

　現在このようなエネルギー消費量の増加によって懸念されている問題として，主に気候変動問題とエネルギー・資源問題がある。ひとつめは石油や石炭などの化石燃料の消費によって温室効果ガスが生成され，大気中の温度が上昇し，大気の状態が不安定になることで我々の生活を脅かすような天災や現象が起きる可能性が高まるという問題である。2つめはエネルギーの使用に対する需要が増加することで，現在我々が利用しているエネルギーや資源，食料の不足が起こり，価格が高騰することで，これまで続けてきたような快適な生活を送ることが経済的に困難になるという問題である。我々の生活水準を保ちつつ，こうした問題を解決していくためには，温室効果ガスの排出量が少なく，資源量が豊富にあるエネルギーに転換していく必要がある。

　こうした背景から，より環境負担の少ない電気や燃料を作り出すクリーンテック（環境技術）に近年注目が集まっている。本章では3.11の震災以降のエ

ネルギー政策事情を簡単に振り返り，発電にかかる費用と便益の関係性から経済学的なエネルギーの選択のあり方について説明する。次に，環境技術に現在どの程度投資が行われているのかを米国を例に説明した後，市場を介した投資による再生可能エネルギーの普及の仕組みについて実例を交えて紹介する。そして最後にSRIファンドやエコファンドと呼ばれる新たな金融商品の紹介を行う。

7-2 エネルギー

2011年の段階において，日本の総発電量は6割が石炭や石油，天然ガスのような化石燃料を燃やして得られる熱を利用した火力発電で占められている。そのうち石炭と天然ガスが4割，石油が約2割である。総発電量の3割は原子力を使用して発生した熱の力を使って発電する原子力発電で占められている。そして残りの1割は太陽や風，海水の移動などの再生可能エネルギーと呼ばれている自然の力を利用した発電で賄われている。

東北関東大震災による津波とそれにともなって発生した福島第一原子力発電所の暴走以後，わが国においては将来的な電力供給をどのような割合で構成していくのかが議論になった。そして主に原子力を使用した発電を中心に主に4つの点で議論が行われた。ひとつめは原子力発電の割合をすぐに0にするというものである。2つめは今後10年程度で原子力の使用を0とするものである。3つめは新たに原子力発電所を設立することをやめるというものである。これは，いいかえれば，原子力発電所が耐用年数（約40年程度）を満たした段階で原子力発電の割合が0になるということである。そして4つめは原子力発電の割合を減らさない，あるいは増やしていくというものである。

経済学においてはこうした問題に対する意思決定を促す手段のひとつとして費用・便益分析を用いた考え方がある。ある政策を行った結果，それが及ぼす影響を社会全体として望ましい価値（便益）と望ましくない価値（費用）に金銭的に数値化し比較をすることで，政策やプロジェクトごとに優先順位をつける。では，この考え方を上述した電力の問題に応用してみると，どうなるだろうか。便益は我々が電力を使用できることである。どのようなエネルギーを使

用しても得られる電力量が変わらないと仮定するのであれば，便益は常に一定である。問題は費用である。発電は使用するエネルギーによってコストが異なる。よって便益が一定であるのであれば，コストがより少ないエネルギーを使用して発電した方が社会的に望ましいということになる。図7-2は，1キロワット時（kWh）の発電量を得るために払わなければならない費用を，経済活動や環境・社会に与える影響も考慮したうえでエネルギーごとに分類して示したものである。棒グラフの高さは費用を表しており，濃度ごとに3つの費用に分類されている。濃い部分は電力を供給するために電力会社が支払う費用（私的費用）を示しており，発電所の建設やメンテナンスにかかる費用も含まれている。薄い部分は CO_2 の排出によって社会が支払わなければならなくなる費用である。中間の部分は CO_2 の排出以外の要因で社会が支払う必要のある費用である。これには騒音被害や SO_2 が排出されることによる人体への健康被害が金銭価値として含まれている。横軸はエネルギーの種類を示している。左から順に石炭，天然ガス，風力と天然ガス，原子力，太陽光と天然ガスを使用した発電となっている。

はじめに電力会社の私的費用のみ（濃い部分）で比較してみよう。石炭の発電費用は1kWhあたり3.2円で最も安く，次に天然ガスで5.5円となっている。逆に最も高いのは太陽光と天然ガスを組み合わせた場合で1kWhあたり12.2

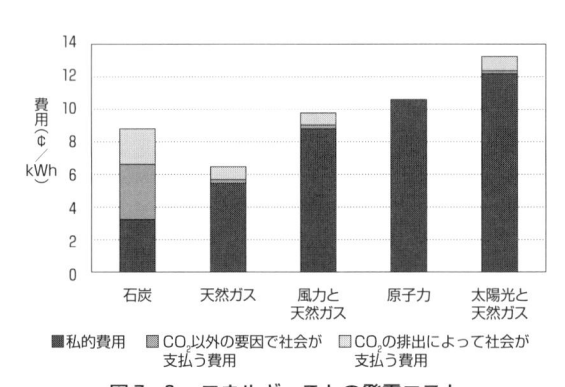

図7-2　エネルギーごとの発電コスト

出典）Greenstone and Looney 2011: 15.
注）1ドル＝100円とする。
原子力発電の CO_2 以外の要因で社会が支払う費用は含まれていない。

円となっており，石炭による発電の約4倍発電に費用がかかる。また，風力と天然ガスを使用した場合は1kWhあたり8.9円，原子力の場合は8.2〜10.5円の発電費用がかかり，両者にほとんど差はない。よって電力会社の私的費用のみ考慮するのであれば，原子力発電の代替として石炭を利用した火力発電が最もコストが小さく，社会的に望ましいと判断される。

次に，発電にともなって環境に与える影響のコストを各エネルギーで比較してみよう。CO_2の排出によって発生するコストは石炭が最も高く1kWhで2.2円となっており，他のエネルギーを使用した発電に比べてかなり高い。また，太陽光と天然ガスを組み合わせた発電で1kWhで0.9円，天然ガス単体による発電とそれに風力を組み合せた場合は1kWhで0.8円となっており，この3つに関してほとんど差はなく，石炭による発電の半分以下となっている。原子力発電に関してはほぼ0に近い費用となっている。ではCO_2の排出以外の要因によってかかる費用を比べた場合はどうなるであろうか？　この図7-2だけで見るならば最も高いのは石炭による発電で1kWhで3.4円，次に高いのは天然ガス単体で発電を行った場合で1kWhで0.2円である。最も高い石炭の約6%の費用である。太陽光と風力を天然ガスと併せて使用した発電の場合はさらに小さく，1kWhで0.1円である。原子力発電にこの費用が計上されていないのは，原発事故などが起こった場合にかかる社会的な費用を計上するのが難しいためである。3.11後の原子力発電所の爆発がどのような健康的・経済的被害を与えるのかは，まだわかっていない。しかし仮にその費用が計上されるのであれば石炭よりも大きな値になることは疑う余地のないところだろう。よって電力会社の私的費用を除いたコストで比較した場合は，天然ガス単体やそれに太陽光と風力を併せて発電した方が社会的に望ましいと判断される。

最後にこれらを合算したすべての費用で比較してみよう。最も安いのは天然ガスで，1kWhで6.5円である。次に安いのは石炭で8.8円となっている。風力および太陽光を天然ガスと組み合わせた場合は，最も安い天然ガス単体の発電と比べて約1.5倍，2倍の費用がかかる。よって，全体で見た場合は原子力発電のウェイトを下げ，火力発電の割合を増すのが望ましく，さらに火力発電に使用する燃料は石炭から天然ガスに移行させるのが現状では望ましいと判断される。

第7章 クリーンテック

これまでは，主に濃い部分（電力会社が支払う費用）を中心に見て，電力会社が最も安いコストで発電可能となるエネルギーを使用することが望ましいとされてきた。電力会社の発電費用が高くなると，電気料金の支払いが高くなるからだ。しかし今後はそのような私的費用だけでなく，エネルギーの使用によって発生する社会的な費用も取り入れた費用を考慮して適切なエネルギー源の使用を判断していくことが重要である。

7-3　投資対象としてのクリーンテック

　前節では将来の発電において重要となるエネルギーは天然ガスであると説明した。では再生可能エネルギーは無駄なエネルギーなのだろうか？　そのようなことはない。太陽光や風力を使用した発電技術はまだまだ発展段階であるからだ。実際，太陽光発電や風力発電の発電コストは劇的に下がってきている。これは，各発電に必要な製品の大量生産によってさまざまな技術の改良や習熟が蓄積され（学習曲線効果），必要な部品の調達コストや運搬コストの低下（規模の経済）などが積み重なった結果である。

　学習曲線というのは，ある製品の累積生産量を横軸にとり，縦軸に製品あたりにかかる生産コストをとった場合に描かれる曲線のことでである。規模の経済というのは，生産のプロセスが専門化・分業化されることで，製品を生産するための平均的なコストが低下することである。よって，今後も風力や太陽光発電の設置が進むのであれば，将来的に発電コストはより安くなる可能性が高い。

　また，こうした再生可能エネルギーの導入は，温室効果ガスを削減することによる社会的費用の減少だけが目的なのではない。一般に，再生可能エネルギーは化石燃料のように資源が特定の地域に偏って埋蔵されているわけではない。また，資源量も化石燃料に比べてはるかに豊富であるから，潜在的に一定の電力を安定的に供給する可能性をもっている。これに加えて，再生可能エネルギーの導入を進めていくことは，技術力の向上や蓄積，新規産業，雇用の創出を促す可能性が高い。たとえば太陽光発電や燃料電池などの再生可能エネルギーは，電気機器，素材，住宅，自動車などの幅広い産業が関係する技術であり，新規

表7-1 米国における再生可能エネルギー市場規模の推移 (単位:百億円)

年度	太陽光発電	風力発電	バイオ燃料	合計
2000	25	40	–	65
2001	30	46	–	76
2002	35	55	–	90
2003	47	75	–	122
2004	72	80	–	152
2005	112	118	157	387
2006	156	179	205	540
2007	203	301	254	758
2008	296	514	348	1,158
2009	361	635	449	1,445
2010	712	605	564	1,881

出典) Pernick et al. (2011) より筆者作成。

表7-2 クリーンテックのベンチャーキャピタル (VC) への投資額とその割合の推移

年度	VCへの投資額(百億円)	クリーンテックのVCへの投資額(百億円)	全体に占めるクリーンテックへの投資比率(%)
2001	376	4.58	1.20
2002	207	6.51	3.10
2003	187	8.07	4.30
2004	217	7.6	3.50
2005	225	11.58	5.10
2006	260	26.85	10.30
2007	299	37.61	12.60
2008	281	61.2	21.80
2009	182	35.53	19.40
2010	218	50.55	23.20

出典) Pernick et al. (2011) より筆者作成。

市場開拓や雇用の創出に貢献する可能性も有している。

　米国で環境技術分野の調査・出版を行っているクリーンテックグループは，こうした再生可能エネルギーに関連する技術をクリーンテックと定義し，太陽光発電・太陽熱（solar），風力発電（wind），バイオ燃料（bio fuel & biomaterials），電気自動車・プラグインハイブリット自動車（transportation），スマートグリッド（smart grid），浄水（water & wastewater），農業（agriculture），大気（air & environment），エネルギー効率（energy efficiency），エネルギー貯蔵（energy storage），素材（materials），廃棄物リサイクル（recycling & waste）の12に分類をしている。そして，これらクリーンテックの世界における市場規模は，近年とくに増加傾向にある。表7-1は米国におけるそれらの再生可能エネルギーの市場規模を示したものである。

　太陽光発電の市場規模は，2000年においては2,500億円であったが，2010年においては7兆1,200億円まで増加している。とくに2009～10年においては，太陽光発電の導入コストの低下が進んだこともあり，約2倍の成長率を示している。同様に風力発電やバイオ燃料の市場規模も増加しているのが見てとれる。こうした再生可能エネルギーに関連した市場規模は今後もさらに増加していく可能性が高い。

　表7-2は，米国におけるベンチャーキャピタル（venture capital）全体への投資額と，全体のうちの環境技術関連のみの投資額を示したものである。ベンチャーキャピタルとは「venture business＝ベンチャー事業」に「capital＝資本」を供給することを主な目的とする会社や組織のことである。米国において，クリーンテクノロジーに関するベンチャーキャピタルの投資額は，2001～10年にかけて約500億円から5,100億円へと10倍にまで増加している。しかし，ベンチャーキャピタルの全体の投資額は，2001年においては3兆7,600億円だったものの，サブプライム問題を端に発した金融危機などの影響により，全体として見た場合は低下している。よって相対的に見た場合，米国においては環境技術関連へのベンチャーキャピタルの投資額の割合は増加しており，2001年にはわずか1.2％だったが2010年には約20倍の23.2％となっている。これは，投資によって得られるリターンが他の産業に比べて有望であると考えられていることも，一因として考えられる。

また，ヨーロッパにおいては米国とは異なった形で環境技術への投資が増加している。ヨーロッパの環境技術への投資の対象は，ベンチャー企業よりも年金資金の運用商品として期待されている。米国でエンロンが破綻したことなどをきっかけとして，「責任投資原則」という考え方が広がっている。儲かれば何に投資してもよいのではなく，投資活動を行っていくうえでの社会的理念，投資家の責任原則を構築しようというものだ。そのなかでとくに関心を集めているのが，環境分野への投資である。環境分野への投資は，本来的に未来の世代のためのものであり，リターンがともなうのであれば投資対象としての本質に合致している。

　一例として，大規模な太陽光発電（メガソーラー）による発電プロジェクトに投資した場合の収益構造について，図7-3を用いて説明しよう。

　一定の電力量を得るためのメガソーラーの設置には大きな初期費用が必要となる。プロジェクトの実施者が証券会社などを通じてこの初期費用を小口に分けて商品化し，市場で販売する。年金基金を運用している機関投資家などが資金を拠出してその商品を購入し，集まった資金で発電所の設置にかかる初期費用を支払う。完成した発電所の発電によって得られた電力は，電力買取制度を利用して電力会社に売却される。そしてこの売却によって得られた資金は機関投資家に支払われる。電力会社は電力の買い取りにかかった費用を電気料金として国民に転嫁する。もし仮に初期費用を特定の企業が拠出して発電所を運用する場合，売電によって得られた収益はすべてプロジェクトに関連した企業の

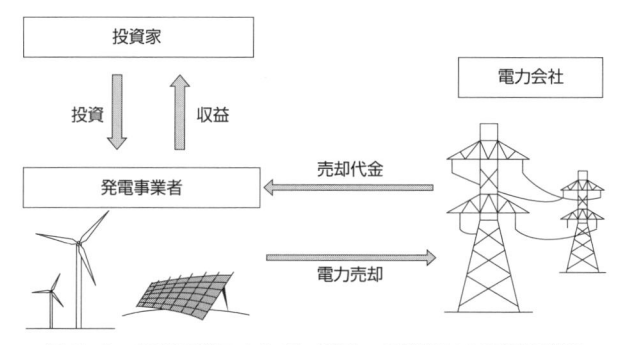

図7-3　再生可能エネルギー発電への投資による収益構造

収益になる。一方，年金基金や生命保険などの資金を利用してメガソーラーを建設した場合には，収益が年金基金や生命保険を通じて国民に還元されるため，電気料金の値上がり分が一部戻ってくることになる。よって投資に対して一定の収益が得られるのであれば，年金基金などの資金を利用したプロジェクトの方がより多くの対象が利益を享受できるといえる。

このような仕組みは日本においてもすでに取り組まれている。たとえば，東京海上アセットが年金基金などから資金を集め，その資金をもとに三井物産がメガソーラーを建設して2012年度には運用を行う予定となっている。また，企業だけでなくNPO（非営利組織）や自治体が中心となってプロジェクトを実行しているものもある。北海道の北に位置する浜頓別には，地元の小学生から「はまかぜ」と名づけられた1本の風車が回っている。この風車は，NPO法人・北海道グリーンファンドが中心となり，市民の投資によって建設されたわが国で初めての風力発電である。1口50万円で投資を募った結果，建設資金2億3,000万円のうち約6割の1億4,200万円を市民から調達することができたという。同法人が中心となり，現在は他に3つの風車がすでに稼働中である。

投資においては投資対象の収益性の高さだけでなく，収益が安定して得られることも重要な評価基準である。再生可能エネルギーを利用した技術の進歩やコストの低下が進むのであれば，こうしたプロジェクトはより安定的に収益を得られる投資対象になりうる。

7-4　SRIファンドと環境ファンド

7-4-1　CSRとSRI

前節では，企業やNPOを主体とした再生可能エネルギーによる発電プロジェクトの概要を説明した。本節では，先の2つよりも身近なレベルで投資を感じてもらえるような，現在市場で取り引きされている，企業の社会的責任（CSR: Corporate Social Responsibility）行動を考慮した金融商品の仕組みと現状について紹介する。

企業のグローバルな経済活動によって引き起こされる環境問題や社会問題が懸念されるようになって以来，企業は環境問題への配慮や従業員の安全な労働

の保証，人種や男女の違いで差別をしない平等な待遇，製品の品質保証，顧客や取引先への配慮など，より広範な利害関係者（ステークホルダー）を考慮した経済活動が求められるようになった。こうした利害関係者の要求に企業が自発的に取り組み，自社の活動に説明責任をもつ行為は CSR と呼ばれる。

そして，これに付随する形で，社会的責任投資（SRI: Socially Responsible Investment）と呼ばれる投資に注目が集まっている。SRI とは，企業株価の収益性だけでなく，企業の CSR も評価して投資を行うことである。SRI を構成する主体は，企業活動の社会的側面を調査・評価する団体，それらの情報を受けて投資信託を組成し販売するファンド，そして企業の経済的側面だけでなく環境的・社会的側面に関心をもつ投資家（個人投資家と機関投資家）たちである。

SRI の方法としては，ひとつめに調査・評価機関と提携する投資信託会社によるそれらの情報を組み込んだ SRI ファンドの販売，2つめに年金基金などの基金による社会性を組み込んだ投資方針や議決権行使ガイドラインに基づいた株主行動，3つめにコミュニティ投資などに参加・協力する金融機関への影響などがあげられる。こうした SRI の活動は，社会的責任を果たしている企業に対しては積極的に投資しこれを支援しようとするが，反対にそれを果たしていない企業に対しては投資を行わず，市場から排除しようとするため，企業の CSR を促す圧力を与えているともいえる。

しかし，SRI は単に企業の経済活動に制約を課すだけのものではない。社会性が高い企業には収益性の高い企業が多く，収益性の高い企業には十分な社会性を発揮している企業が多いことが指摘されている。企業の社会性を高めれば収益性が増加するのか，もともと収益性が高いので社会性を高める活動に投資できるのか，その因果関係は必ずしも明確に分析されていないが，前者の結論が正しいとすれば，企業が社会性を高めることは企業価値の向上をもたらし，そのことは当該企業の競争力を高めることにも繋がる。

7-4-2 SRIファンドと従来型ファンドの比較

日本においては SRI が公募型の投資信託（SRI ファンド）として販売されており，証券会社から個人で購入することが可能である。図 7-4 は SRI ファンドと従来のファンドの投資対象の違いを示したものである。左側の縦軸は上に行

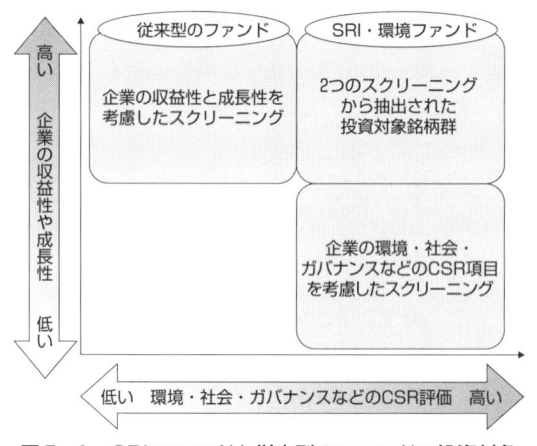

```
        ┌─────────────┐ ┌─────────────┐
        │ 従来型のファンド │ │ SRI・環境ファンド │
  高 企  │企業の収益性と  │ │2つのスクリーニング│
  い 業  │成長性を     │ │から抽出された   │
     の  │考慮したスクリーニング│ │投資対象銘柄群   │
     収  └─────────────┘ └─────────────┘
     益         ┌─────────────┐
     性         │企業の環境・社会・│
     や         │ガバナンスなどのCSR項目│
     成         │を考慮したスクリーニング│
     長         └─────────────┘
     性
  低
  い
        低  環境・社会・ガバナンスなどのCSR評価  高い
```

図7-4　SRIファンドと従来型のファンドの投資対象

くほど企業の成長性や収益性が高いことを示している。横軸は企業のCSRの評価を示しており，右に行くほど積極的にCSRに取り組んでいると判断される。SRIファンドを構築するときには，これらの2つの評価を加味して投資対象となる企業を決定する。このプロセスをスクリーニングと呼ぶ。

　CSRに関するスクリーニングは，主にネガティブスクリーニングとポジティブスクリーニングの2つに分類される。ネガティブスクリーニングは，CSR評価の結果，投資基準に満たない企業を投資対象から排除し，残った企業から投資対象を選別するやり方である。一般的には原子力産業やアルコール産業，軍需産業，アダルト産業などが排除される産業に含まれる。一方，ポジティブスクリーニングは，企業のCSR項目をヒアリングやアンケート，インタビューによって調査し，そこから得られた結果を用いて投資対象を選別するやり方である。日本においては，ネガティブスクリーニングよりもポジティブスクリーニングによって投資対象を選別するSRIファンドが多い。

　これまで説明してきたSRIファンドの仕組みは，投資を通じて企業のCSRや環境への配慮・環境技術の開発を後押しする可能性があるという意味では大変優れた商品であるが，注意しなければいけないのはSRIファンドがあくまでも金融商品であるということである。いくらCSR評価の高い企業に投資をしたいといっても，収益性が低ければ投資対象として魅力的ではないから，お

金も集まらない。よって図7-4に示すように，CSR項目と収益性などの経済的なパフォーマンスを両方考慮することが重要となる。

　現在，SRIファンドや環境ファンドがそれ以外のファンドに比べて収益性が優れているのかは明らかにされていない。収益性の比較に関する研究はとりわけ欧米を中心に多数行われているが，結果は「低い」「高い」「差はない」というものが，それぞれ多数ある。また理論面においても，パフォーマンスが低いという解釈と高いという解釈の2つがある。以下でその理由をそれぞれ説明しよう。

　最初にパフォーマンスが低くなる可能性の理由を述べる前に，相場における格言をひとつ紹介したい。「卵はひとつのカゴに盛るな」というものだ。卵は割れやすいから，ひとつのカゴにすべての卵を盛ると，そのカゴを落としてしまった場合に全部の卵が割れてしまう可能性がある。しかし，複数のカゴに卵を分けておけば，仮にひとつのカゴを落としてしまっても他の卵は影響を受けない。これを，卵を投資資金，カゴを投資対象企業の数として考えてみよう。たとえば100万円を企業Aの株式にすべて投資したとする。もし仮に企業Aの不祥事が明るみになったり，企業Aの産業が停滞気味になったりした場合，それまで100万円の価値があった株値が半分の50万円になるかもしれない。一方，100万円を企業Aに40万円，企業Aと産業が異なる企業Bと企業Cにそれぞれ30万円ずつ分散して投資していた場合は，どうだろうか？　上の仮定と同じことが起こったとしても，損をする金額は20万円で済む。もちろん企業Bと企業Cにも何らかの不祥事やそれらの産業が停滞する要因が同時に発生することもあるかもしれないが，現実的には企業Aだけに投資するよりは損失を限定できる可能性の方が高いと考えられるだろう。

　こうした考え方は，ハリー・マーコウィッツがポートフォリオ理論を構築してから現在にいたるまで，資産運用の基礎として広く応用されている。では，この考え方をSRIファンドや環境ファンドに応用した場合，どうなるだろうか？　上述したように，これらのファンドは従来の収益性や成長性によるスクリーニングに加えて，CSR項目によるスクリーニングを行う。そのため他のファンドに比べて投資対象となる企業が少なくなる。これがパフォーマンスの低くなる可能性の根拠である。

次に SRI ファンドや環境ファンドのパフォーマンスが従来のファンドに比べて高くなる可能性の理由について説明しよう。先ほどの例と同じように投資資金が 100 万円あるとする。CSR 項目についてスクリーニングを行った結果，企業 A は積極的な対応をしていなかったため投資対象企業から外し，企業 B と企業 C に 50 万円ずつ分散して投資を行った。その結果，企業 A の不祥事が明るみになり，株価が半分に下落した。しかし，あなたは企業 A をあらかじめ投資対象から外していたから損失はゼロである。先ほどの例のように企業 A から企業 C まで分散投資をした場合の損失は 20 万円だったから，この場合 SRI ファンドに投資した方が（つまり CSR 項目のスクリーニングを行った方が），損失は少ないといえる。このことは，たとえスクリーニングによって投資対象となる企業が少なくなったとしても，あらかじめ企業価値が下がる可能性を有した企業を排除することができるため，中・長期的に考えるのであれば SRI ファンドの収益性がより高くなる可能性を示している。これが SRI ファンドや環境ファンドのパフォーマンスが高いと考えられる理由である。

7-4-3　ソニーの教訓

読者のみなさんはそんなに都合よく企業価値が下落するような出来事はそうそう起こらないと考えるかもしれない。ここで一例をあげておこう。2001 年 10 月に，ソニーが当時販売していたプレイステーションと呼ばれるゲーム機器の輸出がオランダの税関で止められるという事件が起こった。これは，プレイステーションの接続コードからオランダ国内の規制値を超えるカドミウムを検出したことが理由とされている。このときソニーが受けた経済的な損害は大きく，欧州向けのプレイステーション 130 万台が出荷停止となったうえ，部品の交換まで責任をもたされることになった。この結果，ソニーが再びプレイステーションを出荷するまでに 2 ヵ月が経過し，売上は 130 億円減少，部品の交換に 60 億円のコストがかかったといわれている。

問題となったオランダの規制は，1999 年から，電気製品などの顔料に使うカドミウムの含有量を 0.01％未満にしたというものであった。日本国内では，カドミウムの規制に関しては，工場から排出される量に関しての規制はあるものの，顔料の規制については存在していなかった。ソニーショックと呼ばれる

この事件は,日本企業の多くが世界全体の環境規制に意識を向ける契機となった。

この例が示すように,企業は経済のグローバル化によってさまざまな国の政策や規制の影響も考慮せざるをえなくなっている。そして,それらが予期しない形で企業価値を下げる可能性も十分にありうるのだ。そして企業が影響を受けるのは国の政策や規制だけではない。他国の利害関係者や価値観にも対応していく必要がある。

異なった文化の価値観が衝突した身近な事件についても一例をあげておこう。映画「ザ・コーブ」をご存知だろうか？ 2010年にアカデミー賞を受賞したこの映画は,和歌山県太地町で行われているイルカの追い込み漁を批判した米国の監督によって作成されたドキュメンタリー映画である。なぜ他国から自国の伝統的な文化に干渉を受け,批判されなければならないのか,国内においてもその内容をめぐって多くの議論が行われた。仮に捕鯨反対というコンセンサスが世界でより強く得られた場合,日本の捕鯨に関わる産業は広く損害を受けることが予想される。このような意味で,収益性だけでなく多様な利害関係者,社会性や環境も考慮して投資を行うSRIの仕組みは,投資対象の将来的な不確実なリスクを下げる可能性が高いと考えられる。

7-4-4 日本で販売されているSRIファンド

2011年6月の段階で,日本のSRIファンドは87本販売されている。ファンドごとに多様なスクリーニング基準を設けており,それゆえ投資対象となる企業の性格も異なっている。なかでも環境ファンド（エコファンド）と呼ばれる,環境への配慮や環境技術の開発の評価に重点を置いて投資するSRIファンドは,2007年9月の段階ではSRIファンド全体の投資金額（7,470億円）のうち約半分（3,788億円）を占めており,増加傾向にある（SIF-Japan 2007）。7-3節でも触れたように,環境関連産業は国際的に今後の成長が見込めるため,実利も期待できる点が投資対象として魅力的であることが,理由の一因だ。

たとえば「温暖化対策」をテーマにした環境ファンドには,電気モーターを併用するハイブリッド自動車や,風力発電の開発など,温室効果ガスの排出を抑える技術をもつ国内外企業の株式などが組み込まれている。「水」をテーマにした環境ファンドでは,日興アセットマネジメントの「グローバルウォーター

ファンド」，三菱 UFJ 投信の「ブルーゴールド」などがある。世界的な人口増加で飲料水や農業・工業用水の需要が急増し，新興国では工業化にともなう水質汚染が懸念されているため，こうしたファンドには水道整備や水質改善などの技術をもつ国内外企業の株式が組み込まれている。野村証券の「地球温暖化対策関連株投信」は，風力発電や太陽光発電をはじめ，環境負担が少ない発電技術で世界的に主導的な立場にある企業や，効率的なエネルギー利用を促進する省エネ技術をもつ企業の株式を組み入れている。日興の「クールアース」は，太陽光や地熱発電技術，省エネ家電製品の開発，温暖化ガスの回収や貯留技術などに優れた企業の株式に投資している。このほか，新光投信もハイブリッド技術で世界トップのトヨタ自動車をはじめ，化石燃料の使用効率を上げる技術をもつ企業などを投資対象とした「地球温暖化防止関連株ファンド・地球力2」を設定し，国内の複数の証券会社や地銀などが販売している。

　これまでは投資と企業の環境技術，国の政策は関連し合っていたとはいえ，それぞれ別々に動いていた。しかし，資源やエネルギー，環境問題への懸念の高まりによって，現在は3つの領域が重なり合ってきている。表7-2で示したように，米国ではベンチャーキャピタルのクリーンテックへの投資比率が増加している。オバマ大統領がグリーンニューディール政策を掲げたこともあり，米国においては環境技術への投資が他の産業に比べて魅力的なものになっていることが理由のひとつとして考えられる。市場を介して投資を促すには，政府が現実的かつ信頼性の高い方向性を示して投資家と企業に安心感を提供すると同時に，企業がよりオープンな情報を提供することで投資対象の収益性と安定性を判断するための材料を増やしていくことが重要である。

参考文献

クリーンテックグループ（Cleantech Group）「クリーンテックの分類」http://research.cleantech.com/browse-taxonomy/（最終アクセス2011年8月22日）

Greenstone, M., and A. Looney 2011. *The Hamilton Project, A Strategy for America's Energy Future: Illuminating Energy's Full Costs*. Brookings

Pernick, R. et al. 2011. Clean Energy Trend 2011. Clean Edge. http://www.cleanedge.com/reports/（最終アクセス2011年8月22日）

SIF-Japan 2007.「日本SRI年報2007」6頁

# 第 II 部
非市場的なモノへの市場の解決法

第8章 生物多様性

保全において市場メカニズムをどう活用するか

8-1 生物多様性の重要性と価値評価

　人の経済活動は自然から資源を用いることなしには成り立たない。とくに農業，漁業，林業は土壌中の微生物，水産資源，森林資源といった再生可能資源を利用することで成り立っている。こうした再生可能資源は自然や微生物，動植物の多様な存在，つまり生物多様性が存在し，初めて再生が可能である。生物多様性とは地球上に存在する，さまざまな生物種の多様性を示すとともに，各生物種の遺伝的な多様性，および複数の生物種が生活する生態系の多様性を総称する概念である。

　農業であれば微生物やミミズのような生物が多様に存在することで，土壌が肥沃になり，農作物の生産量や質が向上する。また魚種の多様性が失われることで，失われた魚種を餌にしていた他の魚種の生態も大きな影響を受け，このことは漁業にも大きな影響を与える。このように生物多様性の保全は我々の経済活動にとって大きな課題である。

　実際に，これまで生物多様性を保全しようとする国際的な取り決めが多くなされてきた。たとえばワシントン条約は絶滅の恐れのある野生動植物の取引を国際的に規制し，絶滅危惧種の保護を行うことを目的にしている。またラムサール条約は湿地・湿原の保護を目的とした条約である。締約国は動植物，とくに

鳥類にとって重要な湿地帯，水域を指定し，その指定をした水域の利用と保全について計画をまとめ実施する。これらの取り決めのなかでも，とくに2010年にCOP10（第10回生物多様性条約締約国会議）において採択された名古屋議定書は，生物多様性の保全を総括した条約といえる。この議定書には2つの主要な取り決めが含まれている。

　第1に，生物多様性の保全目標の設定である。2020年までに世界規模で陸および海の全域にわたる保全目標が採択された。第2に生物資源や遺伝資源に関しての利益配分（ABS: Access and Benefit Sharing）の取り決めである。生物多様性は多くの経済活動に必要である。そのなかでも近年注目されていた生物多様性の利用価値は，各地域や国固有の動植物の遺伝情報や細胞を用いた医薬品から得られる利益である。先進国の医薬品メーカーは途上国の豊富な生物資源をもとにして多くの医薬品を開発し，莫大な利益を上げている。これに対し，途上国が医薬品から生み出される利益の分配制度の成立を求めるようになり，今回の名古屋議定書における論点となった。名古屋議定書では明確なルールを設けてはいないが，利害関係者間（企業と国・地域間，または国家間）での利益分配に関してルールを取り決めることが採択された。

　生物多様性が供給する便益は生態系サービスと呼ばれ，「国連ミレニアム生態系アセスメント」（Millennium Ecosystem Assessment 2007）では基盤サービス，供給サービス，調節サービス，文化的サービスの4つに分類されている。基盤サービスは生態系サービスの土台を築くもので，そもそも人間社会を含む生物種や生息域が存在するための環境，すなわち命のインフラを形成する機能である。供給サービスは食料や木材などの直接的に我々の経済活動に必要な財の供給を行うサービス（直接的な価値）のことを指す。調節サービスは気候の変動や洪水などの天災によって発生する被害を緩和してくれるサービスを指す。最後に文化的サービスは生態系や生物多様性の存在が文化的・精神的な面で我々に便益を与えてくれる作用のことである。最も身近な例では自然の景観による観光サービス，また地域の歴史や宗教的な意味での文化財としての価値がそれにあたる。調節サービスや文化的サービスは直接的な価値とは異なり，我々の経済活動に間接的に多大なる有益なサービス（間接的な価値）を供給している。

　このように「国連ミレニアム生態系アセスメント」の区分では4つの区分が

なされているが，このなかでも市場で評価ができるものと，外部便益として存在し，市場内では評価ができていないものとがある（4つの区分については図8-1を参照されたい）。外部便益とは，ある主体の活動・行為が市場を経由することなく他の主体の効用を向上させる便益・サービスのことを指す。まず市場で評価がすでになされているものは供給サービスの大半と一部の文化的サービスである。供給サービスはいうまでもなく，現在のグローバルな市場のなかで評価され，金銭的な価値が明確につけられる。さらに文化的なサービスに関しては，観光としての価値は市場で評価されている。私たちが，観光に行くために，また文化財や自然公園を見るために支払う料金に示されているように，文化的な価値が金銭的価値で評価されている。しかし調節サービス，基盤サービスに関しては，ほとんどのものが市場で評価することができていない。

正常財であれば，市場で財の価値が評価され，需給の均衡が達成される。し

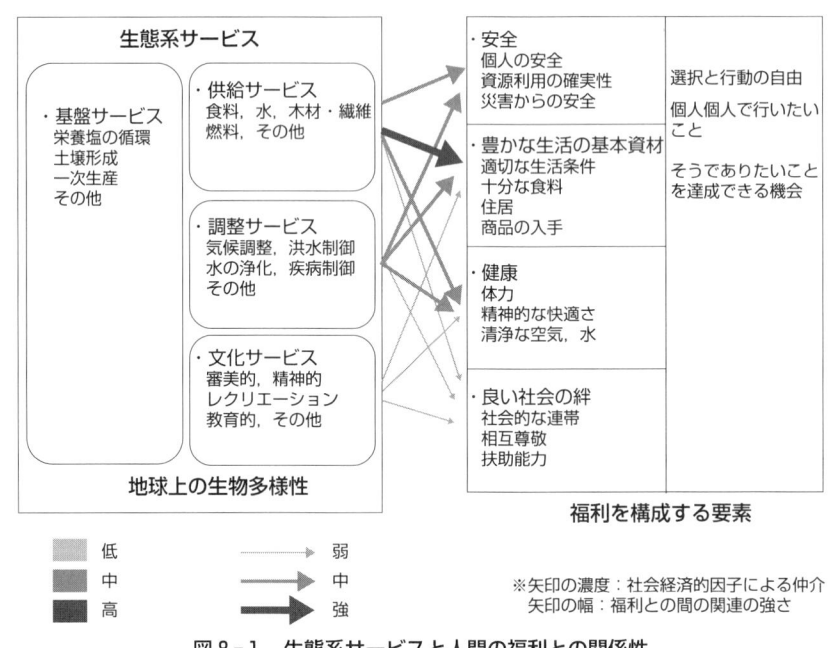

図8-1　生態系サービスと人間の福利との関係性

出典）Millennium Ecosystem Assessment 2007: 84
より一部改訂。

かし生物多様性の場合は，直接的な利用価値は市場で評価できるものの，間接的な価値の大部分は科学的な評価を経ても，そのままでは市場に内部化することができない。そのため，単純な市場メカニズムでは，生態系サービスの需給がそれらの外部便益を考慮したうえで社会的に望ましい均衡状態に調整されることは難しく，新たな手段や政策が必要になる。

2000年代に入ってから，COPを中心とした国際的な議論の場においても，経済的なインセンティブに基づく生物多様性の保全を行うための革新的な制度・仕組みの必要性が議論され続けた。とくに2008年のCOP9において，PES（Payment for Ecosystem Service 生態系サービスへの支払い），生物多様性オフセット，環境税，グリーン製品などを含む，新しい革新的な制度・仕組みの必要性が決議された。市場メカニズムを利用して，便益の大きな地域の生態系保全のために多くの資金を供給することは，利益分配の観点からも重要である。

そこで本章では，社会的に望ましい生物多様性の保全を促すことを目的としたこれまでの制度を取り上げ，考察する。そのうえで，これまでの取り組みでは解決できない課題を考慮に入れた新たな制度設計の試みを取り上げ，今後の革新的な制度について言及する。

8-2　生物多様性への市場メカニズムの適応の難しさ

前述のとおり，生物多様性の価値を適切に評価し需給を調整することは，単純な市場メカニズムでは難しい。第1の理由として，間接的な価値（外部便益）の評価が市場で内部化されないため，生物多様性資源を過剰に利用し，持続可能な利用が不可能になることがあげられる。この問題を解決するためにはまず，生物多様性の価値を正確に把握する必要がある。これまで多くの研究により，生物多様性の価値を正確に評価しようとする取り組みが行われてきた。経済学的な手法である仮想選好表明法（CVM: Contingent Valuation Method），トラベルコスト法，ヘドニック法などの応用により，環境価値の評価に関しては精度が上昇している。しかし多種多様な生物多様性の価値を測るためには，さらなる精度の向上と手法の適切な選択が必要であり，いまだに十分とはいえない。

表8-1は生態系サービスを含む森林の価値の測定，および保全対策に対する

表8-1 森林の生態系サービスを含む価値の測定および保全施策に対する支払意思額

対象	評価手法	推計結果
レバノン： Cedar Forest（レバノン杉の森林）の保全プログラム	CVM（自由回答形式）	42.23米ドル
フィンランド： Biodiversity Hot Spot Conservation Programs	仮想ランキング，CVM （二肢選択形式）	45.4米ドル
オーストラリア： Hartfield Park（低木林地の保全プログラム）	CVM（二肢選択形式）	21.6豪ドル

出典) レバノンはSattout et al.（2007），フィンランドはSiikamäki and Layton（2007），オーストラリアはPepper et al.（2005）より．

 支払意思額の研究結果の一部である。比較しやすい対象においても，①手法の選択，②支払意思額を問う仮想的な保全対策の設定，③支払対象者の情報の有無などによって，大きく支払意思額が異なることがわかる。また，一定の保全地域や国全体における森林の価値を測定することは可能であるものの，同じ対象地域内での局所的な生態系サービスの差異は分析できていない。

 第2に公共財的性格を有している場合が多いという点があげられる。たとえば，ある湿地を保有している人がいるとする。その湿地には地域の環境によい効果や多くの生物を育む場所としての価値，さらには景観としての存在価値もあるかもしれない。こうした存在は地域住民への便益をもたらす一方で，地域住民はその便益に対して金銭的な支払いを必要としない。この場合，湿地は非排除性の特徴を備えた公共財となる[*1]。しかし湿地の保有者からすると，湿地の多面的な外部便益は土地の価格に反映されないばかりか，その土地を湿地としていても一切の収入が得られない。そのため所有者にとって湿地を保全するインセンティブはなく，あわよくば商業地への転用を行おうとするかもしれない。このような場合には湿地の所有者がその湿地を保有し続けるインセンティブを与える仕組みが必要となる。

 生態系サービスの価値を市場で評価することが難しいことの身近な事例として，日本の里地里山をあげることができる。里地里山は長い歴史のなかで，人間のさまざまな働きかけを通じて特有の自然環境が形成されてきた地域であり，集落を取り巻く二次林と人工林，農地，ため池，草原などで構成される地域概念である。公共財の性格を有する生物多様性の供給源であり，特有の生物の生

息・生育環境としてだけでなく，食料や木材など自然資源の供給，良好な景観，文化の伝承などの観点からも重要な地域である。里山は人の手が加わることにより，生物種の多様性が保たれ，外部便益が十分に発揮される。しかし，里地里山の管理を行ってきた山村の高齢化や過疎化が進んだことによって，維持が難しい状況になっている。これまで市場で評価されてきた里地里山の供給サービスとしての価値が低下する一方で，外部便益（生物多様性への貢献，景観など）が市場で適正に評価されなかったために，里地里山を維持するインセンティブが低下したことが原因といえる。[*2]

8-3 施策と評価

8-3-1 伝統的な環境政策手法

本節ではまず，環境政策としてこれまで広く用いられてきた主要な手段を3つあげ，それらが社会的に望ましい環境保全を促すために有効な手段となりうるかどうかを考察する。

第1に総量規制である。たとえば水産資源の場合，1年間の漁獲量を制限する漁獲規制があげられる。また開発規制の場合，国立公園内の開発を規制する日本の自然公園法が例としてあげられる。自然公園法は，国立公園に指定された地域内の開発（森林の伐採，土地利用の変更，動植物の捕獲など）について，環境大臣の許可を得ることを義務づけており，生物多様性や自然の保全のための直接規制であるといえる。総量規制には緊急度の高い環境・資源問題には迅速に効果を上げるという長所がある。一方，社会全体の対策費用を最小化するためには，個々の主体（企業や個人）の最適な資源利用量を政府，自治体などの規制者が把握する必要がある。しかしこのことは現実的に難しく，直接規制の短所である。

第2に課税である。日本における導入例としては，多くの地方自治体（道県）が導入している森林税があげられる。森林税は多面的な機能（外部便益）をもつ森林を保全するための財源を得ることを目的として導入されている。経済理論上，外部便益を正確に捉えた課税額が設定されれば，生態系サービスの最適な供給が達成される。管理コストが少ないというメリットもある。しかし，生

第8章 生物多様性　　115

物多様性の損失額をもとに課税金額を設定しない場合，望ましい生物多様性の保全が達成できない可能性がある。生態系サービスの価値の計測と評価を，政策決定主体が単独で正確に行うことは難しく，この点は課税の短所である。

第3に補助金である。適切な補助金額が設定された場合に，補助金は短期的には課税と同様の効果をもつ。管理コストも低い。しかし課税と同様に，補助金の設定のためには生態系サービスの外部便益の把握が必要である。補助金の設定が高すぎれば，過剰な生物多様性の保全が進み，不必要な経済的損失が発生する。

このように，これまで伝統的に用いられてきた手法は一定の効果を発揮しうるが，生物多様性の保全のためには十分ではない。

8-3-2 生物多様性保全への新たな取り組み

伝統的な手法では生物多様性の価値を十分に市場に内部化することができず，適正な保全活動を促す仕組みとしては不十分である。次に比較的最近になって導入が進みつつあり，今後の生物多様性の保全に有効であると思われる2つの施策を取り上げ，評価を行う。

第1に生物多様性オフセット制度である。生物多様性オフセットは，生物多様性を育む地域や生物種の生育域をやむをえず減少・劣化させてしまう場合に，近隣域など規定の場所に同程度の生育域や生態系サービスを享受できる場所を復元・創造することにより，全体で見たときの生物多様性の質・量を同じ状態に保つ制度である（図8-2）。実際に米国では湿地保全の法整備がなされており，そのもとで運用されている湿地保全プログラムは湿地ミティゲーションバンキング制度といわれる。前述のように湿地の開発がどうしても避けられない場合，同等の湿地の復元の義務を開発の実施者となる事業者に求める。

しかし，多くの場合，事業者は湿地の復元に関して専門的な知識がなく，十分な復元を行えない，もしくは復元に必要以上の費用が発生してしまう場合がある。そうした場合に湿地ミティゲーション制度においては，バンカー（ミティゲーションバンク）と呼ばれる湿地復元の専門家が代わりに湿地の復元を請け負うことにより，湿地復元を失敗するリスクの低減，復元費用の最小化を図る。この制度を用いることにより，復元が難しい貴重な湿原の開発を抑制するとと

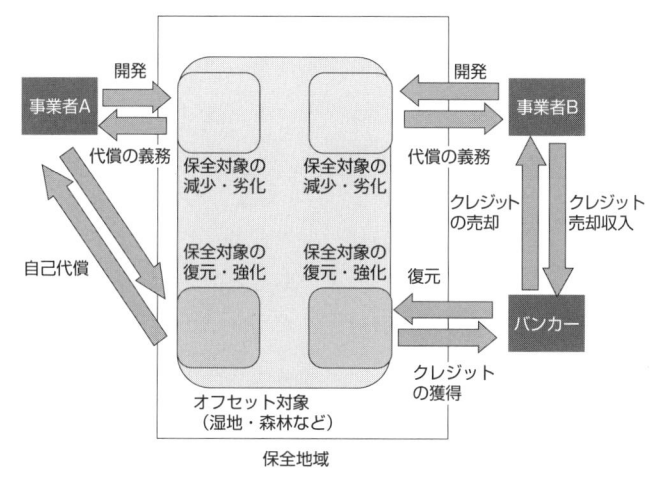

図8-2 生物多様性オフセット制度の概要
出典) 田中ら 2011：174。

もに，土地利用による経済的便益と湿地の保全の両立を図ることが可能となる。実際の制度運用では，バンカーが復元した湿地を制度運用者が評価し，クレジットを発給する。事業者は自分が復元しなければならない湿地の量と同等のクレジットをバンカーから購入することにより，復元を行ったものとする。

現在行われている事例としては，米国のミネソタ州で行われている湿地ミティゲーションバンキング制度があげられる。ミネソタ州では1991年に湿地保全法（WCA: Minnesota Wetland Conservation Act）が施行され，それ以降，ミティゲーションバンクが多く設立されている。

設立されたミティゲーションバンクは主に2つの種類に分けられる。第1に公共経営型バンクである。公共経営型バンクは主に公共事業の実施を円滑にするために，州政府や自治体が行うものである。公共事業の対象地域（道路の敷設など）が保全地域に当てはまる場合があり，そうした事業を円滑に行うために設立される。第2に民間経営型バンクである。民間経営型バンクはクレジットの販売によって利益を上げるために設立される。主に将来の開発エリアを特定し，先行的にミティゲーションバンクを設立する場合が多い。もちろん州政府や自治体からの要請の場合もある。[*3]

第8章 生物多様性　117

ミネソタの先駆的な取り組みを行っている地域では，州政府の関与なしにクレジットの売買市場が成立しており，湿地保全の費用や価値が内部化された市場が形成されている。現在こうしたオフセット制度は EU（ドイツ，イギリスなど）でも導入が進められており，米国やオーストラリアでは生物種や森林（コンサベーションバンク，バイオバンクなど）を対象としたオフセット制度も導入されている。

　生物多様性オフセット制度の利点は 2 つある。第 1 に，規制者が保全したい生物多様性の量を確実に達成できる可能性が高い点があげられる。クレジットの価値と同等の保全が実現されているかどうかを完全にモニタリングできる場合，規制者が設定した保全量は確実に達成することができる。第 2 に総量規制とは異なり，社会全体の保全対策費用を最小化することができる。オフセット制度の場合，個々の主体間でのクレジットの取引が可能であるため，費用のより低い主体によってクレジットが供給され，結果的に社会全体で対策費用が最小化されるためである。

　第 2 の施策として，ラベリング制度があげられる。作り出された商品がある一定の基準を満たしているかどうかを示すラベルを商品に貼付する制度である。日本においても低燃費車に貼付されるラベル（燃費基準達成車），家電に貼付される省エネラベルなど，広く一般に目にすることが多い。近年，こうしたラベリング制度が持続可能な資源利用に応用されてきている。たとえば，水産エコラベル（MSC 認証ラベル：Marine Stewardship Council）や森林エコラベル（FSC 認証ラベル：Forest Stewardship Council）などが代表的である。

　エコラベリングの効果としては価格プレミアム効果があげられる。貼付されていない商品と比較した場合に，貼付されている商品に対して消費者がより高い支払意思額を提示する可能性がある。生態系サービスを持続可能な形で使用する製品は通常の製品よりも費用がかかる。通常の市場ではそうした製品の市場での優位性はなく，事業者も供給するインセンティブをもたない。しかしラベリングにより生態系サービスの維持による外部便益を価格に反映させることができれば，生態系サービスの価値を市場に内部化することができる。これまでエコラベルや持続可能な資源利用に対するラベリングへの価格プレミアムの発生可能性があることは，十分に実証されている。また多くのラベリング制度

は非営利団体が行うことも可能であるうえ，申請者は認証を得る経済的インセンティブをもつので，審査にかかる費用を申請者に負担してもらうことも可能である。実際にMSCやFSC認証は非営利団体が行っており，認証取得希望者が審査のための費用を負担している。

このように生物多様性の保全に対して有効と考えられる新たな取り組みが本格化している一方で，この2つの施策にはデメリットもある。たとえば，生態系オフセット制度は保全対象となる生態系サービスの価値がある程度科学的に証明できる対象であることが求められる。湿地の価値が客観的に正確に測れないとクレジット化が難しくなるためである。そのため，価値が単一の尺度で評価でき，ある程度範囲を限定した地域内での取り組みには有効である。また湿地のように，人工的に復元や回復が十分に可能な対象でないと機能しない。

一方でエコラベリング制度の場合，価格プレミアムが発生するためには消費者が保全対象の価値に関して正確な知識をもち，かつ生産情報が消費者に正確に伝わる必要がある。日本の消費者を対象とした調査では，認証機関の信頼性の確保（透明性や信頼できる認証システムの実施）とその正確な情報伝達が価格プレミアムの発生する重要な要素であることが指摘されている（森田・馬奈木 2010）。

8-4 革新的な制度・仕組みの必要性と可能性

これまで伝統的な保全施策，および近年の新たな取り組みを取り上げてきた。それらの取り組みは生物多様性の保全を適切に行うためのインセンティブを利害関係者に与えることに関して，一定の成果を上げてきた。しかし，より広範囲にわたって生物多様性の保全を実現するためのフレームワークは十分にできていない。また，公共財としての性格が強い生態系サービスを保全するためのプログラムも十分な形で考案されてきていない。本節ではそのために改良された新たな制度の事例を取り上げ，将来的な可能性を考察する。

8-4-1 いかにより広範囲に及ぶ生物多様性保全のための制度をつくるか

生物多様性の価値の評価を市場で行い，適切な保全のインセンティブを生み

出すための大きな課題のひとつに，国や地域を越えた空間的な環境価値の差を評価できるメカニズムをつくることが必要である。

たとえば，ある地域の森林の保全を生物多様性オフセットによって守れたとする。しかし世界全体で見た場合，その森林を守るよりも他の地域の森林を同じ量だけ保全した方が有効な場合がある。たとえば後者の森林がより多く CO_2 の吸収を行い，他の生物の保全効果も高いかもしれない。あるいは，文化的歴史的価値が大きいかもしれない。このように同じ面積の森林であっても外部便益が異なる場合，前者の森林の保全よりも後者の森林の保全に重みを置くように価値の差が市場で評価される必要がある。

また，比較的狭い空間であっても文化的，精神的な価値を考えた場合に，局所的に非常に高い価値を有する場所が存在する場合もある。たとえば地域住民にとって歴史ある神聖なる場所（たとえば鎮守の森など地域住民にとって精神的・文化的な支柱となるもの）は，狭い地域内においても周囲よりも大きな外部便益を提供している可能性が高い。しかしそうした差異は単一の尺度で計測するオフセット制度では考慮できない。[*4] 異なる地域の生物多様性の価値の違いを評価できるメカニズムは，今後の世界全体で見た生物多様性の保全にとって必要な仕組みである。

この課題を解決するひとつの手段として，環境トレーダーを地域間のオフセット制度に介在させることにより，その問題を解消する方法が提案されている（田中ら 2011）。ここでの環境トレーダーとは，各地域の環境価値をある程度正確に評価する能力を有し，2つ以上の地域全体の生物多様性の価値，またそこから得られる便益の向上を目的として地域間のオフセットクレジットの売買を行うトレーダーのことを指す。具体的には世界レベルで活動する環境団体，組織，NGO などがそれにあたる。

環境トレーダーは市場間で生物多様性の価値が異なることを考慮に入れて，各地域の生物多様性の価値と取引による純利益の合計が最大になるようにオフセットクレジットの取引を行う。結果として各地域間での生物多様性の便益，価値が考慮され，全体では望ましい生物多様性の保全が行われる。この方法では，これまでの生物多様性オフセット制度では行えなかった空間的な差異の評価が可能となる。東田ら（Higashida et al. 2012）は理論に基づいて仮想市場を

コンピュータ上に構築し，実際の人を参加者とした経済実験を用いて，その有効性を実証している（実験の概要については図8-3を参照）。

この経済実験では2つの地域が存在し，それぞれの地域でオフセット制度が導入されている状況を仮定する。各地域には事業者（湿地や森林などを開発し，収益を得る企業や個人）とバンカー（前述のミティゲーションバンクに代表される，事業者の代わりに開発された湿地や森林を復元・強化する組織・個人）が存在する。地域AとBとの違いは2つの地域間で保全対象となる生態系サービスの供給源や生物多様性の外部便益に差があることである。地域Aよりも地域Bの保全対象がより高い外部便益を与える状況では，両地域をあわせて全体で見れば，地域Bの保全対象がより多く保全されることが望ましい。しかし各地域内でのクレジットの取引のみでは，地域間の価値の差は市場で評価することができない。一方，事業者とバンカーは経済的便益と費用に基づいて行動するため，自由に地域間でクレジットを取り引きしても，やはり外部便益の差は価格に反映されない。そこで環境トレーダーが地域間のクレジットの売買を自由に行い，クレジットが環境価値に基づいてうまく配分されるように調整を行う。

実験の結果，環境トレーダーの役割を与えられた人はクレジットを多様性の

※1クレジットあたりの生物多様性の外部便益
地域A＜地域B

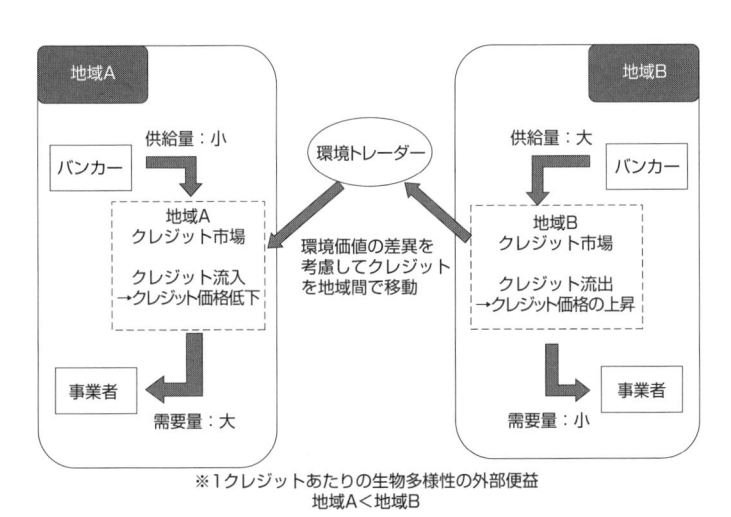

図8-3 環境トレーダーを介在させた複数地域間での生物多様性オフセット制度

価値，便益の高い地域Bで購入し，多様性の価値，便益の低い地域Aで売却を行う傾向をもち，両地域を合わせた対策費用の最小化と環境価値の最大化が達成された最適なクレジットの配分がなされているかを示す効率性も，ある程度達成できた。また環境トレーダーが介在することにより，全地域および各地域のクレジット生産量が理論的な最適量に近づく効果があることも実証されている。課題としては環境トレーダーの売買と各地域内での取引のタイムラグにより，過剰なクレジットが発生する恐れが残っている。しかし取引の効率性を向上させるためには，金融市場の例からも明らかなように，情報の開示方法の工夫や，オプション取引といった柔軟な取引方法の導入など，さまざまな方法が存在する。したがって，現状のオフセット制度を改良することにより生物多様性の保全をより広範囲に広げることは十分可能である。

8-4-2 いかに公共財としての特徴が強い対象を保全するか

公共財としての性格が強い保全対象にどのように取り組むかということも重要な問題である。これに対するひとつの解決法が，公共財供給メカニズムの応用である。

公共財は，通常の市場メカニズムのもとでは最適な供給量の実現が難しい。これは，フリーライドが発生するためである。通常の私的財であれば，自らの便益の達成のためには自ら代価を支払う必要がある。一方で公共財の場合，各個人が公共財から得られる便益はそれぞれ異なる。そのため公共財の供給者は各個人の便益を確認し，それに基づき供給量を決定する必要がある。しかし，各個人はなるべく他者の費用負担により生み出される公共財からの便益を得ようとするために，自分の負担額を少なくしようと行動するインセンティブが発生する。これをフリーライドという。

これまで多くの経済学者がこのフリーライドの問題に取り組んできており，理論的にはフリーライドを抑制することができるメカニズムが多数考案されている。しかし理論的に有効とされる公共財供給メカニズムは複雑で，実際の適応には不向きな点が多い。一方，経済実験を用いた実証分析から，以下の重要な結論が得られている。利害関係者から集められた寄付により公共財を供給する場合に，その公共財の供給にかかった費用以上に集まった寄付をうまく利害

関係者に再分配することで，利害関係者の協力的な行動を誘発し，最適な公共財の供給が実現される。この再分配する仕組みを払い戻しルール（rebate rule）という。

近年，公共財供給メカニズムの理論分析と実験結果に基づいて，実際に生物多様性の保全のための制度を運用する実験が行われている（Swallow et al. 2008）。スワローらは，払い戻しルールを用いた経済実験を行ったうえで，実行可能性の高い複数の公共財供給メカニズムを考案し，現実の保全プログラムに適応している。この保全プログラムは米国のノースダコタ州にあるジェームスタウンで運用された固有種のボボリンク（Bobolink）保護のための資金メカニズムであり，2007〜08年にかけて運用された。

ボボリンクは牧草地のなかに5月から6月にかけて巣をつくり，卵を産み，ひなを育てる（図8-4）。しかしちょうど，牧草地の刈り入れに最適な時期と，ボボリンクのひなの生育期間とが，5週間から6週間程度重なってしまう。この時期に刈り入れができないと，牧草の質と量が低下し，農家にとって経済的な損失が発生してしまう。しかし刈り入れをしてしまうと，ボボリンクの巣が破壊され，ボボリンクの生態系に多大な悪影響を与えてしまう。こうしたことから農家の経済的な便益と固有種の保全・保護との間でトレードオフの関係が発生してしまう。そこで固有種の保全保護のために公共財メカニズムを応用し，刈入時期を延ばす代わりに，その代償を周辺住民からの寄付で行うプログラムを実験的に行った。この実験的なプログラムの運用では保全地域をいくつかに分け，その分けた保全地域ごとに異なった公共財供給メカニズムを用いることにより，フリーライドを減少させ，個々の周辺住民が自らの真の支払意思額に基づいた寄付を行わせる方法を模索する試みが行われた。

各公共財供給メカニズムの運用の結果，各地域で保全対象の保全に十分な寄付を集めることに成功した。とくに比例配分

図8-4　保全対象となったボボリンク
出典）Northern Prairie Wildlife Research Center 2008.

払い戻しメカニズム[*5]（proportional rebate mechanism）を用いた保全プログラムが周辺住民の真の支払意思額をより反映している結果が示された。事前の経済実験においても，比例配分払い戻しメカニズムのもとでは，各参加者が提示した支払額が，それぞれの設定された真の支払意思額にきわめて近いものとなったという結果が示されている。このように公共財としての性格が強く，なおかつ固有種のような生物種に対しても市場を創造することが可能であり，市場メカニズムを用いた制度は生物多様性の保全に大きく貢献できる可能性があるといえる。

8-5　おわりに

本章では生物多様性，生態系サービスの持続可能な利用の重要性を示すとともに，持続的に資源を利用するために保全をどのように行っていけばよいか述べてきた。米国ジェームスタウンの例のように，生物多様性の保全と経済活動にはトレードオフの関係があることが多く，過剰に利用され，長期的には失われてしまう生物多様性資源も世界に多く存在する。こうした問題を解決するために重要となるのが経済的インセンティブである。

しかし生物多様性の保全に対するインセンティブを与える仕組みはまだまだ開発途上である。生物多様性オフセットやラベリング制度など，すでに導入された対策もあるが，そうした制度だけでは十分に対応できない保全対象もある。本章ではこうした保全対象にも応用でき，なおかつより広範囲の保全対象にも適応できる新たなメカニズムの開発事例を紹介した。また経済理論に基づいて設計された制度が有効な解決手段となった事例もあげた。

今後，生物多様性の保全は，国内外を問わず，さらに重要な政策課題となってくる。そうしたなかで，いかに経済的なインセンティブに基づき，保全対象を適切に保護していくかが議論される必要がある。

注

[*1]　公共財は非排除性と非競合性をもつ財として定義づけられている（Samuelson 1954）。非排除性とは，その財からだれもが便益を享受することができることを指し，

一方で非競合性は，その財において，各個人の消費が他の人の消費を妨げない特徴を有することを指す。通常，両者の性格を完全に有している純粋公共財の存在は稀であり，とくに一般的には非排除性を有しているものが公共財とされている。

＊2　近年では生物多様性の重要性が議論されるなかで，里地里山の多面的な価値が再評価され，環境省でも2010年より里地里山の保全の支援を行うことを目的としたSATOYAMAイニシアティブ推進事業を開始している。

＊3　米国における湿地ミティゲーションバンキング制度やミティゲーションバンキングの動向は，林（2010）により詳細に記載されている。

＊4　米国，ミネソタ州での湿地ミティゲーションバンキング制度では，消失させた場所と代償を行う場所の間の距離などの諸条件に応じて，消失させた湿地面積と代償を行うべき湿地面積とが異なる場合がある。しかしこのような代償面積の評価をその他多くの生物多様性の保全に応用することは難しい。

＊5　比例配分払い戻しメカニズムは，公共財の供給のために集められた寄付の残余（寄付総額－公共財の費用）を自分の寄付と寄付の総額との比率に基づき，利害関係者に配分する方法である。

参考文献

林希一郎編　2010『生物多様性——生態系と経済の基礎知識』中央法規出版

Millennium Ecosystem Assessment 編　2007『国連ミレニアム　エコシステム評価——生態系サービスと人類の将来』横浜国立大学21世紀COE翻訳委員会訳，オーム社

森田玉雪・馬奈木俊介　2010「水産エコラベリングの発展可能性——ウェブ調査による需要分析」寶多康弘・馬奈木俊介編『資源経済学への招待——ケーススタディとしての水産業』ミネルヴァ書房，173-204頁

田中健太・東田啓作・馬奈木俊介　2011「オフセット制度の経済実験」馬奈木俊介・IGES編『生物多様性の経済学』昭和堂，172-193頁

European Committee 2008. *The Ecosystems and Biodiversity: An Interim Report*.

Higashida, K., K. Tanaka and S. Managi 2012. Evaluation of Offset Schemes with a Laboratory Experiment. in S. Managi (eds.), *The Economics of Biodiversity and Ecosystem Services*. IGES, pp.164-181

Meyerhoff, J. and U. Liebe 2008. Do Protect Resposes to a Contingent Valuation Queation and a Choice Experiment Differ. *Environmental and Resource Economics* 39: 433-446

Northern Prairie Wildlife Research Center 2008. Effects of Management Practices on Grassland Birds: Bobolink. http://www.npwrc.usgs.gov（最終アクセス2012年6

月 18 日)
Pepper, C., L. McCann and M. Burton 2005. Valuation Study of Urban Bushland at Hartfield Park, Forrestfield, Western Australia. *Ecology and Organismal Biology* 6 (3) : 190-196

Samuelson, P. A. 1954. The Pure Theory of Public Expenditure. *The Review of Economics and Statistics* 36: 387-389

Siikamäki, J. and D. Layton 2007. Discrete Choice Survey Experiment: A Comparison Using Flexible Methods. *Journal of Environmental Economics and Management* 53: 122-139

Swallow, S. et al. 2008. Ecosystem Services beyond Valuation, Regulation, and Philanthropy: Integrating Consumer Values into the Economy. *Choices*, 2nd Quarter 2008・23 (2) : 47-52

第9章 廃棄物

市場メカニズムを生かした管理手法

9-1 はじめに

　この章では，非市場なるモノへの市場メカニズムの適用例として，廃棄物を取り上げる。廃棄物は不要物であるので，その適正な処理を法律で義務づけなければ，廃棄物処理市場は存在しない。その意味で廃棄物は本来非市場なるモノである。ところが，単純に法律で廃棄物の適正処理を義務づけただけでは，廃棄物市場はうまく機能しない。実際，多くの国で廃棄物市場はすでにあるものの，不法投棄や不適正処理の根絶に手を焼いている国は多い。

　この章では，法律・制度をどのようにデザインすれば，廃棄物処理を市場に任せることができるかについて見ていく。次節では，廃棄物市場において競争原理がどのように働くのか，なぜ不法投棄が起こるのかを見る。続く9-3節では，廃棄物管理にはどのような政策ツールがあるのかを見ていく。9-4節と9-5節は，具体的な事例を紹介するとともに，個々の事例において9-3節の政策ツールをどのように活かすことができるのかを見る。9-6節は結論である。

9-2　廃棄物市場での競争

9-2-1　廃棄物と通常財の違い

　廃棄物と通常財の違いは何だろうか。あるモノを廃棄物と認定したとき，その運搬・処理・処分はすべてその国の廃棄物処理法に規定ないしは制限される。そして廃棄物の種類によっては，処理・運搬・処分にあたって個々のプロセスごとに許可証を取得しなければならない。このように，どのようなモノが廃棄物であるかは非常に重要な問題となる。しかしながら，OECD 諸国の間でも「廃棄物の定義」に関してコンセンサスはない。

　日本では，廃掃法（廃棄物の処理及び清掃に関する法律）によって，有価でないもの（マイナスの価格がつくもの）を廃棄物と定義している。したがって日本の定義では，同じモノが，ある国では廃棄物となるが，別の国では通常財として扱われることが起こる。たとえば，ミックスメタルのようなさまざまな金属が混ざったスクラップは，人件費の高い日本では廃棄物となりうるが，安い労働力を使って素材ごとに手解体できる中国では通常財（リサイクル原料）となる。つまり，日本では物理的な性状によって廃棄物が定義されているわけではなく，それは経済条件によって定義される経済的概念である。

　上で述べたように，通常，廃棄物というと廃棄物関連の法律によって取引を制限されることが多い。したがって，日本では，そうした法律の縛りから逃れるために，ゴミを廃棄物ではなくリサイクル原料として扱うために偽装リサイクルを企てるインセンティブが存在し，廃棄物の定義が不法投棄や不適正処理の温床となるなど，さまざまな問題が生じている。

　一方，EU においては，廃棄物は「捨てる（discard）ことを意図されたもの」であり，ここでいう discard には，焼却・埋立などの最終処分はもちろんのこと，そこから資源回収することも含まれている（the Council Directive 91/156/EEC）。したがって，いくらリサイクル原料として有価で取り引きされているモノであっても廃棄物として扱われ，廃棄物関連法の制約を受けることになる。

　廃棄物の定義としては，EU のように物理的に定義した方が廃棄物関連法の遵守，廃棄物の適正処理を担保するという観点からは望ましいが，ここでは，

さまざまな問題を抱える日本での定義を採用することにする。その理由は，廃棄物管理の観点からは，有償か逆有償であるかということ（有価であるかそうでないか）がとても重要になってくるからである。実際，廃棄物管理の難しさのほとんどは，それが逆有償であることから生じる。このことは他の文献でもしばしば指摘されている（細田 1999）。次節でこの点をくわしく見ていこう。

9-2-2　市場での競争が通常財市場と廃棄物市場でもたらすもの

　先進国はもちろんのこと，最近では発展途上国においても廃棄物処理・リサイクルを自由な市場取引に任せることはしない。なぜだろうか。それを見るために市場を次の点で評価しよう。供給される財・サービスの質およびその供給にかかった費用の両面で技術革新を引き起こすことができるか，つまり，よりよいものをより低いコストで供給させ続けるようなメカニズムをもっているかである。通常の財・サービスの市場でこれが達成されているのは，財・サービスの供給者がこれらの点で市場の評価（需要者の評価）にさらされているからである。需要者は財・サービスを欲しており，その対価として価格を支払う。したがって，問題の財・サービスは需要者の手元に残り，彼らの厳しい評価にさらされることになる。同じ価格であれば，彼らは当然質のよいものを選ぼうとするので，供給者としては質の向上に取り組まざるをえない。一方，財・サービスの質が同じであれば，市場では価格の安いものが選択される。価格はそれを生産するのにかかった費用を反映するので，財・サービスの供給者は，コスト面でも日々競争しなければならない。こうして，通常の財・サービス市場においては，質とコストの両面で技術革新が起こるようなメカニズムが働くことになる。

　それに対して，廃棄物市場ではどうだろうか。そこでの需要者は，廃棄物処理サービスを需要しているのであって，ゴミそれ自体はむしろ手放したいと思っている。ここにゴミの価格がマイナス（逆有償）という事態が起こる。つまり，ゴミを手放すのに対価を受け取るのではなく，逆に引き取ってもらう対価として手数料を支払わなければならない。ここが通常の財・サービス市場と決定的に異なるところであり，廃棄物市場の機能を歪める最大の点である。

　さて，価格がマイナス（逆有償）であると何が起こるのだろうか。廃棄物の

元の所有者は手数料を支払って,自分が不要と思っている廃棄物を引き取ってもらう。そのため,その人は廃棄物がどのように処理・処分されたかについて関心がない。そればかりか,廃棄物自体はその人の手元を離れるため,その処理について知ることもできない。したがって,廃棄物市場は,処理サービスの質を向上させるメカニズムをもたない。

次に,コスト面ではどうだろうか。廃棄物の元の所有者は,処理サービスの内容については関心をもっていないが,それを引き取ってもらうときの手数料には関心がある。したがって,廃棄物市場には,コストを引き下げるというメカニズムが存在する。

このような廃棄物市場を廃棄物処理サービスの供給者の立場から見ると,コスト削減の圧力はかかるが,処理サービスの質に関しては何も要求されないということになる。そして,コスト削減の圧力は処理サービスの質の切り下げに結びついていき,最終的には最も費用がかからず最も劣悪な処理サービスにたどりつく。それが不法投棄をはじめとする不適正処理である。

現在,廃棄物処理を競争市場に放任する国が少ないことには以上のような背景がある。

9-2-3 廃棄物管理の考え方

廃棄物市場には,廃棄物が誰にとっても不要物であり,誰もその処理について関心をもたないという問題が存在する。誰かが廃棄物の処理の質に関心をもたなければならない。そうでなければ,費用を引き下げる競争市場の原理によって環境汚染的な処理が選択されてしまう。

こうした問題に対して,2つの考え方がある。ひとつは従来の伝統的な考え方で,それは廃棄物処理を公的管理下におき,公共財として廃棄物処理サービスを無償で提供するというものである。産業廃棄物以外の一般廃棄物に対しては,多くの国でこの方針がとられてきたが,1980〜90年代にかけて行き詰まってしまった。その第1の理由は,処理サービスが公共財であるかぎり,廃棄物の発生量に歯止めがかからず,それは増加の一途をたどってしまい,その結果,とくに日本とEUにおいて最終処分場の枯渇という問題が深刻化したことである。第2の理由は,競争市場から切り離したことで,公共サービスとしての廃

棄物処理の質が改善せず，依然として焼却・埋立中心のままであったためである。これでは，製品のハイテク化にともなう廃棄物の有害化に対応できず，ますます希少化の進む資源の有効利用にも反する。

そこで，もうひとつの考え方として注目されるようになったのが，廃棄物処理をできるだけ競争市場に任せて，市場のメリットを活かしながら，そのデメリットをカバーしていくという考え方である。不法投棄といった廃棄物市場のもつデメリットは，誰も廃棄物処理の質に関心をもたない（逆有償にそれが表れている）ことに起因する。この点を補正するためには，誰かに廃棄物処理の質に関心をもたせなければならない。そして，そのためには，逆有償の廃棄物を通常の財・サービスのような有償の世界に移すことが必要となる。このようないわば「Waste（廃棄物）のGoods（通常財）化」を目指す政策について以下で紹介しよう。

9-3 廃棄物管理政策

9-3-1 不適正処理の禁止と罰則規定

ここでは，廃棄物管理政策をより一般的に説明するため，いくぶん抽象的な設定を置こう。まず，廃棄物処理手数料（1tあたり）をpで表そう。廃棄物処理業者は次の2つの処理方法からひとつを選択できるものとする。ひとつは法律に定められた適正処理であり，もうひとつが不法投棄である。適正処理には1tあたりθのコストがかかるが，単純化のため，不法投棄にはコストはかからないものとしよう。

今，不法投棄に対する罰則規定がないとしよう。このとき，適正処理を選ぶ業者も適正処理サービスに対してθ以上の手数料を支払う排出者もいないだろう。次に，不法投棄を法律によって禁止し，それが発見された場合には罰金f_1が科されるものとする。不法投棄の発見確率をεで表せば，不法投棄に対する罰金の期待値はεf_1となる。明らかに，廃棄物処理業者は，適正処理コストが不法投棄の期待罰金よりも低いときに限って適正処理を選択する。後の議論のために，適正処理を選択するための十分条件を次の不等式で表しておこう。

$$\theta < \varepsilon f_1 \tag{1}$$

　このことを規制当局の立場から見ると，適正処理コストよりも高い期待罰金を科せば不法投棄を抑えられることになる。一方，廃棄物を受け取った廃棄物処理業者の立場からこの制度を見よう。適正処理を選択することは，ある意味でWasteをGoodsとして扱うことを意味するが，実際，この罰金制度は（（1）が満たされていれば）適正処理に$\varepsilon f_1 - \theta$だけの価値をもたせている。したがって，（不法投棄に対する）罰金をともなった罰則制度は，廃棄物の受け手に対して「WasteのGoods化」を実現する制度ということができる。この制度はまた同時に，廃棄物の出し手に対しても「WasteのGoods化」を達成していることに注意しよう。出し手にとって廃棄物処理業者に処理を委託することは$\varepsilon f_1 - p$だけプラスの価値をもつ[*1]。実際，廃棄物の出し手が廃棄物を自ら不法投棄すると，そのコスト（期待罰金）はεf_1であるが，廃棄物処理業者に委託すると手数料pの支払いですむ。

9-3-2　EPR——拡大生産者責任

　1990年代以降OECD先進国では，家電や自動車などさまざまな使用済み財に対してリサイクル制度が整備された。そのほとんどはEPRという考え方に基づいている。EPRは，使用済み財のリサイクル・廃棄物処理責任を生産者であるメーカーに課すことを基本とする。したがって，メーカーは本来逆有償の使用済み財を消費者から無償で引き取らなければならない。つまり，このEPRという考え方は，本来はマイナスである使用済み財の価格をゼロに固定する価格政策にほかならない。

　EPRはリサイクル・廃棄物処理政策の考え方であるので，それを具現化する政策はひとつではない。上述のメーカーによる無償引取制度は典型的なEPR政策であるが，そのほかにもADF（Advance Disposal Fee）やデポジット・リファンド・システムなどがある。前者は，メーカーが消費者から製品の購入時にあらかじめリサイクル・廃棄物処理費用を徴収しておき，廃棄段階では消費者から使用済み財を無償で引き取る制度である。後者は以下で説明されるが，現在ではEPR政策のひとつと考えられている[*2]。すべてのEPR政策に共通する

のが，使用済み財の逆有償の解消であり，「WasteのGoods化」である。

9-3-3　デポジット・リファンド・システム
　　　　――排出者に対する「WasteのGoods化」

　デポジット・リファンド・システムは，ビール瓶の回収やスキー場でのリフト券の回収システムに見ることができる。瓶入りのビールを購入する場合，消費者はビール代以外に瓶代にあたるもの（これをデポジットという）を徴収される。消費者が空き瓶を指定された場所に返却すれば，瓶代が返却される（この払戻金をリファンドという）。同様に，スキーのリフト券購入時に徴収されるデポジットは現在1,000円程度に設定されている。スキーを楽しんだ消費者にとっては，使用済みのリフト券に本来は何の価値もなく，それはWasteである。ところが，このシステムのもとでは，リファンドの1,000円の価値をもつGoodsとなっている。まさに，廃棄物の出し手に対して「WasteのGoods化」を達成している。

　先ほどの罰金制度とデポジット・リファンド・システムの違いは，「不法投棄する」あるいは「空き瓶を返却しない」という行為に対して，前者では直接罰金を科しているのに対して，後者では，間接的にそのような行為に対して罰金を科す仕組みになっていることにある。このことを見るために，「空き瓶を返却する」消費者と「空き瓶を返却しない」消費者の最終的な支払額を比較してみよう。すると，前者の支払がビール代であるのに対して，後者の支払はビール代＋瓶代になっていることがわかる。このことは，「瓶代」に相当するリファンドが罰金として「空き瓶を返却しない」行為に科されていることに等しい。このことは，デポジット・リファンド・システムの利点として考えることもできる。「空き瓶を返却しない」行為に直接罰金を科すことが困難であることを考えれば理解できるだろう。実際，直接罰金をかけようとしても発見できる確率を ε とすれば，罰金（f）の実行額は期待罰金 εf であって，明らかにそれは f よりも小さい。

9-3-4　マニフェスト制度

　これは，廃棄物処理業者による不法投棄の責任を処理の委託をした排出者に

も拡大することが前提となる。この制度は，排出者に対して，自分が排出した廃棄物がどこでどのような処理をされ，最終的にどこの処分場に埋め立てられたかを証明することを義務づける。いいかえれば，排出者に廃棄物処理サービスの質に対して関心をもたせる仕組みである。

マニフェスト制度は後述の許可制度とセットで導入されることが多い。通常，許可制度のもとでは，排出者は廃棄物処理の許可をもった業者に委託しなければならない。これに従わないと，たとえば日本の廃掃法では委託基準違反として罰金が科せられる。マニフェスト制度は，排出者が許可業者に処理を委託したことを証明するためのものである。

9-3-5　許可制度

廃棄物処理市場に潜む問題を考えると，誰でも自由に参入できる競争市場が望ましいとはいえない。現在，先進国と発展途上国を問わず，廃棄物処理業を一部の企業に限定する，許可制度を導入しているケースは多い。

許可制度は3つの柱から成っている。第1の柱は，「不法投棄および無許可営業の禁止」である。無許可営業に対しては，不法投棄したのと同程度の罰金が科されることが多い。一般にどのようなライセンスであれ，それをもっていると恩恵を受けることができる。ここでの恩恵とは，無許可営業に対する罰金の支払いを免れることだけではなく，ライセンス保有者には特別の利益が約束されることを意味する。

なぜライセンス保有者が特別の利益を得るのかについての厳密な議論は後述するとして，その理由を簡単にいうと，許可業者が（無許可業者よりも）高い手数料を排出者に請求できるからである。したがって，許可業者の特別な利益は許可制度の第2の柱である「排出者責任の強化」がなければ実現しない。排出者に対して「許可業者に委託する」義務を課すことによって初めてライセンスが利益の源泉となる。

廃棄物の処理方法自体が廃棄物処理業者の私的情報であるために，排出者はどの廃棄物処理業者に委託すれば適正処理されるのかに関して情報をもたない。ところが，許可制度のもとでは，排出者が許可業者に処理を委託することはできる。実際，ほとんどの許可制度では，排出者に許可業者への処理委託を義務

づけている。排出者に許可業者へ処理委託させるための仕組みとして前述のマニフェスト制度が併用されることが多い。

　ところが，排出者に対して「許可業者に委託する」義務を課して許可業者に（無許可業者よりも）高い利益を保証してやるだけでは，問題の解決にはならない。許可業者にとっては，高い手数料をとって不法投棄すれば，それだけ大きな利益を手にできるからである。したがって，許可制度における第3の柱として「ライセンス剥奪の可能性」が必要となる。許可業者が不法投棄をし，それが発覚した場合には，ライセンスを剥奪する必要がある。許可業者に廃棄物処理を限定し，彼らに適正処理を選択させることが許可制度の目的である。許可業者が適正処理を選択すれば，将来にわたって大きな利益を保証するが，もし彼らが裏切れば，その権利を剥奪する。そうすることで，許可業者の適正処理を選択するインセンティブは大いに高まる。以下で，この不法投棄抑止メカニズムをくわしく見よう。

　許可制度が導入されると，それまでひとつであった処理手数料が2つになる。許可業者が提示する手数料 p_1 と無許可業者が提示する手数料 p_2 である。前と同じように，適正処理コストが θ であるとし，不法投棄には費用がかからないものとしよう。不法投棄と無許可営業には，もしそれが（確率 ε で）発覚すれば，同じ罰金 f_1 が科されるものとする。すると，無許可業者にとっては，適正処理を選ぶことに意味はないので，必ず不法投棄を選択することになる。すべての廃棄物処理業者は，ライセンスの有無と無関係に毎年1tの廃棄物処理を行っているものとしよう。

　前述のように許可制度のもとでは，排出者は許可業者に廃棄物処理を委託しなければならない。これに違反し，そのことが発覚した場合，罰金 f_2 が排出者に科されるものとする。不法投棄や無許可営業が発覚したときに，連鎖的に委託元である排出者が発覚することが多い。このため，これが発覚する確率を同じ ε としよう。

　今，ある1人の排出者が1tの廃棄物処理の委託先を検討しているものとしよう。市場には，許可業者だけでなく無許可業者も営業している状況を考えよう。すると，そのとき，排出者にとっては，許可業者に委託するのも無許可業者に委託するのも無差別となっていなければならない。[*3] このことを式で表すと，

それは，

$$p_1 = p_2 + \varepsilon f_2 \tag{2}$$

が成立することにほかならない。左辺は許可業者に委託した場合にかかる費用であり，右辺は無許可業者に委託した場合にかかる費用の期待値である。

このような許可制度を導入したからといって，すべての許可業者が適正処理を選択するとは限らない。ライセンスをもちながら陰で不法投棄する業者も存在する。上の式からもわかるように，$p_1 > p_2$ であるので，ライセンスをもちながら不法投棄すると大きな利益を得ることができる。そこで，そうしたことを防ぐために，許可業者が不法投棄した場合，罰金を科すだけでなく，その保有するライセンスを剥奪する罰則規定が必要となるわけである。

そのうえで，適正処理コスト θ をもつ許可業者が，今年も適正処理を選択するか，あるいは不法投棄を選択するか決めかねているとしよう。不法投棄を選択するメリットは，支払わずに済んだ適正処理コスト θ である。一方のデメリットは，発覚したときの不法投棄に対する罰金およびそれと同時にライセンスを剥奪されることである。では，剥奪されるライセンスの価値はいくらだろうか。その影響は来年以降の将来にわたる。1年あたりの損失は，許可業者の利益から無許可業者の利益を差し引いた $(p_1 - \theta) - (p_2 - \varepsilon f_1)$ である。この損失は，ライセンスが剥奪される来年から毎年発生する。その合計の割引現在価値が剥奪されるライセンスの価値であり，割引率を δ とすれば，それは次のように計算される。[*4]

$$\frac{(p_1 - \theta) - (p_2 - \varepsilon f_1)}{1 - \delta}$$

罰金 f_1 を支払うのもライセンスを剥奪されるのも不法投棄が発覚した場合に限るので，この2つの合計に不法投棄が発覚する確率を掛けた値が不法投棄を選択する場合の期待損失ということになる。したがって，次の不等式が成立するときにのみ，当該の許可業者は不法投棄を選択せずに適正処理を選択する。

$$\theta < \varepsilon \left(f_1 + \frac{(p_1 - \theta) - (p_2 - \varepsilon f_1)}{1 - \delta} \right)$$

上の(2)式を使うと，これは次のように書き換えられる。

$$\theta < \varepsilon f_1 + \frac{\varepsilon(\varepsilon(f_1 + f_2) - \theta)}{1 - \delta} \tag{3}$$

これを上の(1)と比較しよう。(1)は，許可制度を導入する前の（不法投棄に対する罰金のみを制度としてもつ場合の）不法投棄に対する抑止力を表している。それは，適正処理コスト θ が不法投棄に対する期待罰金 εf_1 よりも低い場合にのみ，適正処理が選択されることを意味する。(3)によれば，許可制度を導入すれば，適正処理コストがもっと高いような許可業者にも適正処理を選択させることが可能である。(3)の右辺第2項がそれを表しており，これが許可制度を追加することのメリットである。

9-4 自動車リサイクルシステム

9-4-1 崩壊した日本の自動車リサイクル

この節では，前節で見た「Waste の Goods 化」の例として，日本の自動車リサイクルシステムを取り上げよう。年間約400万台（中古輸出を含めれば約500万台）排出される使用済み自動車は，有用金属・部品を含み，資源として価値が高いものであるため，従来は解体業者やシュレッダー業者において売買され，リサイクル・処理が行われてきた。

車は多くの場合，中古車として中古車ディーラーや中古車オークションを回った後，使用済み自動車となる。最終ユーザーは使用済み自動車を中古車ディーラー，新車ディーラー，整備事業者に引き取ってもらい，そこから解体業者に渡される。

解体業者は，持ち込まれた使用済み自動車から有用な部品を取り出し，それらを中古部品として主に修理工場に対して販売する。同時にカーエアコン（フロン）やエアバッグなど有害物質を含むものを取り除き，専門処理業者に処理

を委託する。残された車体本体は解体業者からシュレッダー業者に運ばれ，細かく粉砕される。このうちスクラップ（鉄や非鉄金属）は原料として電炉メーカーなどへ運ばれリサイクルされる。また，それ以外のシュレッダーダストは最終処分場へ運ばれて埋め立てられる。自動車リサイクルの一連の流れを示したのが図9-1である。

かつて使用済み自動車は，その大半を構成するメタルが鉄スクラップとして高価に取り引きされ，相対的に高い再資源化（重量比75～80%程度）が行われてきた。またシュレッダーダストの処分は1996年まで安定型処分場で行われており，最終処分場の減少も現在ほど切迫した問題でなかったため，最終処分費用もそれほど高くはなかった。

しかし1990年に2万円/t弱であった鉄価格はそれ以降低下し続け，2000年には1990年の半値以下にまで低下した。また最終処分場の逼迫による埋立費用の高騰に加えて，香川県の豊島事件をきっかけとしてシュレッダーダストに含まれる鉛などの有害物質が問題視され，1996年4月からシュレッダーダストの処分が従来の安定型から管理型処分に制限された。それによって，それまで1万5,000円以下で安定していたシュレッダーダストの処理単価は，2000年には2万5,000円まで上昇した。その結果，それまで有償であった使用済み自動車は，逆有償の廃棄物と化した。[*5] それは，消費者，解体業者，シュレッダー業者，最終処分業者のすべてが潜在的な不法投棄者になったことを意味した。こうして，それまでうまくいっていた日本の自動車リサイクルシステムは破綻し，使用済み自動車の不法投棄が社会問題となった。有償であるか逆有償であるかということが，いかに重要であるかを示す例である。

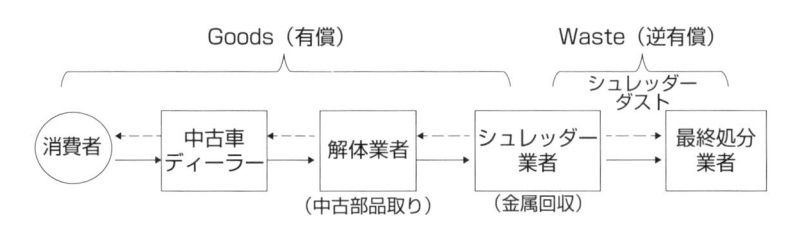

図9-1　使用済み自動車リサイクルの流れ

9-4-2　新しい自動車リサイクルシステム

　自動車リサイクル法は2002年7月に制定され，2005年1月に完全施行された。自動車リサイクル法は，リサイクル料金（フロン・エアバッグ回収費用＋シュレッダーダスト（ASR）処分費用）を，事前に（新車購入時に）新車購入者から徴収し，それを用いて自動車メーカーと輸入業者に使用済み自動車の再資源化と適正処理を義務づけている（図9-2参照）。

　このシステムには2つのアイデアが含まれている。ひとつは，エアバッグ，フロンガス，シュレッダーダストという逆有償の原因となっていたものを切り離すことで，使用済み自動車を再び有償の世界へ戻したことである。もうひとつは，デポジット・リファンド・システムを使って，エアバッグ，フロンガス，シュレッダーダストでさえも有償化してしまったことにある。この新しいシステムは，消費者からそれらの回収費用をデポジットとして徴収し，それらを回収した解体業者に対してリファンドを支払う仕組みと見ることができる。デポジットの支払主体とリファンドの受取主体が異なるので変則的ではあるが，デポジット・リファンド・システムの拡張的適用例といえる。解体業者からすれば，エアバッグとフロンガスはメーカーが買い取ってくれる有価物になっており，「WasteのGoods化」が達成されている。あるいは，この新しいシステムを単純にADF政策として見ることもできる（9-3-2項参照）。

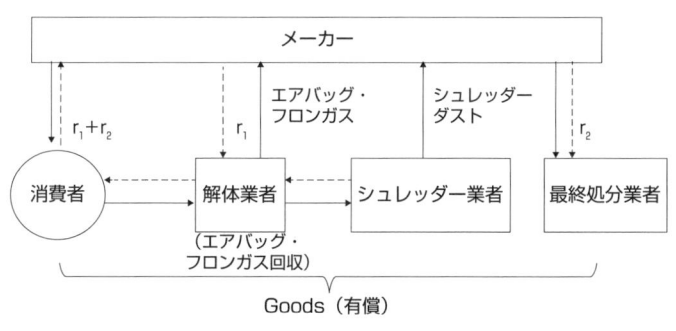

図9-2　新しい自動車リサイクルシステム

r_1：エアバッグ・フロンガス回収費用
r_2：シュレッダーダスト処分費用

9-5 バーゼル条約改正をめぐって

リサイクルもそのやり方次第では，深刻な環境汚染を引き起こす。その典型的な例が，発展途上国における E-waste（廃電子電気機器）リサイクルである。この節で取り上げる第2の例は，バーゼル条約を改正して E-waste 貿易に対する規制を強化することの是非についてである。この問題は，現在も未解決の環境問題のひとつであるが，ここでは廃棄物政策の基本である「Waste の Goods 化」の観点から解決策を探っていこう。[*6]

9-5-1 国際資源循環と E-waste リサイクルにともなう環境汚染

E-waste はまず中古品としてリユースされたのち，スクラップとしてリサイクル過程に回り，金属やプラスチックなどの素材が資源回収される。代表的な環境汚染として，プリント基板から金と銅を回収するプロセスで使用された王水が引き起こす土壌・水質汚染，被覆銅線の野焼き（銅回収のため）による大気汚染をあげることができる。

この問題は中国やインド・パキスタンといった発展途上国において生じているが，原因となっている E-waste の多くが先進国から輸出されたものであることが，この問題を複雑にしている。実は，このような先進国から発展途上国への廃棄物貿易は今に始まったことではない。かつて有害廃棄物がその処分を目的として欧米先進国から発展途上国に輸出されていた。1980年代に入り，このことが国際的に問題視されたことが，1992年のバーゼル条約（有害廃棄物の国境を越える移動及びその処分に関するバーゼル条約）発効につながった。

バーゼル条約は，有害廃棄物の輸入を禁止する権利を条約の締約国に対して認め，輸入を禁止した締約国への輸出を禁止した（第4条第1項）。また，締約国以外の国との有害廃棄物の貿易を禁止し（第4条第5項），締約国間の貿易にあたっては，輸出業者が輸入国政府からの事前承認を受けることを義務づけている（第6条第3, 4項）。さらに，同条約では，規制対象物とともに規制対象外となるもののリストが提示されている。それによると，たとえば有害物質を含まないスクラップやリユース目的での電子電気機器は規制対象外となって

いる。つまり，バーゼル条約はリユース・リサイクル目的での廃棄物貿易を容認している。

　こうして，かつては処分目的であった廃棄物貿易は，今やリユース・リサイクル目的のそれに置き換わっている。その結果，鉄スクラップ（HSコード7204（鉄鋼のくず及び鉄鋼の再溶解用のインゴット））および銅スクラップ（HSコード7404（銅のくず））の世界全体の貿易量は，1990年代後半から2000年代後半にかけて金額ベースで5倍以上に増加した。この背景には，中国・インドをはじめとする発展途上国の経済発展といったスクラップ需要の増加があるほか，供給側の先進国側にもスクラップ輸出を促す要因がある。1990年代から2000年代は，先進国において各種リサイクル法が整備された時期でもあった。先進国では，使用済み財のリサイクルが法的に義務づけられ，その費用は生産者または消費者が負担する。ところが，多くの場合このリサイクル義務には「スクラップとしての海外輸出」も含まれている。このため，ものによっては国内リサイクルよりも海外輸出が選択される。リサイクル法が施行される以前，したがってリサイクル費用が徴収されなかったときには，このようなスクラップ輸出がなかったことを考えると，生産者または消費者から徴収された「リサイクル費用」は，「スクラップ輸出に対する補助金」として機能してしまったともいえる。

　こうして発展途上国での不適正リサイクルにともなう環境汚染という現在の問題は，バーゼル条約に始まり，需要側と供給側の要因によって助長されていった。明らかにバーゼル条約はこうした問題に対応できておらず，現在，バーゼル条約の改正を含めて規制強化にむけた議論が進んでいる。こうした輸出禁止を視野に入れた規制強化は果たして望ましいだろうか。

9-5-2　バーゼル改正案をめぐって

　バーゼル条約が機能しない最大の理由は，それが輸入国主導型の規制になっている点にある。それは有害廃棄物の輸入を禁止する権利を輸入国に与えているにすぎず，輸出国にその輸出を禁止しているわけではない。汚職の多い発展途上国では，汚職に手を染める税関職員も少なくないため，規制の実効性は自ずと弱くなる。

こうしてバーゼル条約を改正する機運が高まったわけであるが，改正案では先進国（OECD 諸国）が発展途上国（非 OECD 諸国）に有害廃棄物を輸出することを禁止している。改正案は輸出国主導型の規制となっており，その点でバーゼル条約とは根本的に異なる。有害物質が混入していないかの検査義務を輸出国である先進国に課せば，規制の実効性は格段に高まるだろう。実際，有害物質を含まないようなきれいなスクラップは少ないので，ミックスメタルのようなスクラップは輸出できないことになり，貿易がかなり制限されることになるかもしれない。

　1995 年にバーゼル改正案は採択され，2010 年時点で 69 ヵ国が批准しているが，いまだに発効にはいたっていない。はたして今後，国際社会は改正案発効にむけた努力をすべきだろうか。これまで見てきたように，廃棄物といえども，できるだけ市場に任せた方がよい。市場のよいところを残しつつ，補正していくのが望ましい。

　バーゼル条約改正案にかわる代替案はどういうものだろうか。そのヒントが中国とインドで採用されている E-waste リサイクルの許可制度にある。それは EU と日本の産業廃棄物処理に関わる許可制度を参考にしたものと思われ，その骨子は 9-3-5 項で取り上げた許可制度と同じである。無許可での E-waste リサイクルは禁止とされ，排出者は許可業者に売却しなければならない。ここで，E-waste は中国やインドでは有価物であることに注意しよう。実際には，無許可業者も存在し，許可業者の買取価格よりも高い価格で買い取っている。9-3-5 項によれば，許可業者と無許可業者の買取価格（廃棄物処理の場合は処理手数料）に差があれば，それは許可制度が有効に働いている証拠である。実際，2005 年において，中国の広東省貴與の無許可業者のプリント基板の買取価格は 420 ドル /t 以上であるのに対して，同じく中国の杭州市で操業する許可業者の買取価格は 250 ドル /t であった。

　この制度を活用することが考えられる。先進国のスクラップ輸出業者も排出者とみなし，彼らに許可業者との取引を義務づけ，違反した者には罰金を科してはどうだろうか。このアイデアは次の点で有効である。中国やインドにおいて不適正リサイクルを行う個人に対して罰金を科すことには限界がある。一般に彼らの多くは貧しい人々であり，高額の罰金を支払う余裕がない。10 万円

の罰金すら支払えない人々に対して罰金の額を100万円に引き上げたところで，不適正リサイクルの抑止力は上がらない．それに対して，スクラップの輸出業者は先進国の企業であるので，支払可能な罰金の上限ははるかに高い．9-3-5項のフレームワークでいえば，スクラップ輸出業者に対して排出者責任を課すことで，(3)式の右辺は大きくなり，中国・インドでの不適正リサイクルの抑止には非常に効果的である．しかし，この政策に問題がないわけではない．ひとつの問題は，制度が複数国にまたがることであり，輸入国と輸出国の連携・協力が欠かせない．

一方，バーゼル条約を改正して，スクラップ貿易に規制をかけた場合，たとえばミックスメタルのようなスクラップは人件費の高い先進国ではリサイクルできない（手解体による素材ごとの選別ができない）．その結果，それらは廃棄されることになり，こうして経済価値が失われていく．それでも規制を強めるべきだろうか．今後の議論を見守りたい．

9-6 おわりに

市場メカニズムは競争を通じて技術革新を引き起こし，社会的厚生を高める潜在的な力をもっている．しかし，市場は万能ではなく，ときに環境問題のような外部不経済をもたらす．しかし，伝統的に経済学は，市場が万能でないからといって市場での取引を完全に否定するような考え方をとらず，市場がもたらす歪みを補正する手段をつねに考えてきた．また，環境を守りながら市場のよさも活かしていく．これは持続可能な発展の考え方でもある．

廃棄物についてもこれと同じことがあてはまるが，廃棄物処理を単純に競争市場に任せると，不法投棄をはじめとする不適正処理が生じてしまう．その原因は，廃棄物が逆有償であることに尽きる．「WasteのGoods化」が廃棄物処理・リサイクル政策の基本的な考え方となるのは，そのためである．本章では「WasteのGoods化」を実現するための政策ツールとその適用例を見てきた．これらはほんの一例にすぎない．複数の政策ツールを組み合わせることによってさまざまな制度を考えることができ，不法投棄・不適正処理の抑止レベルも上げることができるだろう．

注
* 1 処理業者の数が多く, 1t あたりの処理コストがすべての業者で θ であれば, 競争均衡処理手数料 $p = \theta$ となる。
* 2 OECD のガイダンスマニュアル (OECD 2001) によれば, EPR 政策には, メーカーによる製品の無償引取のほか, ADF (Advance Disposal Fee), デポジット・リファンド・システム, UCTS (Upstream combination tax/subsidy) なども含まれる。最後の UCTS は, アルミなどの中間投入財の使用に対して課税をすると同時に, 使用済み製品の回収・リサイクルに補助金を支給するもので, これも拡張的なデポジット・リファンド・システムとみなしうる。
* 3 そうでなければ, 許可・無許可業者の両方が操業している仮定に反する。
* 4 まず, 利子率を r としたとき割引率 δ は $\delta = 1/(1+r)$ となることに注意する。さらに, $A \equiv (p_1 - \theta) - (p_2 - \varepsilon f_1)$ とおけば, ライセンスの割引現在価値は, $A(1 + \delta + \delta^2 + \delta^3 + \cdots + \delta^n)$ となる。これを計算して n を無限大にすれば, それは $A/(1-\delta)$ となる。
* 5 自動車リサイクルシステムの崩壊過程は, 細田 (2008) にくわしく紹介されている。
* 6 9-5 節の内容は, Shinkuma and Managi (2011) の第 7, 9, 10 章の内容に依拠する。

参考文献

細田衛士　1999『グッズとバッズの経済学――環境型社会の基本原理』東洋経済新報社
細田衛士　2008『資源循環型社会――制度設計と政策展望』慶應義塾大学出版会
OECD 2001. *Extended Producer Responsibility: A Guidance Manual for Governments.* Paris: OECD
Shinkuma, T. and S. Managi 2011. *Waste and Recycling: Theory and Empirics.* London: Routledge

第10章 二酸化炭素
排出権取引の可能性

10-1　CO_2と気候変動

10-1-1　CO_2

　CO_2は，日本語でいうところの「二酸化炭素」にあたり，現在の環境問題で一番話題にのぼる用語であるかもしれない。なぜならば，人類が地球上に現れ，そして産業革命が起こって以降，とくにこのCO_2が環境や気候の急激な変動に拍車をかけていると信じられているからである。原始的な社会では，人間の生産・消費活動は非常に限られたものであり，また，その生産・消費活動からCO_2が排出されることはほとんどなかった。しかし，英国で起こった産業革命により人類の進化のパラダイムが決定的となる。大量生産・大量消費社会のあり方，つまり，各国・各個人がその属性・特性を生かし，より先鋭化，かつ専門化した生産・消費体制が先進国を中心として世界の主流になったからである。

　確かにそうした大量生産・大量消費は，歴史が証明するように，人間社会をある次元では豊かにしてきた。一方で，現在，世界の主流となっている資本主義的価値判断には組み込まれない，さまざまな弊害を生み出してきた。そのひとつがCO_2排出に付随した環境問題である。もちろん，高校の生物学の授業で習うように，CO_2は植物の光合成では欠かせない，むしろ必要不可欠なものであり，また人間のみならず自然界はCO_2をさまざまな形で排出・吸収して

いる。しかし，ここで問題なのは，産業革命以来ある次元において進化し続けてきた人間社会が，自然界が十分に吸収できる以上のCO_2を排出するまでになってしまったという事実である。

10-1-2　気候変動

今のところCO_2関連で一番大きな環境問題は，まさにこの地球温暖化問題であり，それに付随して起こると仮定されている気候変動である（Stern 2006）。もちろん，この宇宙上のすべての事物が不変であることはありえない。ゆえに，宇宙のなかで存在する安定的地球環境も，人間の存在有無にかかわらず，少しずつではあるが変移があるものとされている。しかし，ここで科学者が訴えていることは，そうした「自然の変移」ではありえないようなスピードで気候変動や地球温暖化が起こっているのではないか，そしてその原因は人間社会によって大量放出されているCO_2ではないか，との仮説である（FitzRoy and Papyrakis 2010）。

たとえば，過去2,000年の平均気温の科学的推定を視覚的に表すと図10-1のようになる。この図からわかるのは，平均気温が産業革命以降ありえないような急上昇を描いていることである。また，統計学的にそれら事実をまとめると，地球表面は約100年前と比して平均+0.22℃の上昇であるとされている。さて，この統計学的な温度上昇をどれだけの人が「深刻な問題」として認識できるであろうか。そこが，この地球温暖化・気候変動問題で非常に悩ましい点であるといえる。

現在，世界各国は国際連合，IMF，世界銀行といった共同体を形成し，世界を大きく揺るがすような問題への対応を行っている。このCO_2が温室効果ガスとして認定され，かつ産業革命以降，そのCO_2が原因となり地球温暖化ならびに気候変動が起きつつあるという見解も，国際連合が主導となり設立した「気候変動に関する政府間パネル」によって正式に発表された。この「気候変動に関する政府間パネル」は，さまざまな専門をもつ研究者たちで構成され，温室効果ガス，つまりCO_2が仮説のとおり気候変動ならびに地球温暖化の原因であるのか，学術的研究をもとに評価報告書を数年単位で定期的に発表している。

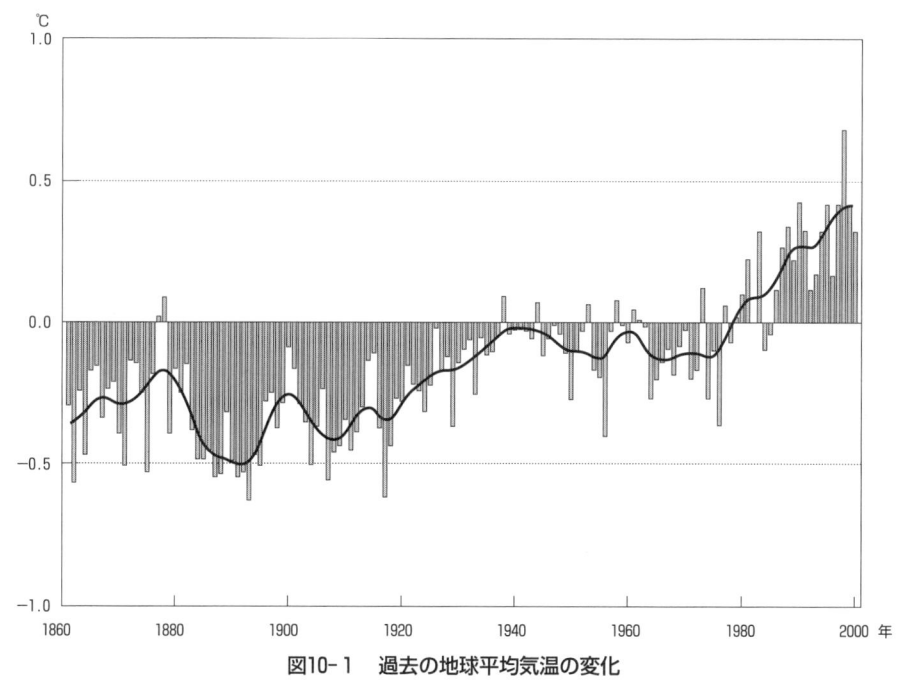

図10-1　過去の地球平均気温の変化
出典）IPCC 2011.

　現時点では，最も権威のある機関「気候変動に関する政府間パネル」が正式発表していることもあり，CO_2が原因となり気候変動や地球温暖化が進行しているというのは，揺るぎのない事実のようにして専門家の間では議論が進んでいる。一方，大多数が非専門家である一般の人々は，そもそもCO_2とそこから引き起こされる諸問題について，知識と危機感をそこまでもっておらず，研究者・専門家との認識のギャップが非常に大きい（Cookson 2009）。しかし，そうした現状であっても，普通の生活のなかで我々は時として地球温暖化について何らか耳にしているのではないだろうか。たとえば，ニュースやCMで取り上げられる地球温暖化の話題では，「クーラーは28℃に設定」，「クールビズ」など，さまざまなスローガンが宣伝されている。それらスローガンは，政府関連省庁が船頭となり，専門家たちの出した結論をもとに，国民に地球温暖化軽減の必要性とその具体的対策を促すため，つまり上記した「ギャップ」を少なくするために創出されたものである。

10-1-3　気候変動に関する不確実性

　では日本は，そして世界は，なぜそこまで必死に CO_2 の排出を抑えたいのか，またはそうすることの本当の理由は何なのか，実際に地球温暖化・気候変動が環境や経済に悪影響を与えるのであろうか，何をとくに恐れているのか。そうした素朴な質問が次々に浮かんでくるはずである。この質問に対する答えはいくつか存在する。そのなかでも専門家を中心として温暖化対策の必要性を訴える一番大きな動機は，温暖化・気候変動がもたらすさまざまな「不確実性の大きさ」ではないだろうか。人類は前人未到のレベルで地球に CO_2 を排出し続けており，その地球環境への影響も人類が経験したことのないことが起こりうると考えるのは，専門家の見解として当然至極である。しかし，非専門家である我々一般人を相手にして，そうした不確実に起こりうる悲劇や変化に対して自発的かつ事前的な対応を求めることは難しい。ゆえに，前述したような，わかりやすいキャッチフレーズを用いて，温暖化対策を求める宣伝活動が必要になってくる。

　より具体的には，「不確実性の増大」はあらゆる側面において人間社会を不安定にするといわれている。つまり，気候が毎年大きく変わってしまうようでは，安定した農業生産高を達成するのは難しいであろうし，ゲリラ豪雨のようなことが頻発すれば，それに応じて人間の生産消費活動は停滞を強いられる。地球温暖化・気候変動がもたらす「不確実性の増大」は，そうした地球環境の変化がどの程度まで起こっていくのかという，その起こりうるシナリオの可能性を広げることと同意である。それはつまり，我々人間社会がどこまで対応すればいいのかという問いに対する答えを我々が見つけようとしても，見つからない・見つけられない状況を生み出してしまっている。

　現時点で世界各国は，できるだけのことはして CO_2 排出量を削減していき，その「不確実性の増大」を食い止めることで一致している。また，日本はある一定の CO_2 排出削減量を京都議定書で約束しており，さらにその削減目標が達成されない場合には多額の賠償金を払わなければならない。同様に欧州各国も削減を求められる立場にあるが，京都議定書で彼らはEUとしての削減目標を設定しており，そのことが彼らの立場をより有利にしている。なぜならば，

EU全体としての削減目標であれば，各国の強みを生かした形で削減目標を達成できるからである。つまり，欧州各国のCO_2排出削減技術・対策の比較優位を適用し目標達成できるわけである。

さて，欧州がEUとしてまとまって排出量削減することは「得である」，なぜならば「比較優位」に応じて削減戦略を立てられるからであると述べた。では具体的には何を意味するのか，それを次の節で解説していく。現在，環境政策もさまざまな意味において変革期を迎えており，より革新的かつ自由度の高い環境政策が国際連合や世界銀行などの国際機関でも推奨されるようになっている。その端的な例が「排出権取引」であり，これからの環境問題を語るために理解することが必要な概念となりつつある。次の節では，CO_2削減に「排出権取引」がいかに貢献する可能性を秘めているのか，そして反対に問題点は何なのか，議論を進めていく。

10-2　CO_2削減と市場，そして排出権取引の可能性

10-2-1　過去の環境政策

地球温暖化・気候変動への事前的対策としてCO_2排出量削減が世界的議題となり，定期的に開催される国際環境会議によりその削減目標が定められている。そうしたなかで，避けて通ることのできない課題は「いかに削減するか」である。削減するにもさまざまなやり方が存在するが，その大きな論点は2点存在する。①どういう方法が公平か，②どういう方法が最大限の効果をあげるか，である。人間とは欲深いもので，現在の文明社会が手にした，安楽で安定した，さらに電化製品に囲まれた生活様式は手放したくない，と考えている。つまり，逆戻りして原始的な暮らしに戻るのは真っ平ご免ということである。では，どうするか？　現在の先進国で一般的となった「豊かな生活」を維持しつつCO_2排出量を削減していく方法はないか。そこで注目を集めているのが排出権取引である。

これまでの一般的な環境政策はいたって硬直的なものが多かった。つまり，中央政府が環境問題を引き起こす化学物質や気体・ガスに対して「これ以上排出してはいけない，もし遵守しないのであれば罰金ですよ」または「この環境

技術を使いなさい．もし使わないのであれば罰金ですよ」という政策，つまり一律の環境規制を適用していた。こうした環境規制のあり方は非常に「硬直的」である。なぜか？ それは，環境に悪影響を及ぼす法人・団体のもつ属性・特性を無視し，頭から為すべきことを決定し，押しつけているからである。もし，あなたの両親が，あなたの生き方・進路・生活習慣について自由度を与えなかったら，あなたの人生が硬直的になることは想像できることと思う。それと同様で，一律の環境規制は，団体・法人の排出量削減に対して，とられるべき行動の自由度を最小化してしまっている。

もちろん，こうした一律の環境規制にもメリットは存在する。つまり，いったん，所管官庁が基準を定めてしまえば，排出量は確実に削減され，政府もその運営管理に柔軟さを求められないために手間暇をそこまでかけなくとも済む。しかしながら，一律の環境規制が環境政策として一番よいのかといえば，必ずしもそうではないというのが，環境経済学の主張するところである。なぜ，一律の環境規制が望ましい政策といえないか，それは実例をもとに議論するとわかりやすい。たとえば温暖化軽減のために国際連合が「世界のすべての国に一律のCO_2削減量をお願いします，そうしないと罰金ですよ」ということを発表したらどうなるか。多くの人は，この例から一律の環境規制のもつ非合理性を見出すことができると思う。

10-2-2 比較優位とCO_2削減

つまり，一律ということは明快・平等である一方，この資本主義社会で尊重されている各国・各個人，各法人のもつ比較優位・属性・特性を完全に無視しており，そのことが上記の例ではより明らかである。米国・ドイツ・日本・中国などの経済的規模の大きい国がキリバスやラオスなどの経済的規模の比較的小さい国と同じ土俵でCO_2削減を求められるのはおかしいと，多くの人が同意するはずである。まとめると，程度の差はあるものの一律の環境規制の問題点は，定性的には上記した例と同じで，各団体・法人のもつ比較優位・属性・特性を考慮していない点にあり，そのことから経済的非効率性を生み出してしまうことにある。

国際貿易の成り立つ理由とその持続は，比較優位によって成り立っている。

異なる比較優位をもつ者同士が，お互いの強みを生かして生産を行い交易することで，単独ではなしえない効率性と財の蓄積を達成する。これが国際貿易の大前提である。日本は模倣・工業技術に優れ，電化製品・車などを輸出してきた。一方で，天然資源に恵まれていないため，石油などを天然資源が豊かな国から輸入し，生産のための原料として生かすことで，現在の豊かさを手にしている。同様の経済的原理を CO_2 削減に当てはめないのであれば，つまり貿易が禁じられている世界経済を想像すれば，CO_2 削減においても多くの損失を被ることは，簡単に理解できるはずである。

　たとえば，A 国は環境技術や化学の知識が先進的で，他の国々よりもより効率的に CO_2 を削減できるとしよう。しかし B 国ではそうした知識・技術が乏しく，CO_2 を削減するのに膨大な費用が必要であるとする。これは，A 国が CO_2 削減において比較優位を保持しており，現在の国際貿易の枠組みからすれば，「CO_2 削減サービス」を B 国に輸出するべき状況である。なぜならば，そうすることでお互いが損をすることなく効率性が達成されるからである。つまり，CO_2 を 20 単位削減するのに，A と B がそれぞれ 10 ずつ分担して削減するのと，A が 15，B が 5 削減する 2 つの場合を考慮すれば，後者の方が地球全体にとって，両者にとって望ましいというのは，貿易の原理からすればより明らかであろう。

　一律の環境規制では，そうした「CO_2 削減サービス」の輸出入・取引の可能性はゼロである。しかし「CO_2 削減の輸出入・取引」を促す環境政策が存在する。それが「排出権取引」である。排出権取引とは，CO_2 削減サービスの貿易・交易を許す制度にほかならない。つまり，ある人 A が CO_2 を削減するのが非常に得意で，一方の人 B が CO_2 を削減できずに困っている場合，「CO_2 排出の権利」のやり取りをさせることで，A さんが B さんの代わりに CO_2 の削減を行うことを可能にする。もちろん，B さんは A さんに謝礼を払わなければならない。つまり，ここで取引が成立する。

10-2-3　排出権取引のメカニズム

　この排出権取引のアイデアは経済学者から生まれた（Dale 1968）。上記したように，その根本は排出量削減の得意な人が不得意な人を助けることで相互互

恵になるという，いたって単純なものである。しかし，排出権取引のメリットはそれだけに留まらない。一律の環境規制では期待できない「正の効果」が長期的には起こりうる。それを理解するには，排出権取引をより形式的に説明する必要がある。排出権取引は，各法人・各国にある一定の排出権を分配し，排出権をもっていればそれに見合う量を環境中に排出してもよい，しかし，保持していないのであればその保持量以上に排出してはいけない，という制度である。ただし，他の環境政策と一線を画すのは，その排出権を他の法人・国と取り引きしてもよいということである。

より具体的な例をここにあげる。たとえば，中央政府がAとBに10単位の排出権をそれぞれに分配したとする。その時点で，AとBは11以上の排出をしてはいけないと法的に規制されている。しかし，前述したように排出権取引では取引が許されている。Aは環境汚染物質削減が得意で，Bが得意でない場合を，引き続き考える。このような状況では，資本主義社会のありようとして，Bがある代金を支払ってAに汚染物質の削減をお願いする状況が自然なはずである。それがつまり，排出権の取引となる。たとえば，Aは排出量を10から9に減らすのに1,000円で済むが，Bは排出量を11から10に削減するのに2,000円の費用を要する場合，お互いが賢ければどのような取引が成立するか，考えていただきたい。

取引が許されないならば，お互い10の環境汚染物質を排出して，おしまいである。しかし，上記のような状況であれば，1単位の排出権をAとBの間でやりとりすることで，お互いがより幸せになれる。それは，Bが1単位の排出権をAから買い取ることである。たとえば，BがAに「私の代わりに1単位削減お願いします，その代金として排出権1単位1,500円で買い取ります」と提案する。さて，この取引は成立するであろうか。Bは10あった排出権をAから1単位買い取ることで11になる。Aは10ある排出権を1単位Bに売ることで排出権は9になる。Bにとってこの取引は得である。なぜならば取引がない状況では2,000円の費用をかけて11から10へ1単位の削減を行わなければならないのに，1,500円で1単位排出権を買い取ることで500円（= 2,000 − 1,500）を浮かすことができたからである。一方，Aは1単位排出権を売ってしまったため9まで排出を削減しなければならないが,その削減費用は1,000

円しかかからず，1,500円でその排出権を売ったため，得した部分は500円となる。

ここで伝えたいのは，排出削減において各法人・各国間で比較優位が存在する場合，つまり1単位の削減費用に差が存在している状況では，常に排出権の取引が行われ，より効率的に排出量が削減されていくという事実である。より平易にいえば，削減の得意なものが不得意なものに代わって，より多く削減を行うインセンティブが働く。これは環境問題軽減，またはCO_2などの環境問題を引き起こす環境汚染物質削減に対して「市場の原理＝排出権取引」を適用していることにほかならない。

10-2-4 正の効果

では上記した排出権取引で期待できる「長期的な正の効果」は何であるのか。多くの読者はすでにお気づきのとおり，排出削減に対して「市場原理」を利かすことにより「環境に優しい企業・国」が得をしていくという事実である。つまり，国際貿易でも同様であるが，多くの比較優位をもち，よりよい技術でよりよい製品を作れば作るほど，その製品を輸出することでより大きな富の蓄積が可能となる。排出権取引でも同様に，排出量削減を効果的に，そしてより安く実行できる法人・国が長期的には得をして，富を拡大していくことになる。いいかえれば，環境に対して「優しくなろう」という気概をもたない法人・国は，排出権を買い取り続けなければならない一方，「優しくなろう」とする法人・国はそのことで利益をよりいっそう上げることができる。

上記したような排出権取引の影響は，環境技術の革新に大きな影響を及ぼす。なぜならば，環境に優しくしようとすればするほど得をするような状況では，各法人・各国が必死になって「どうやれば自分たちの属性・特性・技術を生かして効率的に排出削減できるか」考えるはずだからである。つまり，その考える余地を与えること，そしてそのアイデアを実行させる自由度が排出権取引には存在する。こうした自由度の存在こそが，一律の環境規制では見られない点であり，ある意味において排出権取引が一律の環境規制よりも柔軟性・主体性を各法人・各国に与えているといわれる所以である（Field and Field 2006）。

10-2-5　負の効果

　さて，ここまで排出権取引が「市場原理を生かして環境問題軽減に貢献できる政策」であるとして，とくにそのよい面に焦点を当てて説明してきた．しかし，不安視される点，さらに反対意見も存在する．その例をいくつか紹介したい．ひとついわれるのは，排出権取引制度を開始する前に決定しなければならない，最初の排出権分配方法である．排出権を100なら100，数ある国や法人に分配するとして，どのような客観的基準をもって分配していくか，という問題点である．受け取る側からすれば，排出権を最初に貰えば貰うほど得するのはいうまでもなく，だからこそ，この最初の排出権の分配は難しい．排出権取引では初期分配に関係なく全体として効率的に排出量を削減できるものの，初期分配の仕方次第では，特定の法人や国が確実に損をするような状況を生み出してしまう．つまり，公平性の問題点である．

　次に問題になるのが，排出権の取引が金儲けの道具に成り下がりかねないとの懸念である．つまり，排出権取引が現在の金融商品の取引と同様のやり方で行われた場合，その価格がバブルを起こしたり暴落したりするなどして，本来の目的である相互互恵の削減達成とはかけ離れた形で取引が行われていく懸念である．これに関しては，取り引きするために必要なライセンスを発行するなど，その適正な規制のあり方が議論されている最中である．

　さて，ここまでCO_2削減のためにいかに市場原理を適用できるか，つまり「排出権取引」が有用たりうるか，その原理について説明してきた．次の節では，これまで実際に実行されてきた排出権取引は成功であったのか失敗であったのか，客観的なデータを示しつつ検証していく．今までのところ，排出権取引はどちらかといえば「成功」しているといわれている．それはやはり，一律の環境規制と比べた場合，同じ排出量を削減するのにかかる費用を排出権取引で最小化できる，つまり，比較優位を生かして削減できることが実証されつつあり，理論上の予測と定性的には一致しているわけである．しかし，現実の応用例を見ていくことで新たな問題点なども発見されており，そうしたことについても解説していく．

10-3 CO₂削減のための排出権取引市場の現状と日本の立場

10-3-1 排出権取引市場の現状

現在,排出権取引制度は2005年より開始されたEU-ETS(EU排出権取引制度)を中心に,多くの国や地域に導入されている。表10-1は,世界全体での排出権の取引総量と取引額を示した表である。2007年では世界全体で30億CO_2-tの取引量だった市場が,2008年には約48億CO_2-t,2009年には約87億CO_2-tまで拡大している。2009年の取引額で見ても,およそ1,400億ドルもの市場規模に達している。

また導入地域も,2005年まではEUとイギリスでの導入にとどまっていたが,現在はニュージーランド,米国の北東部10州(地域温室効果ガスイニシアティブ:RGGI)でも始まった。さらに日本においても,環境省の試験的な排出量取引制度の運用(自主参加型国内排出量取引制度)が始まっており,東京都において

表10-1 排出権取引市場の動向

	2008年		2009年	
	取引量 (MtCO₂)	取引額 (百万米ドル)	取引量 (MtCO₂)	取引額 (百万米ドル)
排出権取引市場				
EU-ETS	3,093	100,526	6,326	118,474
NSW	31	183	34	117
CCX	69	309	41	50
RGGI	62	198	805	2,179
プロジェクトベースでの取引など				
CDM	404	6,511	211	2,678
JI	25	367	26	354
その他	1,152	27,072	1,256	19,884
合計	4,836	135,066	8,700	1,433,735

出典) World Bank (2010)をもとに筆者作成。
注) NSW:オーストラリア,サウスニューウェールズ,CCX:シカゴ気候取引所,CDM:クリーン開発メカニズムにより発行された許可証,JI:共同実施により発行された許可証,その他:国家間取引,自主的排出権市場での取引などを含む。

も 2010 年度より燃料，熱および電気などのエネルギー使用量が原油換算で年間 1,500kl 以上の事業所を対象とした排出量取引制度の運用が開始された。前述の表 10-1 を見ても，年々，EU-ETS 以外の取引制度や取引所における排出権の取引が増加していることがわかる。今後は先進国だけではなく，さらに他の地域，国での導入が見込まれている。たとえば韓国では 2010 年より炭素排出量取引制度のモデル事業が開始され，世界最大の CO_2 排出国である中国においても試行的な排出権取引制度の実施を検討している。

10-3-2　評価と課題

　前述のとおり，排出量権取引制度は世界の多くの国，地域で導入されている。しかし，実際に十分な CO_2 排出削減のインセンティブを与えているか，費用対効果が十分に実現されているか，評価を行う必要がある。OECD（1999）では，これまでの排出権取引の環境・資源分野への導入に関して，評価を報告書にまとめている。この報告書では排出権取引制度が既存の環境政策（直接規制）よりも高い費用対効果を発揮していると評価している。現在の CO_2 の排出権取引制度については，いまだにその費用対効果は十分に明らかにされていないものの，制度の評価が随時行われている EU-ETS については，Ellerman et al.（2009）が，EU25 ヵ国で 2 億 1,000 万 CO_2-t の排出増が回避されたと評価をまとめている。

　しかし一方で，EU-ETS の排出権価格が低すぎるために長期的な排出削減への投資インセンティブが与えられていない点が指摘されている。前節で述べたとおり，排出権取引の期待される効果として環境技術の革新・進歩がある。現在，再生可能エネルギーや省エネ技術の開発が国際的に行われている。しかし現在の技術でも導入に大きな費用がかかる現状では，より安く，かつ長期的に大幅な CO2 削減を実現するための新技術も並行して開発されなければ，気候変動問題の解決は難しい。そうした技術開発や企業などの経済主体が排出削減への積極的な環境技術導入の投資を行うためには，排出権取引市場において，排出削減が進むような価格シグナリングがなされなければならない。

　現在（2011 年 11 月），世界の排出削減行動の指標としている EU-ETS における排出権価格は 10 ユーロ前後で変動している。これまでの価格変動を概観し

ても，EU-ETS での取引価格は最高で 35 ユーロ未満の価格で取り引きされてきた。しかし先進各国の排出削減費用に比べ，現在の排出権価格は低すぎ，先進国において排出削減のための投資を行うインセンティブがない。現在，主要な国において各国の CO_2 限界排出削減費用の推計が行われている。しかしこうした推計結果を概観しても，現在の CO_2 価格よりも先進国における限界排出削減費用は高い。

たとえば地球環境産業技術研究機構による各国の CO_2 限界削減費用の推計結果によると，EU が自ら掲げている 2020 年までに 1990 年比 20 ～ 30% の削減目標を達成しようとする場合，必要とされる限界削減費用は CO_2-1t あたり 50 ～ 100 ドルになる（茅 2008）。同様の目標値を日本が達成しようとする場合には，EU 以上の限界削減費用（100 ドル以上）がかかると推計されている。このように先進国の限界削減費用は，現在の排出権価格と比べ，かなり高い状態にある。つまり現在の排出権価格では先進国で排出削減を行うインセンティブを弱めてしまうことになる。

また，前述の初期配分問題も重要な課題としてあげられる。前節で述べたとおり，排出権の初期配分は，必ずしも各市場参加主体の排出削減費用に基づいて公正になされない。現実に，多くの排出権市場では導入当初，市場参加者の過去の排出実績に基づいたグランドファザリング方式によって排出権の無償配分を行うケースが多い。しかしグランドファザリング方式は公平性の観点からだけではなく，市場自体の非効率な取引の発生，費用対効果の十分な達成にも影響を与えかねない。これまでの研究成果においても，グランドファザリングによる排出権の無償配分は排出権市場を非効率にするだけではなく，市場に参加している企業が生産する財の価格を上昇させ，社会的な便益を減少させる可能性が示唆されている（Goeree et al. 2010）。実際に EU-ETS では初期配分枠を徐々に有償オークションで行う方法に切り替え始めており，年々その比率は高くなっている。このように排出権取引制度は広く導入が進んでいるものの，制度運用の課題が多く残されており，より費用対効果の高い効率的な制度改善が必要となっている。

10-4　おわりに

　CO_2と環境問題は，簡単には理解しえない関係性を保持し，またそこには多くの謎に包まれた，つまり科学的には検証し尽くせない不確実性も存在する。そうした状況下で，人間社会ができることは，起こるかもしれない悲劇や崩壊に対して事前的方策を講ずるくらいであろう。まさに本章で解説してきたことは，そうしたCO_2と環境問題についての大きな全体像のある一面，どのような事前的方策が有効たりうるかを解説してきたにすぎない。結論としては，「CO_2削減のために排出権取引は，さらなる可能性と成功が期待できる」というものである。

　しかし近年では，市場原理信奉に陰りが見えつつある。とくに，金融市場の過剰拡大が問題となり，マクロ経済の実態をともなわない取引，つまり利鞘や投機に基づいた取引とそれにともなう貧富の拡大の存在が問題になりつつある。これは金融市場の大いなる自由化が招いた弊害であろう。金融市場はもともと，投資のお金が欲しい個人や団体に適正かつ迅速にその資金を調達し，実態をともなう経済活動を促進するのが，本来の目的であったはずである。しかし，いつのまにか投機や利鞘の対象となっている場合が多々ある。

　現在見受けられるこの金融市場の肥大化の問題は，実は「排出権取引」適用の際にも十分に考慮されるべき，または教訓として生かされるべきものである。たとえば現状のように，リアルタイムに市場の価格に応じて市場参加者が売り手，買い手にもなることができる複雑な取引メカニズムは，排出権の調整を柔軟に行うことができる半面，社会的な排出削減費用をより最小化させる望ましい排出権の配分が達成しづらくなる可能性もある。

　実際にKotani et al. (2012) では，経済実験により，現在の広く用いられる金融取引に近似したダブルオークション方式とユニフォーム・プライスオークション方式のどちらが社会的な排出削減費用をより最小化させるか比較を行い，ユニフォーム・プライスオークション方式の優位性が示された。ユニフォーム・プライスオークションとは，売り手と買い手にそれぞれ自分が買いたい希望価格を1単位あたりごとで表明してもらい，その表明を売り希望は安い順に，買

い希望は高い順に並べ,最も望ましい単一の取引価格を政府や自治体などの統括者が決め,それに基づき取引を行うメカニズムである。このように,より適した排出権の特徴を考慮し,制度設計を改善することにより,現状の排出権取引制度の機能を向上させることが可能である。

　市場原理を生かしてCO_2を削減するのはなぜか？　削減の得意なものが得意ではないものを助け,そしてその謝礼を支払うという,この根本的「相互互恵」こそが,排出権取引を採用する大前提であり,その本来の目的である。金融商品やその他資産とは異なり,CO_2削減は,人間社会の存続と持続可能性に直接影響を及ぼしうる公共財であることを我々は忘れてはならない。

参考文献

茅陽一編著　2008『低炭素エコノミー——温暖化対策目標と国民負担』日本経済新聞社

Cookson, C. 2009. Global Insight: No Melting of Climate Doubts. *Financial Times*, September 2009

Dale, J. 1968. *Pollution, Property and Prices*. Edward Elgar

Ellerman, A. D., F. J. Convery and C. Perthuis 2009. *Pricing Carbon: The European Union Emissions Trading Scheme*. Cambridge University Press

Field B. and M. Field 2006. *Environmental Economics*. McGraw-Hill

FitzRoy F. and E. Papyrakis 2010. *An Introduction to Climate Change Economics and Policy*. Earthscan

Goeree, J. et al. 2010. An Experimental Study of Auctions Versus Grandfathering to Assign Pollution Permits'. *Journal of the European Economic Association* 8 (2-3): 514-525

IPCC 2001. *IPCC Third Assessment Report - Climate Change 2001 Working Group I: The Scientific Basis*

Kotani, K. et al. 2012. *On Fundamental Performance of a Marketable Permits System in a Trader Setting : Double Auction vs. Uniform Price Auction*. Mimeo

OECD 1999. *Implementation Domestic Tradable Permits for Environmental Protection*. OECD Publishing

Stern, N. 2006. *The Economics of Climate Change*. Cambridge University Press

第11章 外来種
市場メカニズムを生かした管理は可能か

11-1 外来種について

11-1-1 外来種とは何か

　一般的な響きとして「外来種」という言葉を聞くとき，人々は往々にしてその土地固有の生物ではなく，外から持ち込まれたもの，または入り込んできた生物種のことを想起することと思う。確かに，その表現は正しいものの，ではどの時期より先に入ってくれば在来種となり，後になれば外来種となるかは議論の的となる。つまり，その線引きをどこで行うかが非常に難しく，厳密かつ学術的な外来種の解釈はいまだになされていない。

　とはいうものの，20年前に比して，近年では外来種という言葉が頻繁に登場するようになり，また注目を集めている。それは日本に限らず，世界各国でも同じ状況である。たとえば，環境経済学と生態学などが学術的研究として外来種を取り扱う分野として考えられるが，30年前には外来種という言葉が研究課題として扱われることはあまりなかった。しかし，最近過去10年にわたり，外来種に関する研究の数は激増している。ではなぜ，学術的解釈の統一もまだ厳密にはなされていない外来種が注目され，より多く研究課題として取り上げられるようになったのか。その理由を掘り下げていくと，実は外来種が，経済学または市場原理と切っても切り離せないほど密接に関連していることに気が

つく．

　世界は，あらゆるものがグローバル化，そして均一化される方向で進んでいるといわれている．そのベクトルに沿って世界が経済的に深化・発展しようとする際に避けることのできないのが，国際貿易と直接対外投資である．日本が第二次世界大戦の敗戦から復興する道標として，貿易黒字により国力の蓄積を行っていたように，アジア，南米など多くの国々が，今まさにその発展を貿易や直接対外投資により成し遂げようとして凌ぎを削っている．筆者も，環境経済学を専門としている一研究者として，海外のフィールドを旅することが1年の間に何回もあるが，上記したグローバル化の大きなうねりを感じる．

　具体的には，何をうねりと感じるのか．つまり，世界のどの地域に行っても，日本人のビジネスマンを見かける回数よりも，アラブ人，韓国人，インド人そして中国人のビジネスマンと出会うことの方が多くなってきたからである．彼らは，自分の国から遠く離れた海外の国で対外投資や貿易を行い，モノとカネの流通を通してグローバル化を促進している動脈となっている．このような調子でモノが動き，カネが動いていけば，現在，日本車が米国で多く見受けられるように，韓国，中国，インド製の商品が日本や米国の市場を独占する日が来るのではないかと考えられるくらいである．

　実は，グローバル化のなかで促進されている対外直接投資と国際貿易が外来種の流入と深く関係している．対外直接投資では，海外の資本がどんどん自国に入ってくることを意味し，国際間での人的流出と流入が激しくなる．また，多くの国が自国の発展を国際貿易に依存するようになれば，海外の品がより多く入ってくることを意味する．そのように海外との結びつきが強化されていくことは，実は我々人間の予期せぬ形で外来種が入ってくる可能性をより高めている（Dalmazzone 2000）．

　これまで人間社会は，豊かさの基準としてGDPを採用してきた．今でも，夕方6時半のニュースでは「今期の日本のGDP成長率が何％」などの表現でその変化率を報道している．つまり，日本人は自然とGDPを豊かさの指標としてあてにしており，モノやカネの豊かさとGDPの成長率が関連していることを実感とともに確信している．しかし，そうした確信を抱いているのは，日本人だけではない．同様に世界の人々もGDPに注目し，収入を増加させたい，

第11章 外来種

または豊かになりたいと，今の日本人以上に願い，必死に仕事をしているように思われる。ここに市場原理が生み出す負の側面が表れている。外来種が予期せぬ形で入り込むという表現を用いたが，現在の豊かさの価値基準GDPでは，外来種が入り込むこと，または送り出してしまうことから来る影響は勘案されておらず，そのことが予期せぬ形で外来種という新たな環境問題を生み出している。

11-1-2　外来種の導入について

たとえば，国際貿易の根幹を成すのがコンテナ船による大型輸送である（松田・加藤 2007）。この時点で，コンテナ船と外来種がどのような関係にあるか，想像できるであろうか。コンテナ船は荷を降ろした後，船舶運航をより安定化させるため，船体の専用タンクに海水を封入し航行する。これは一般的にはバラスト水と呼ばれ，要は海水なのであるが，これが予期せぬ形で外来種を流入させてしまっている。日本から南米まで行って戻ってくるコンテナ船を想像していただきたい。南米で荷を降ろし，重量が軽くなったタンカーは，南米の沿岸でバラスト水を船体に貯め，日本に戻るための航行を開始する。南米の海水のなかには，日本で見受けられない水生生物が混在する。そのコンテナ船が日本に到着した際バラスト水を放出すると，どのようになるか。つまり，日本へ外来種が持ち込まれる第1段階となる。

現在の豊かさの基準からいえば，外来種を持ち込もうとそうしまいと，経済的損益とは何ら関係はない。つまり，外来種の流入・流出と経済上の収益増減には関係がないため，法律ができるまでは，ほとんどの人々が罪の意識をもたないまま普通なされてきた行為から，外来種が持ち込まれている。その極端な例として考えられるのは海外旅行である。日本では，海外から入国する際，履いている靴の裏や衣服の表面を1人1人厳密に係の人が確認するようなことはしない。しかし，現実にはそうした些細なところから外来種が入り込む可能性がある。たとえば，そうした侵入を防ぐため，オーストラリアやニュージーランドなど，生物保全に関して非常に熱心な国では靴の裏から衣服までを入国審査の際に確認している場合がある。

これまではグローバル化のなかであまり人間が意図しないところで外来種が

入ってくる可能性を示唆してきたが，実は意図的に外来種が持ち込まれてきた例も多く存在する。たとえば，現在，日本には珍しい生物をペットとして飼育している人々がいる。爬虫類から哺乳類までその種は非常にさまざまで，人によっては数十万円でそうした希少種を手に入れる。日本が貧しかったころは，そうしたことはあまり見られなかったようであるが，豊かになったことで希少種を海外から多く輸入するようになった。日本で起きている典型的な外来生物問題の発生パターンとしては，飼育者がそれらペットの面倒を放棄し，野に放してしまう場合である（五箇 2010）。よく知られている例としては，日本に存在しておらず法律上ペットとしてのみ輸入が許可されてきた外来のカブトムシ，クワガタ，アライグマ，そしてアメリカザリガニなどがあげられる。そうした法律上ペットとして輸入されてきた外来生物種が，現在では普通に日本のなかに多く生息している。

　その他の意図的に導入された場合の例としては，害獣・害虫駆除を目的として外来種が持ち込まれたケースがあげられる。その一例は，奄美大島のマングースである（石井 2003）。数十年前，奄美大島では，ハブの生息地域拡大とその個体数の増加にともない人間や家畜への被害が拡がった。そこで実験によりハブに対し強さを発揮したマングースの導入がなされた。つまり，マングースにハブを退治してもらうことがその導入の目的であった。1979年ごろに30頭ほどのマングースが奄美大島の野に放たれ，その結果はどうなったのか。筆者も数年前，奄美大島を訪れ，マングースがどのようになったか，そしてハブを退治してくれたかどうか，調査に同行した。結論とすれば意図したような効果は生まれず，「外来種」を導入したという典型的な一例となってしまった。推定では奄美大島のマングースは5千〜1万頭ぐらいまで増殖したといわれている。このように人間が意図して持ち込んだ外来種は珍しくなく，琵琶湖のブラックバスなども非常に有名な例で，人が意図的に導入した外来種としてよく取り上げられる。

　ここまで外来種が導入されてきた事例・経路をいくつか紹介してきたが，大きく分けて3分類されるようである。そのうちの2つは，国際経済のグローバル化のなかで，意図的ではないものの人とカネの動きのなかで外来種が流入する場合，そしてペットとしてなど，明確な目的とともに意図的に持ち込まれた

ものの，その所有権・使用を途中で放棄してしまう場合。そして，最後の3つめは，害獣・害虫駆除など，公的な経済被害軽減・便益拡大を目的として意図的に持ち込まれる場合。この3つの導入経路に共通しているものは何なのか。この疑問をより掘り下げて，次の節では，外来種がなぜ今になって「問題」として表面化しているのか，そして現在の外来種問題の深刻さとはどのようなものなのか，解説していく。

11-2　外来種と経済問題

11-2-1　外来種問題に関する認知・理解度

　さて，前節では，どのような経済的背景をもとに，どのような経路で外来種が流入してきたかについて解説した。本節では，そこから転じて，そもそも「外来種の何が問題なのか」に焦点を当てる。とくに，読者も予想できるように，何らかの経済的問題を包含している。しかもそれらの問題は，世の中で一般的な経済活動では無視され続けた事柄であるため，より厄介であり，他の環境問題に共通する特徴が存在する。そうした視点についても環境経済学の概念を適用しながら外来種問題について解説をしていく。

　環境問題に興味がなく，環境経済学や生態学を深く学んだことのない人々が世の中ではより一般的であると考えられるが，そうした人々の何％が外来種の実質的な問題や被害について理解しているのか。これは重要な問題である。たとえば，筆者の友人の大多数は，何らかの形で動物や植物を愛していることが多い。この動植物への「愛」が興じて，人々は前述したとおり，自分の好きな動植物を手元におき，育てたい・面倒をみたいと願う。その愛の対象となる動植物は，一度ペットショップのドアをくぐれば明らかなように，その多くが外国から輸入されたものである。

　人間とは勝手なもので，動植物への愛が醒めてしまうこともある。そして，時としてペットを放逐してしまう。さて，その動植物が外来種であった場合，その野に放たれた外来種がどのような影響を与えるか，想像できる人が世の中にどの程度いるだろうか。多くの場合は，どうせ1匹だから早かれ遅かれ死んでしまうとか，大した影響はないと答えるのではないだろうか。実は，こうし

た楽観的な予想を裏切ってしまうのが外来種の恐ろしいところであり，その問題の発端である．

　もちろん，すべての外来種が1匹，もしくは少数からスタートして，新たな生息地で定着できるわけではない．ただ，外来種が現在ここまで注目されてきているのは，我々のその楽観的予想を裏切るケースが多々あるためである．つまり，その外来種が新たな生息地において適応し生存競争に勝って，個体数を増大させて，そこに定着してしまうのである．ここで言及しておくべきことは，そうした外来種の定着が多くの場合，人間の想像をはるかに超えてなされてきたことと，外来種定着の影響が普段の人間の生活とはかけ離れたところで徐々に起き，最終的に人間がその悪影響に気づくまでにある程度の時間の差が存在することである．

　前節で，30年前まで外来種に関する学術的研究が非常に稀であったことを述べた．しかし，現在起きている外来種問題のほとんどは，数十年以上前に，その序章が始まっている．つまり，実際に「外来種は重大な問題だ」と人間が気づくまでに相当の歳月がかかったことを示唆している．たとえば，奄美大島のマングース問題では，30年以上前にその導入がなされた．たった30頭からのスタートであり，その導入当初，そのマングースが1万頭以上に増殖し，新たな問題を引き起こすなどとは，ほとんどの人が想像していなかったはずである．そして実際に奄美大島でマングース捕獲作戦が環境省主導で始まったのは2000年のことである．

　では，どうしてそんなに人間が外来種問題の重大さに気づくまでに時間がかかるのであろうか．外来種が問題として人間社会に認知されるまでには，その外来種の増殖が不可欠である．つまり，これまでいなかった生物種がわが物顔にそのあたりをうろつき，またはこれまで頻繁に見受けられたものが姿を消したりし，人間にわかるまで明白な悪影響を与えなければならない．しかし，外来種の増殖は，在来種との生存競争や，新天地での適応度に左右されるため，数十年単位の時間を要する場合が多い．また，現在の人間社会は第一次産業に従事している人以外は自然から隔絶しており，そこで起きている変化に疎い．こうした事情が，人間社会が外来種の悪影響を認知するまでに時間がかかる理由である．

11-2-2　外来種の社会への影響

　具体的な悪影響として考えられるのは，主に在来の生態系の破壊と第一次産業への悪影響であると考えられている。在来生態系の破壊は，どのようにして起こるのか。たとえば日本は，ガラパゴス諸島とまではいかないまでも，小笠原諸島や奄美大島などさまざまな地域で「日本固有」といえる稀有な生態系を保持していると考えられている。つまり，日本にのみ生息し，生物種の名前としてアマミノクロウサギやニホンザルなどのように日本の国名や地名を冠し，島国であるがゆえに侵入されるリスクが少ない状態，つまり，より安定的な環境のなかで増殖を繰り返して生き残ってきた種が多く存在する。

　外来種の存在とは，そのようにある程度慣れ親しんだ世界に，突如として見慣れないものが飛び込んでくる状態を意味する。よくハリウッド映画で宇宙人が地球に侵入してくるストーリーが描かれているが，まさにある意味，外来種は在来種にとって宇宙人の侵入と同程度のインパクトがあると解釈できる。筆者が訪れたことのある奄美大島では，その島の名前を冠した動植物が多く存在する。アマミノクロウサギはその有名な例である。実は，マングースが導入され，近年になりその個体数の増加が確認されていることはすでに述べたが，その悪影響として最も懸念されているのが，それら奄美大島にしか生息しない動植物がマングースとの生存競争に敗れ絶滅してしまうことである。

　上記の例と定性的に同じ例はいくつも存在する。また地上だけに限らない。沖縄のサンゴ礁が外来種であるオニヒトデにより壊滅的な影響を受けていることなど，陸海を問わず外来種の問題は起きている。ここで意地悪な人は，「別に在来種がいなくなってもかまわない」と言うかもしれない。確かに，経済的豊かさを追求している現在の資本主義社会にとって，間違いなく短期的に影響はない。また，環境問題一般に共通の課題として，外来種に破壊される在来生態系はGDPに実質上まったく反映されていない。しかし，ここで問題になるのは，人間の目による認知・知識・科学の予想を超えた長期的影響である。いまだに，あらゆる経済の生産活動は安定した環境なしには成り立たない。人間活動の根源には生態系を含む安定した自然環境が必要なはずである。もちろん，人間の体が時間とともに変化するように，自然環境も少しずつではあるが，あ

る一定の安定度を保ちながら変化している。しかし，そのスピードは人間にとっては緩やかなものであり，だからこそ数万年単位の時間を経て安定した状態を保てるといえる（松田 2004）。

　外来種がそこに登場するのは，その変化のスピードを急激に高めることと同意である。車の運転でも同様であるが，スピードの急激な変化は危険をともなう。つまり，数万年単位で培われ醸成してきた安定的自然環境が，「外来種の登場」によって，音をたてるように，たかが数十年もの短い時間で壊されてしまう可能性が出てきたわけである。こうして多くの安定的環境の破壊が多く起こってしまうことは，我々の人間活動にとっても望ましいはずがない。

　生態系は，飛行機の飛行に例えられる。1つや2つ，ネジが飛行中に落ちても，まだ飛行機は空を飛べる。しかし，50そして100と，ある一定以上にネジがなくなると，突如として墜落してしまう。つまり，文化や芸術と同様で，生態系も外来種の登場により「創造は長い年月を要するが破壊は一瞬」という悲劇を引き起こす可能性がある。これは言い方を変えると生物多様性の喪失と同意と解釈できる。食卓のテーブルは多くの足に支えられている方が安定的である。日本固有の生物種たちは，日本の生態系を支える「足」である。しかし，外来種によってその足たちが1本ずつなくなっていくことは，生態系を長期的には不安定にする。すなわち，日本の生態系を支えてきた多様性の喪失となる。

　もちろん，一番目の生態系破壊だけでなく，同様に2番目の問題，つまり外来種の登場が農業・漁業などの第一次産業や，観光などの第三次産業に経済的な悪影響を及ぼす場合も，外来種の大きな問題である。美しい海を見に来ていた観光客が，オニヒトデに破壊されてしまったサンゴ礁を見たいと思わないだろう。または商品価値のある在来種・農作物が外来種にやられてとれなくなったなど，直接的に人間の経済活動を損なう場合がこれにあたる。こうした直接的経済被害を受けている地域では，独自に外来種捕獲・防除作戦を開始したり，または研究者や自治体が呼びかけて対策をとったりしている場合が多い。

　さて，定着してしまった外来種によって起きる生態系破壊や経済的被害を食い止めるため我々ができるのは，何らかの事後的対策である。もちろん，それらの対策を実行するには予算が必要であるし，そもそも外来種をどのように取り扱っていくのか，我々社会が答えを見つけなければならない。一見，単純な

ように思える「外来種をどうするのか」という問題は，実は非常に複雑な問題である．次節では，この外来種問題に対し，「我々人間がどのような状況で何ができるのか」について，市場原理，そして経済的な費用や予算を勘案して議論をしていく．

11-3　外来種問題への経済的処方箋——市場は有効か

11-3-1　外来種対策を困難にするもの

　予算や費用の問題を度外視して「外来種をどうすべきか」と問われて，多くの人はどう答えるであろうか．予算や費用を度外視すれば，外来種を完全に追放，または元通りの生態系に戻すため根絶する，という答えが多いのではないかと思う．しかし，完全に追放すること，根絶することは，簡単になしうるのであろうか．結婚相手やパートナーを探す場合と同様で，捕獲対象の外来種（相手）と出会う機会がなければ何も始まらない．実はこの当たり前のことが外来種問題の困難さを語るうえで重要であり，「外来種追放・根絶作戦」でことごとく議題になる．

　国内外を含め，ある特定の外来種を根絶しようとする試みは存在する．しかし，その多くは失敗に終わっている．その典型的な原因は次の例で説明できる．外来種が人間の目につくまで増殖してきたので，捕獲を開始する．最初のうちは個体数が多かったので発見もたやすく，また一個体を捕獲するために要する労力も少なくて済む．しかし，捕獲作戦を開始してから時間が経つにつれ，外来種の個体数は減っているものの，今度は外来種の発見の確率，または罠にかかる確率が下がり，捕獲に要する努力量が増大してくる．そこで従来通りの捕獲手法による限界が見え隠れし，作戦自体が行き詰まり始める（Bomford and O'Brien 1995）．

　外来種の完全追放・根絶は，個体数ゼロを意味する．しかし，外来種根絶作戦では，捕獲技術そのものが熟達していない場合があり，またある一定上に個体数を減らす以上のことはなかなか難しいのが現実である．つまり，外来種の完全追放・根絶は現実的には不可能に近いと考えられる場合が多く存在する（Kotani et al. 2009）．そこで，我々社会はどうすべきか．これが次の議題である．

もちろん，外来種の捕獲を行わなければ，在来の生態系は破壊され，第一次産業もその悪影響を被る。それゆえ，捕獲をまったくしないわけにはいかない。一方，一気に根絶しようとしても，技術不足や物理的・地理的条件などによって達成できない。これが，現在の外来種問題のジレンマである（松田 2008）。

　こうしたジレンマをより実質的な解決に近づける方法としては，外来種によってどの程度の被害を人間社会が被っているか，把握する必要がある。そうすることで初めて，どの程度の予算を組み，外来種問題の対策を実行していくかの決定ができるはずだからである。しかし，前述したとおり，現実的にはその被害の経済的試算というのは困難である。なぜならば，第一次産業の被害の把握は可能である一方で，環境経済学ではひんぱんにされる議論であるが，「生態系の破壊」に経済的貨幣価値を当てはめることが難しいためである。しかし，環境経済学者・生態学者が知恵を絞り，この生態系の破壊の価値について何らかの指標を提示していく必要がある。さもなければ対策のために必要な客観的予算は組みようがない。

11-3-2　外来種問題低減への経済政策

　こうした生態系の破壊の価値や外来種問題に付随しているジレンマを直視したうえで，経済学や市場原理から可能性のある処方箋をいくつか提示してみたい。「歴史は繰り返す」という有名な格言があるが，これまで人間社会はその大きな欲望のために，そしてその結果なされた過剰な捕獲が原因となり，動植物を絶滅させてきた。これは，「外来種の根絶は今のところ難しい」と，筆者が本節で言っているのとは正反対である。つまり，経済的利潤拡大を目的とする場合，人間社会は時としてその捕獲対象の動植物を絶滅に追いやっている。外来種問題では今のところ難しいことが，なぜ歴史上達成されてきたのか。ここにひとつのヒントを得るべきだと考えている。

　ここまで述べてきたとおり，いったん定着してしまった動植物を人間の力で絶滅に追い込むのはたやすくできることではない。とくに，外来種の捕獲作戦が世界各地で始まったのはせいぜいここ十数年前のことであり，捕獲技術も作戦も未熟な場合が多いと考えられる。一方で，漁業など第一次産業で動植物を捕獲し利潤を得てきたその活動の歴史は非常に長い。そこには捕獲のために費

やされてきた知恵や技術の蓄積がある。たとえば，近年では魚群探知機などの発展により，漁業は，魚の個体数にあまり影響をされることなく，ある一定以上の漁獲を達成できるようになったといわれている。これは何を意味するかといえば，たとえ魚の個体数が減ってしまったとしても，魚の群れと出会う確率をより一定に保てることを意味する。だからこそ近年では乱獲によるさまざまな魚のストックの激減が問題になっているわけである（Myers and Worm 2003）。すなわち，漁業の技術革新そして現在の漁業は魚のストックをゼロにできる，ということである。

　一方，外来種管理では多くの場合，自治体・所管省庁などが主導となり，根絶チームや捕獲作戦，または捕獲マニュアルを作成している。そうした状況では，捕獲する行為実行以外，その捕獲技術の根本的向上への努力があまりなされるようにはなっていない。漁師であれば常にその捕獲技術を磨こうと努力するインセンティブが働き，そしてその技術向上により，より高い捕獲を達成しようとするが，そうしたインセンティブは外来種の捕獲では十分に効いていない可能性が高い。つまり，外来種管理では，捕獲する側の利潤が，捕獲すればするほど直接的に上がるわけではない。では，そうした技術革新を起こさせるインセンティブをもたせるにはどうしたらよいのか，そうした疑問が出てくる。

　環境問題を語るうえで重要な言葉がある。それは「共有地の悲劇」である。それは，共同体のなかにある共有地に何らかの有益な資源が存在するときに起こりうる悲劇の物語である。つまり，原始的な社会では，共有地に存在する資源の利用について，話し合いや法律などがなく，自由にその使用を認めている（オープンアクセスまたはフリーアクセス）と，その資源が過剰利用されて枯渇してしまうといわれている。こうした歴史的事実を教訓として「共有地の悲劇」と呼ぶ。解釈次第ではあるが，人間の欲望はそこまで奥深いということを述べている。しかし，この教訓を外来種管理に適用すれば，外来種の個体数に対して「悲劇」を起こすことが根絶と同義になり，そこまで人間が外来種に対して「捕獲する執着」を持てるのかが問題となる。

　上記から何がいえるのかといえば，人間社会は「外来種」というものを「悪」として捉えるだけではなく，逆の利用法を考える必要性があるということ，さらには，人々が自発的に捕獲をしたいと思わせる方法と政策をより考えるべき

ではないか，ということである。外来種管理では多くの場合，公的機関が主導となり捕獲作戦を実行していることを，すでに述べた。そういう状況では，捕獲を担当している人間とそうでない人間，または捕獲を委託されている人間とそうでない人間というように，役割がはっきり分かれてしまっている場合が多い。そして，与えられたマニュアルに沿って捕獲を行っている。そこには，どうすればより効率よく捕獲できるのかというような工夫を凝らす強烈なインセンティブは，あまり感じられない。そういう状況が長く続けば，ある一定以上に外来種の個体数を減らすことができないのも当たり前といえる。

　外来種が人間にとって何か有益なことはないのか，そして利益を生み出すような政策はないのか。これが今，外来種管理に求められている新たな視点，つまり市場原理を外来種管理に応用するために必要な視点ではないかと，筆者は考えている。今すぐ筆者が考えつくのは，外来種捕獲の対価を市町村が支払う「捕獲支払い制度」の積極導入である。もちろん，一個体捕獲にあたり謝礼としていくら支払うべきか，という論点は残る。しかし，この制度はあらゆる人々に，一番簡単な形で外来種自体を捕獲の対象に変えてしまう。そして，指名手配犯逮捕の対価（報酬）と同じように，根絶に追い込むためには，その対価を少しずつでも構わないので個体数減少とともに上げていく必要が出てくるかもしれない。しかし，こうすることで，一般の人々も含めてさまざまな人が外来種捕獲ということを念頭に置くはずであり，またどうやったら楽に，しかも効率的に捕獲できるかを考えるようになるはずである。

　残念ながら，筆者が本章を通じて提示した実質的な処方箋は，経済学者らしく市場原理，つまり人間の利己的欲望の追求に基づいた創意工夫に期待するしかないという結論に達してしまった。しかし，これは歴史を鑑みれば明らかなように，人は命令されて「そうしろ」と言われるより，自発的に促されて「そうしたい」と思う状況の方が，より大きな革新を起こして「成功」してきたことに基づいている。外来種問題でも同じように，一般の人々も含めた形で，市場原理や自発的に捕獲を促す制度を導入し，捕獲技術や制度の革新を起こさなければ，根本的かつ実質的な解決を期待できない状況にある。

　根絶できないと思われる外来種について，いかに管理・捕獲していくか，研究者の間ではいまだ合意がなされていないようである。筆者の個人的意見とし

ては，そうした場合は，「必殺技・根絶できる捕獲技術」が確立されるまで，ある一定の捕獲を続け，外来種の被害を食い止め続けるしかない，というのが結論である。当たり前の結論のようであるが，外来種問題ではこの捕獲継続はたやすいことではない。なぜならば，「外来種市場」は成立しておらず，現状では公的予算なしには誰も外来種を捕獲しないためである。また，公的予算はいうまでもなく，有限期間内に与えられるため，上述したような無期の捕獲計画を唱えたところで，予算はとれるものではない。

11-4 おわりに

環境経済学者としてこの何年間か生態学者と外来種問題について共同研究をしてきた。その共同研究の過程で，経済学者があまり注目してこなかった外来種問題特有の困難さに直面してきた。経済学では一般的に資源・資本を増やし持続可能な社会やその利用のあり方を模索するが，外来種問題ではその反対，つまり外来種をできるだけ減らしたい，しかし，その外来種による被害額は不明瞭という，曖昧でかつ方向性が反対の状況で，答えを見つけることを求められるからである。勢いで「根絶・完全防除」を外来種管理のゴールに掲げるのは，耳に響きがよく，わかりやすい。しかし「根絶・完全防除」は簡単ではなく，むしろ現状では不可能といえる場合が多々存在する。

外来種問題の研究を通じて何がわかったかといえば，日本固有の生態系の創造には数万年，もしくはそれ以上の時間を要する一方で，外来種の侵入に対してその固有の生態系は脆弱であり，かつほんの数十年で破壊されてしまうリスクが高いということである。世界各国で価値基準がどんどん一本化・均一化していく経済環境のなかで，生物界・生態系の多様性の保全というのはパラダイムが反対である。ゆえに，その保全の実現に関して経済学者としてあまり明るい展望をもつことはできない。

かといって，ただ手をこまねいて日本固有の生態系が外来種によって破壊されていくのを見ているだけではいけないことを，本章の読者に理解していただけたらと願っている。繰り返しになるが，ニホンザルやアマミノクロウサギが外来生物によって絶滅してしまっても，一見，我々には影響はないように思え

る。しかし長期的には，そうした日本固有の生物の喪失は，生態系と環境の安定性に大きな影響を与え，将来起こりうる災害や環境変異の不確実性を間違いなく増大させる。筆者として，本章を読むことで，多くの読者が，上記したような外来生物問題に隠された真の問題点に気づいていただければと願っている。

参考文献

石井信夫　2003「奄美大島のマングース駆除事業——とくに生息数の推定と駆除の効果について」『保全生態学研究』8：73-82

五箇公一　2010『クワガタムシが語る生物多様性』創美社

松田裕之　2004『ゼロからわかる生態学』共立出版

松田裕之　2008『生態リスク学入門』共立出版

松田裕之・加藤団　2007「外来種の生態リスク」『日本水産学会誌』73：1141-1144

Bomford, M. and P. O'Brien 1995. Eradication or Control for Vertebrate Pests. *Wildlife Society Bulletin* 23: 249-255

Dalmazzone, S. 2000. Economic Factors Affecting Vulnerability to Biological Invasion. In C. Perrings, M. Williamson and S. Dalmazzone (eds.), *The Economics of Biological Invasion*. Edward Elgar

Kotani, K., M. Kakinaka and H. Matsuda 2009. Dynamic Economic Analysis on Invasive Species Management: Some Implications of Catchability. *Mathematical Biosciences* 220: 1-14

Myers R. and B. Worm 2003. Rapid Worldwide Depletion of Predatory Fish Communities. *Nature* 423: 280-283

第Ⅲ部
社会基盤となる制度設計

第12章 貿易と自給率

市場メカニズムから農業を見る

12-1　はじめに

　市場は，効率的な資源配分を実現するための望ましい経済システムである。市場メカニズムが機能すれば，外部性が存在しないかぎり，土地，労働，資本といった生産要素や資源，および生産された財・サービスが，社会厚生を最も高めるように配分される。逆に，市場の機能を阻害するような政策や制度が存在している場合には，資源配分が歪み，社会厚生が低下する。

　このことは，農業部門の効率性や成長においても成り立つ。農業は，土地，労働，資本といった生産要素と，種苗，農薬，肥料といった中間財とを投入して，農産物を生産する。農地は養分や水分を保有し地下水を涵養する重要な資源のひとつであり，社会厚生の観点から最適な利用を実現することは重要である。この実現のために必要な要素が，資源の効率的利用であり，そのための市場メカニズムの導入である。アウトプットである農産物においても，市場メカニズムが機能することのメリットは大きい。どのような農産物を消費者が求めているかが市場を通して生産者に伝わり，消費者のニーズに対応した農産物の供給が実現される。また，競争が起こることで，より低コストでより品質の高い農産物の生産が可能となる。

　本章では，日本の農業部門を市場メカニズムの機能とその効果という観点か

ら考察する。農業経済学が扱うべき問題は多岐にわたるものであり，そのすべてを網羅することは不可能である[*1]。したがって，市場メカニズムの導入の重要性に焦点を絞って，関連する政策を取り上げながら議論を進める[*2]。

　農業においてしばしば政治的な注目を集めるのが，農産物貿易の自由化である。とくに，日本においてはコメの輸入（関税率の低下）に対する抵抗が根強い。市場の機能の観点から，貿易は重要なファクターであるため，農産物の貿易自由化の意味についても考察する。また，農業生産は外部便益（場合によっては，外部不経済）を生み出すという指摘がある。たとえば，水田は地下水を涵養したり水害を防いだりする機能をもっている。農地は，後背地である里山や森林を合わせたエリアの生物多様性の観点からも重要な役割を担っている。一般的に，外部性が存在する場合，市場への一定の政策介入が正当化される。したがって，農業部門，とくに外部便益をもつとされる農地の取引においては，どのような政策介入が望ましいのかについて考察を加える。

　農業を営むのは厳密には農家だけではなく，農業生産法人なども存在する。しかし，本章ではとくに区別の必要のないかぎり「農家」という表現を用いる。

12-2　農業と市場

　農業部門には，いくつかの種類の市場が存在する。そのどれもが効率的な資源配分のために重要な役割を果たすべき市場である。本節では，農業部門において主要な4つの市場を，関連政策を含めて概観する。

12-2-1　農産物市場

　農産物市場は，農業生産におけるアウトプットであるコメ，野菜，果物，花卉などの取引が行われる。この市場では，農家は供給者であり，最終的な需要者は広く一般の消費者である。直接農家や農協と取り引きするのは，流通業者である場合が多い。一方，農産物直売所も農産物市場のひとつであり，この場合は農家と消費者が直接取引を行う。卸売市場での取引には，競りや相対取引などがあり，また卸売市場を通さずに農家とスーパーなどの小売店舗が直接取引することを市場外取引と呼ぶ。

第12章 貿易と自給率　　177

農産物は流通過程においては，自由な市場取引のもとで価格が決まっている場合が多い。とくに，野菜や花卉の卸売市場における価格は，競りなどによって需要と供給がマッチするように決まる。コメも2004年に食糧法（主要食糧の需給及び価格の安定に関する法律）が改正されて以来，その流通はほぼ自由化されている。

　一方で，流通過程にのる前の段階，つまり生産段階においてコメや野菜などは生産調整が行われている。野菜の生産調整の目的は，急激な価格変動を抑制することである。通常食料の需要の価格弾力性は低い。一方，農業生産は天候の影響を受けるため，その生産量は製造業と比べてコントロールが難しく，変動が大きくなりがちである。[*3] 生産調整を行わない場合に急激な価格変動が頻繁に発生するようであれば，農家が生産計画を立てにくくなったり，流通業者と農家との取引が不安定になったりする。このような場合，生産調整は市場の機能を阻害するのではなく，逆にそれを補完すると考えられる。[*4]

　一方，生産調整が単に生産者価格を高く維持するためだけに行われる場合には，市場の機能が阻害される。日本は，1970年以来，長期にわたってコメの生産調整を行ってきた。[*5] 2003年産米までは作付けを行わない面積を配分する方法をとっていたため「減反」と呼ばれてきた。2004年産米からは，逆にコメの生産目標数量を配分する方式をとるようになった。いずれにしても，コメの生産調整は野菜のように急激な価格変動を抑制することを目的としたものとはいえない。高率の関税と合わせて，コメの価格を高い水準に維持することが目的である（価格支持政策）。

　2010年産米のコメの平均価格は，60kgあたりで1万1,000円から1万3,000円程度（相対取引価格，入札価格）であり，これは自由な生産の意思決定が行われた場合と比較してかなり高くなっていると考えられる。[*6] たとえば，2010年のコメの国際価格はtあたりおよそ520ドルであり，かなりの差がある。[*7] また，コメの国内市場の価格の推移を見てみると，食糧法が施行されて以来，ほぼコンスタントに低下してきていることがわかる（図12-1）。この原因として，①需要が減少してきたこと，および②流通が自由化されて，農家が直接小売店舗や消費者と取引できるルートが増えたため，生産調整が完全には機能しなくなってきたことなどがあげられる。農家が自由に生産量の意思決定をできると

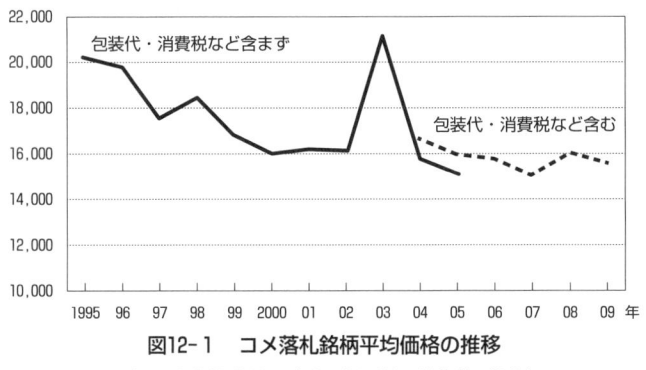

図12-1 コメ落札銘柄平均価格の推移

出典) 米穀機構「米穀の年産別落札銘柄平均価格の推移」。

すると，現在の価格のもとでは生産が拡大する可能性が高い。したがって，農家の自由な意思決定のもとで需要と供給とがマッチする均衡価格よりも，現在の取引価格の方が高いことがわかる。

　この生産調整による高価格の維持は，効率的な資源配分を阻害する。第1に，生産調整は市場メカニズムのもとで行われないため，必ずしも生産性の低い農家の退出をもたらさない。むしろ，後述の農地市場の問題とあいまって，生産性の低い農家の滞留の原因となっている場合が多い。したがって，品質の向上やコスト削減へのインセンティブが働きにくく，技術の進歩が起こりにくくなる。第2に，消費者は，自由な生産と取引が行われるもとでの市場価格よりも高い価格を支払う必要があるため，コメの消費の意思決定が歪められる。消費者の負担のもとに，生産性の低いコメの生産を維持することは，公平性の観点からも望ましくない。[*8]

12-2-2　農地市場

　2つめの重要な市場は生産要素市場である。生産要素市場としては，労働市場，資本市場，土地市場などが考えられるが，ここでは本章の文脈でとくに重要な農地市場を取り上げる。農地は，農業目的で取り引きされるかぎりにおいては，需要者も供給者も農家である。これには，売買市場と貸借市場の2種類がある。[*9]また，農地は他の部門との間でも取引が行われる。たとえば，ショッピングセンターを経営する事業体が農地を買い取り，大規模商業店舗を建てる

第12章　貿易と自給率　　179

場合がある。

　農地は外部性を生み出している。別の言い方をすると，ある農地が農地でなくなることによって，周囲の農地に外部不経済を及ぼす場合がある。たとえば，ある農地が大規模商業施設に転用されたとしよう。このとき，周囲の農地に日照，水回りなどの面で損失を与える場合がある。農地には集積することで個々の農地の生産性が上昇するという意味での規模の経済が存在する。転用された場合だけでなく，耕作放棄が行われた場合にも同様のことが起こりうる。耕作放棄地は，2005年現在で38万haにのぼる（農林業センサス）。耕作放棄地のすべてが外部不経済を発生させているわけではなく，したがってそのすべてが農地であり続ける必要はない。他の用途に使用すること，あるいは生物多様性を育む自然に戻すことが社会にとって望ましいのであれば，そうすべきである。しかし，少なくとも耕作放棄地の一定割合は，他の用途に用いられているわけでもなく，周囲の農地に外部不経済を与えている。

　市場の資源配分機能と農地の外部性とを考えた場合に，あるべき農地市場の姿が明らかとなる。第1に，農地であるべき土地（エリア）を適切に決める必要がある。一般的に，ゾーニングと呼ばれる施策である。そして，そのエリア内の土地は，農家によって農業が継続的に行われる必要がある。ゾーニングの段階では，外部便益を考慮に入れた社会厚生の最大化を実現するために，政策介入が行われる必要がある。第2に，農地エリアにおける農地は，より生産性の高い農家によって耕作が行われるべきである。売買によって生産性の高い農家が農地を直接保有することによっても可能であり，また貸借によって生産性の高い農家が農地を利用することも可能である。この段階においては，自由な市場取引が保証される必要がある。本来の市場の機能である効率的な資源配分を決められた農地エリアにおいて実現することが，社会厚生の観点から望ましい。

　現在の日本では，上記の2つのどちらも実現できていない。ゾーニングについては，農地を農地以外のものにすることを規制している法律として農地法と農業振興地域の整備に関する法律（農振法）とがある。農地以外のものにするとは，たとえば商業地や宅地にすることであり，農地転用といわれる。また，各市町村におかれる農業委員会は，農地売買や農地転用によって環境の悪化が

懸念されるような乱開発を監視・抑止する役割を担っている。しかし，現実にこれらの法律に基づくゾーニングが機能しているとは言い難い。農業委員会の構成メンバーは農家であることが多く，したがって彼らの転用利益のために農地を農用地区域から除外することがある。ゾーニングの境界が短期間で変更されるのである。[10]

このことは，売買や貸借による農地の効率的な配分を阻害する。農地が簡単に商業地や宅地に転用できる状況下では，農地の保有者は農地として売ったり貸したりするよりも，転用による方が大きな利得を得ることができる。したがって，生産性の高い農家によって農地が耕作される可能性が低くなり，外部不経済が発生する可能性が高くなる。

12-2-3　中間財市場

3つめの重要な市場は，中間財市場である。農業における代表的な中間財は，肥料や農薬である。農薬や肥料の市場は，生産のために莫大な設備投資が必要である場合があるため，きわめて多くの企業が常に参入退出を繰り返すような意味での完全競争の状況にはない。しかし，これらの市場は個々の製品市場において市場規模と参入企業数との間に正の相関があり，したがって競争的である。たとえば，殺虫剤市場が競争的であることは，武智と東田（Takechi and Higashida 2011）によって示されている。また，農薬の関税率が3％程度であり，肥料については一般的に無税であることからわかるとおり，貿易も自由化されている状態である。[11]農薬や肥料のメーカーは，グローバルに競争を繰り広げており，国境を越えたM&Aもしばしば見られる。[12]

12-2-4　利益集団による市場機能の阻害

農業においては，しばしば強力な利益集団が形成される。日本においても例外ではなく，JAという強力な利益団体が存在する。[13]農産物貿易の自由化や農政改革が国会で議論されるたびごとに大きな影響を与えようとしてきた団体であり，日本の農業を考えるうえで重要なプレイヤーである。

利益集団がその集団にとって望ましい政策を実現することは，社会厚生の観点からは望ましくないことが多い。とくに，既得権益を守るために政治的な影

響力を行使する場合には，社会厚生を低下させる。複数の相反する利害関係にある利益集団がレントシーキング活動を行う場合には，そのコストはそのまま社会的損失となる。多くのJAは，前述のコメの価格支持政策の維持を政府に強く求めてきた。また，生産調整や農地取引にも強く関わってきた。これは，農産物市場や農地市場の機能を損なうような政策への働きかけを行ってきたことを意味する。

12-3　農産物貿易の自由化

自由貿易とは，国境を越えた財・サービスの取引を民間の経済主体が自由に行うことができる状態である。経済学，とくに国際経済学の分野で18世紀以来研究が蓄積されてきているが，貿易がゼロサムゲームではなく，貿易を行う国々すべてに利益をもたらすことは，理論的にも実証的にも明らかにされている。農業においても，以下の3つの観点から貿易の利益が実現される。

第1に，比較優位をもつ財の生産拡大による，分業の利益である。これは貿易の利益の最も基本的なものである。比較優位は，生産技術の違いや生産要素の相対的賦存量の違いによって決まってくる。農業にもコメや麦などを生産する土地集約型農業と，花卉などのそれほど土地を多く用いる必要のない農業とがあるが，土地が相対的に豊富な国は土地集約型農業によって生産される農産物に比較優位をもち，それを輸出する。もちろん，土地の賦存量が相対的に少ない国であっても，生産技術が高い（反収が大きい）場合には，土地集約型の農産物の生産に比較優位をもちうる。

第2に，製品差別化によるバラエティの増加である。農産物にも他の産業の製品と同じように，製品差別化が存在する。わかりやすい例では，日本で広く栽培されている温州みかんと米国から輸入されてくるオレンジとは，同じ柑橘系の果物でも消費者の視点からは異なる。また，コメでも長粒種と短粒種（ジャポニカ）が存在することは知られており，用途や食味も異なっている。少し目立たない例では，中国産のニンニクと青森産のニンニクは，価格を観察するかぎり消費者は同じものであるとは見ていないことがわかる。

国内の産地間でも製品差別化が行われているが，より広く貿易によって取引

が行われることで，品質競争が促進される。その結果，消費者は多様な差別化された農産物から選択することが可能となる。

第3に，規模の経済の実現である。国際経済学の文脈では，比較優位をもつ財を生産する部門が，自国だけではなく外国の市場へも供給することが可能になることで，生産規模が拡大する。これによって平均費用が低下し，貿易の利益が発生する。

貿易は，市場メカニズムの機能をより強める効果をもつ。市場メカニズムの導入と同じように，貿易から直接的に一国のすべての経済主体が利益を得るとは限らない。比較劣位にある産業は，損失を被る可能性が高い。しかし，一国全体の厚生が増加するため，国内政策や産業構造の変化が貿易の自由化に対応できれば，すべての経済主体に利益をもたらすことが可能となる。

農産物の貿易自由化というと日本ではコメが取り上げられることが多いが，コメ以外の農産物の貿易自由化を過去に幾度か経験してきている。代表的な農産物としては，1991年に輸入が自由化された牛肉とオレンジがあげられる。

牛肉の場合，自由化後に畜産農家1戸あたりの飼育頭数は顕著に増加してきている（図12-2）。これは，肥育牛飼育農家の経営規模が拡大したことを意味しており，また肥育牛の飼育に投入される資源がより生産性の高い農家によって利用されるようになった可能性が高いことを意味している。1頭あたりの投

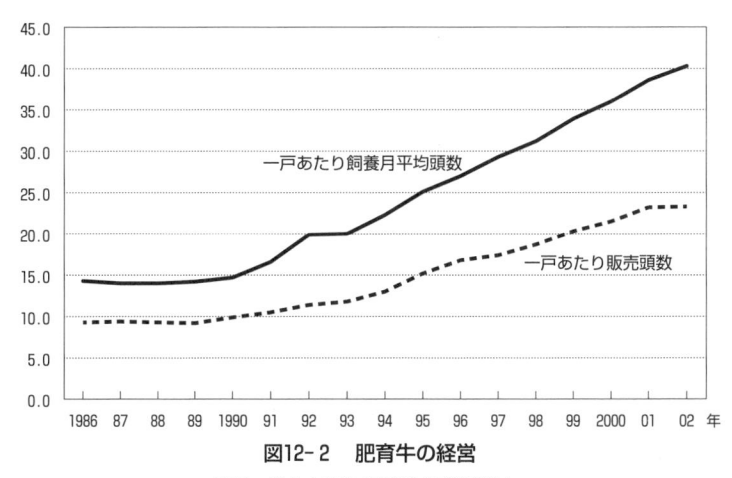

図12-2　肥育牛の経営

出典）農林水産省「畜産物生産費統計」。

図12-3 牛肉の小売価格

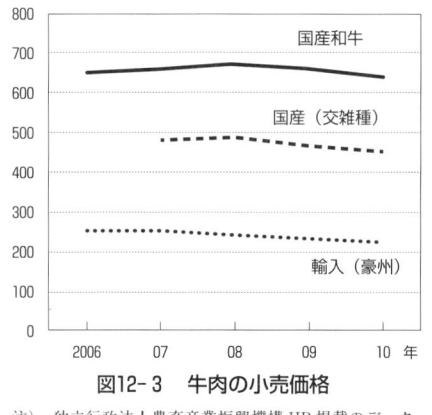

注）独立行政法人農畜産業振興機構 HP 掲載のデータより作成。

下労働時間もコンスタントに減少してきている。

小売価格（図12-3）を観察すると，輸入牛肉と国産牛肉との間には一定の価格差が存在しており，消費者や外食産業から見て，両者は差別化されていると考えられる。[15]

オレンジと温州ミカンについても同様のことがいえる。みかんは傾斜地で栽培されることから，規模の経済が牛肉に比べて働きにくい。自由化以降ミカン農家は減少しているが，規模の小さい農家の退出比率が，規模の大きな農家の退出比率よりも大きい。一方，温州ミカンとオレンジは，その用途や消費目的が異なることから，差別化された製品である。さらに，輸入自由化後，日本のミカン農家による品種改良や新品種の開発が行われ，消費者のニーズに合った品種の登場と品種数の増加が実現できている。[16]

コメの貿易自由化が行われた場合にも，同様の変化が起こると考えられる。貿易自由化をするということは価格支持政策を捨て去ることを意味するため，それが生産性を十分に高めて効率的な資源配分につながるかどうかは，農地市場の資源配分機能が働くかどうかにかかっている。

世界貿易機関（WTO）においても，生産者に対して価格支持効果を与える補助金は削減対象となっている。これは，価格支持政策のコストが財政の観点からも国際貿易摩擦の観点からもきわめて大きく，また資源配分を歪める効果も大きいことによる。農業を価格支持政策によって保護することは，農産物市場の機能を阻害するだけではなく，日本の場合においては農地市場の機能不全とあいまって，生産性の高い農家の参入や生産性の低い農家の退出も阻害する。

12-4　外部性とリスク

農業部門への市場メカニズムの導入や貿易の自由化への反対の根拠となって

いる概念・理論が存在する．本節では，そのなかの代表的なものを取り上げて考察を加える．

12-4-1　外部性と公共財

農地は外部性を発生させる．それは，農地市場についての12-2-2項において述べた農地間の外部性のみではない．農地と周辺の森林や里山が生み出す自然環境は，広く社会が経済活動を営むために必要な生態系サービスを生み出す．生態系サービスの利用を排除することが難しいため，農地が生み出す自然環境は公共財としての側面をもつ．一般的に経済学のテキストでは，こういった外部経済を生み出す財・サービスは，市場メカニズムのもとでは過少供給となることが示されている．

資源経済学においては，コモンズとしても捉えられる．コモンズは，中央政府や自治体によるトップダウンによる管理ではなく，そこに住む人々による管理によって維持されることが可能である．ただし，農地を含めたコモンズの管理のためには共同作業も必要であり，この場合ある程度の数の農家が存在することが必要である．したがって，大規模の少数の農家によって特定のエリアの農地が保有されることは，望ましくないという考えがある．

しかし，市場メカニズムの導入や貿易の自由化と，公共財供給（コモンズの維持管理）とは矛盾するものではなく，両立することが可能である．農産物市場において，価格支持による高価格維持を取り除くことが重要であると述べた．これによって，消費者は低い価格で農産物を消費することが可能となる．一方で，農業生産活動が外部便益を生み出すのであれば，市場均衡における国内農業生産が社会的に過少となる．したがって，価格支持ではない補助金や所得補償によって，農業生産を最適な状態にすればよい．WTOにおいても価格支持の効果をもたない農業補助金は上限があるものの認められている．

価格支持によるよりも補助金による方が社会的に望ましいことは，基本的な余剰分析によって示すことができる[*17]．図12-4で，P_wは国際価格を表している．また，私的限界費用はPMC，社会的限界費用はSMCで表され，その差が外部便益を表している．自由貿易のもとでは，生産量がQ_1，消費量がQ_3である．消費者余剰が△AJB，生産者余剰が△BFC，外部便益が□$CFGE$で，それら

図12-4 外部性と所得補償

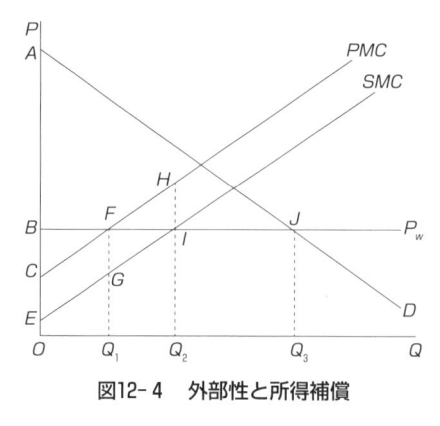

を合わせた $AJFGE$ で囲まれた領域が総余剰となる。一方，外部便益に相当する補助金を生産者に交付したとする。このとき，消費者余剰に変化はなく，生産者余剰が△BIE，外部便益が□$CHIE$，補助金交付額が□$CHIE$ となる。したがって，総余剰は△FIG だけ増加する。外部便益の増加が，生産の歪みによる損失を上回るためである。補助金の形態が所得補償であっても，同様のことが成り立つ。一方，関税の設定などによる価格支持政策によって生産を増加させる場合，消費者余剰が減少し，補助金の場合よりも総余剰は小さくなる。[18]

しかし，所得補償政策もすべての農家を補償するのでは意味がない。それでは，生産性の高い農家も低い農家も農業生産を続けることになり，農地市場が機能しなくなるからである。農地市場の機能の観点からは，すべての農家に対する所得補償は，価格支持と同じ効果をもってしまう。また，すべての農地の外部便益が等しいわけではない。重要な点は，農地の外部便益の価値を，客観的に計測することである。そのうえで，どうしても小規模な農家のコミュニティによって農地を保全する必要があるエリアのみ，所得補償によってそのコミュニティを維持していくべきなのである。逆に，大規模な少数の農家によってでも保全が可能なエリア（平地の優良農地など）は，大規模農家への所得補償を手厚くすることで農業生産の効率性を高める必要がある。所得補償をエリアごとに選択的に行うことが望ましい。

12-4-2　食料安全保障——自給率

食料安全保障の観点から，自給率を引き上げなければならないという議論がしばしばなされる。[19] 実際，農林水産省も食料自給率を平成 32 年度までに供給熱量ベースで 50％ に上昇させる目標をたて，そのための取り組みを行っている。[20] 食料安全保障の考え方に基づく食料（あるいは農地）の確保がどれくらい

必要かについては，さまざまな意見があり，ここでは踏み込まない。緊急時には食料輸出国は輸出制限を行うため，多くの耕作されている農地を確保しておくべきであるという考え方もあれば，そのようなことは必要なく，逆に多くの輸出国と貿易のネットワークを確立しておく方がリスク分散になるという考え方もある。しかし，どちらの立場に立ったとしても，現在の農業政策のもとで食料自給率を引き上げることは望ましくない。

　第1に，仮に食料生産を維持することが必要だとしよう。この場合，山下（2010）が述べているとおり，必要なのは食料自給率ではなく食料自給力である。つまり，緊急時に一定期間，一定量の食料を供給できることが重要であり，率が問題なのではない。したがって，食料の輸入がたくさん行われていたとしても，一定の農地が耕作地として利用されていればよい。

　第2に，仮に食料生産を一定量以上維持することが必要だとしよう。この場合においても，価格支持政策によって市場の資源配分機能を損なうよりは，市場メカニズムの導入と選択的所得補償によって食料生産を維持する方が政策コストは低い。図12-4では外部便益が存在する場合を考察したが，食料生産維持が目的であっても同様の結論が得られる。

　第3に，仮に食料生産を一定量以上維持することが必要であり，かつ選択的所得補償政策を行うことにしよう。この場合，農産物貿易をできるだけ自由化した方が社会厚生は大きくなる。しかも，輸入ルートを確保できるため，国内の食料供給が一時的に滞るといったリスクについても，リスク分散を図ることができる。

　したがって，食料安全保障の観点から，価格支持政策による食料供給力の維持よりは，選択的所得補償政策と貿易の自由化のパッケージの方が望ましいことがわかる。当然のことであるが，食料自給力の維持はコストの方が大きいため必要はなく，さまざまな国々と貿易ネットワークを構築した方がよいという立場に立った場合，価格支持は行うべきではない。

12-4-3　環境負荷の低減

　環境負荷低減の観点から，食料の輸入を減らすべきだという指摘がなされることがある。その際に，よく使用される指標にフードマイレージがある。フードマイレージとは，食料の生産地（国）から消費地までの距離を知るための指

標であり，ある輸入相手国からの食料の輸入量にその国から消費地（日本）までの距離をかけた値を，すべての輸入相手国について足し合わせたものである。輸送にはエネルギー消費が必要であり，エネルギー消費は環境負荷を与えることから，できるだけ消費地に近いところで生産された農産物を消費すべきであるという考え方につながる。日本ではこの考え方を利用して「地産地消」運動が展開されていたりする。しかし，とくに日本の場合，この観点からの食料輸入の減少は，環境負荷の低減につながらない可能性が高い。

ある財やサービスが生み出す環境負荷は，原料採取，生産，輸送，消費，廃棄のすべての段階を捕捉して計測しなければならない。これは環境評価の分野では，ライフサイクルアセスメント（LCA）と呼ばれている。地域Aで生産されたある農産物と，地域Bで生産された同じ農産物を考え，地域Aで消費する状況を考えよう。輸送段階での環境負荷は後者の方が大きいことは明らかである。しかし，もし生産段階で発生する環境負荷が前者の方が大きい場合，ライフサイクルで考えた場合に前者の農産物の方が環境負荷が大きいことは十分ありうる。

図12-5は，農業生産における単位面積あたりのエネルギー消費を表している。これを見るかぎり，日本の農業生産におけるエネルギー消費量は，食料輸出国に比べてかなり大きいことがわかる。輸送にかかるエネルギーを考慮に入れても，ライフサイクルでは日本の農業生産の方が，エネルギー消費が大きいことが推測される。したがって，環境負荷の低減の観点からも，農産物貿易を制限して市場の機能を抑えることは望ましい政策ではない。

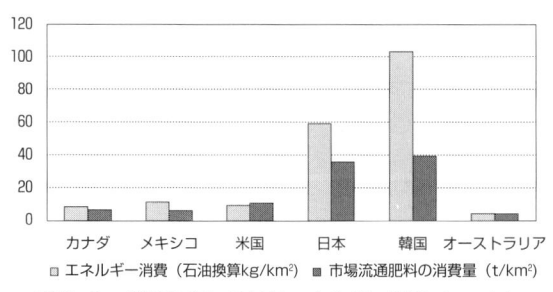

図12-5　農業生産におけるエネルギー消費（2005年）

出典）OECD "Statistics Environment: Agriculture"

12-5 おわりに

　本章では，農業生産における市場メカニズムの利用と貿易自由化について考察を行った。とくに，価格支持政策の非効率性と農地市場の機能の重要性とを述べてきた。これらは，消費者価格の低下につながるため，消費者と生産者の間の公平性の観点からも重要である。さらに，長期的な農業技術の進歩と生産性の向上の観点から，生産性が高く，価格インセンティブに反応して投資を行う農家の増加が必要であるが，市場はこれに対しても貢献していく。他の環境や資源の問題と同じように，農業における資源利用においても，市場の機能を十分に働かせることが必要である。

　注
* 1　農業経済学が扱うべき問題を網羅したテキストとしては，荏開津（2008）や速水・神門（2002）などがある。また，生源寺（2011）は現在の日本の農業の問題全般を客観的に捉えている。
* 2　農業生産の効率性を高めることは，農業部門にとってのみならず，他のセクターや一国・地域経済全体の資源の効率的な利用の観点からも重要である。
* 3　野菜の需給調整については，農林水産省のHPを参照されたい。
* 4　もちろん，生産調整の程度による。あまりにも厳しい生産調整は，価格をシグナルとして農家にインセンティブを与えること，および消費者のニーズに合わせた生産量の意思決定を行うことを難しくする。
* 5　試行的な生産調整は1969年にも行われている。
* 6　国内のコメの価格情報については，米穀機構や農林水産省のHPを参照されたい。
* 7　国際価格は，IMFのPrimary Commodity Pricesを参照されたい。なお，国際価格と国内価格はともに，2011年は2010年に比べて上昇している。
* 8　2011年8月から東京穀物商品取引所でコメの先物取引が開始された。先物取引市場が今後本格的に機能するようになれば，従来と比べて生産量の決定が，生産調整という政策から個々の農家にシフトしていくことが期待される。
* 9　農地価格や貸借料については，日本不動産協会の「田畑価格および賃借料調」を参照されたい。
* 10　この点については，神門（2006）にくわしく記載されている。
* 11　第二次世界大戦後の特殊な状況の影響で，かなり早い段階で有機合成農薬の輸

入や技術導入は拡大した。関税率は，実行関税率表 2011 年 8 月版に基づいている。財務省の HP を参照されたい。
* 12　たとえば矢野経済研究所（2010）などが詳細なマーケットレポートを行っている。
* 13　「JA＝農協」ではないことに注意されたい。
* 14　ここでのレントシーキング活動とは，既得権益を守るために特定の企業や団体が行う政治活動を意味する。
* 15　牛肉の輸入自由化が社会厚生に与えた影響については，より客観的で精緻な研究を待たなければならない。
* 16　みかん農家の退出や新品種開発については，清水の「みかん農業の現状」を参考にさせていただいた。
* 17　ただし，ここでは経済学的含意をシンプルに表すために，生産補助金のケースを扱う。WTO ルールのもとでは，所得補償など生産者価格に影響を与えない補助金でなければならない。
* 18　より詳細な分析は山下（2010）の第 4 章を参照されたい。
* 19　一般的に「食糧」と「食料」という表記があり，場合によっては異なる意味で用いられる。混乱を避けるために，本節では「食料」を用いる。
* 20　この政策については，農林水産省の「食料自給率の部屋」HP を参照されたい。

参考文献

荏開津典生　2008『農業経済学』第 3 版，岩波書店
神門善久　2006『日本の食と農——危機の本質』NTT 出版
生源寺眞一　2011『日本農業の真実』ちくま新書
速水佑次郎・神門善久　2002『農業経済論』新版，岩波書店
矢野経済研究所　2010『農薬産業白書　2010 年版』
山下一仁　2010『農業ビッグバンの経済学』日本経済新聞社
財務省　http://www.customs.go.jp/tariff/2011_8/index.htm（最終アクセス 2012 年 6 月 17 日）
清水徹朗「みかん農業の現状」農中総研『調査と情報』2009 年 1 月号　http://www.nochuri.co.jp/report/norin/backNum_2009_2012_.html（最終アクセス 2012 年 6 月 17 日）
独立行政法人農畜産業振興機構　http://www.alic.go.jp/livestock/yunyubeef.htm（最終アクセス 2011 年 12 月 9 日）
農林水産省「食料自給率の部屋」http://www.maff.go.jp/j/zyukyu/index.html（最終アクセス 2012 年 6 月 17 日）

農林水産省「畜産物生産費統計」http://www.maff.go.jp/j/tokei/kouhyou/noukei/seisanhi_tikusan/index.html（最終アクセス 2011 年 12 月 9 日）

農林水産省「野菜の需給調整について」http://www.maff.go.jp/j/seisan/ryutu/yasai_zyukyu/y_zyukyu/index.html（最終アクセス 2012 年 6 月 17 日）

農林水産省「生産：米と麦」 http://www.maff.go.jp/j/syouan/keikaku/soukatu/index.html（最終アクセス 2012 年 6 月 17 日）

米穀機構　http://www.komenet.jp/（最終アクセス 2011 年 12 月 9 日）

米穀機構「米穀の年産別落札銘柄平均価格の推移」http://www.komenet.jp/komedata/kakaku/2004/data1.html（最終アクセス 2011 年 12 月 9 日）

Takechi, K. and K. Higashida 2011. Firm Organizational Heterogeneity and Market Structure: Evidence from the Japanese Pesticide Market. *International Journal of Industrial Organization,* Forthcoming

IMF "Primary Commodity Prices" http://www.imf.org/external/np/res/commod/index.aspx（最終アクセス 2011 年 12 月 9 日）

OECD "Statistics Environment: Agriculture" http://www.oecd.org/document/39/0,3746,en_2649_201185_46462759_1_1_1_1,00.html（最終アクセス 2011 年 12 月 9 日）

第13章 都市計画
社会システムの変更による環境配慮型都市への移行

13-1 はじめに

　あらゆる経済主体は何らかの形で土地を利用している。企業であれば店舗や工場を，個人であれば住宅を土地の上に建てている。土地がなくては我々の日々の生活は成り立たないことが容易に想像できることからも，土地は経済活動における最も基本的な要素である。しかも，土地は無限に存在するわけではなく，利用するには限りがある。したがって昔から，有限である土地をどのように利用していくかという問題が議論されている。そして今，土地利用を議論する際に，環境という側面も取り入れられるようになっている。

　新しい低炭素型都市あるいはエコシティというと，3R（Reduce, Reuse, Recycle）を推し進め，エネルギー構成を従来の天然資源依存型から再生可能な太陽光あるいは風力などの次世代エネルギーに切り替え，効率的な次世代電力供給網（スマートグリッド）などの環境配慮型技術を備えた都市のことをいう。その代表例としては，中国とシンガポールが開発主体となっている天津市生態城に建設中のエコシティがある（写真13-1）。生態城は2008年に着工し，2020年までに35万人を擁する都市となるべく建設が進められている。また，環境目標として，再生可能エネルギーの利用率を20％以上，排水はすべて回収し100％再利用することなどが掲げられている。

写真13-1　天津エコシティの完成予想図（Chinahourly HP より）

　完成予想図を見ても，多くの人が非常にクリーンな都市であるというイメージを抱くだろう。そして，この都市で生活してみたいと思うかもしれない。確かに生態城は環境配慮型次世代都市として他の都市も目指すべき形のひとつであり，将来的には既存の都市をこのような形へと造り替えていく必要がある。しかし，この都市は 2020 年に完成するのである。しかも，中国の総人口が 10 億人を超えているにもかかわらず，この都市の人口収容力は 35 万人に過ぎない。さらに，建設にかかる費用は 3 兆 5,000 億円にも上るという。

　日本でも低炭素型都市形成にむけて，2010 年より「次世代エネルギー・社会システム実証地域」事業がスタートした。この事業では横浜市，豊田市，けいはんな学研都市（京都府），北九州市の 4 地域が選ばれ，主にスマートグリッドの構築，地域の交通システム，市民のライフスタイルの変革などを複合的に組み合わせることにより，低炭素型都市を造ろうとしている。

　今，ポスト京都議定書をはじめとし，地球温暖化問題解決にむけて熱心な議論がなされていることを考えると，はたして低炭素型都市を造ることが「今，積極的に取り組むべき課題」として望ましいかどうか疑問になる。日本の総人口が約 1 億 2,000 万人であるとし，すべての人々が生態城と同規模の都市に住むためには，約 343 個もの生態城を造り上げなければならない。建設費用が中

国と同様であるとするならば，1,200兆円もの莫大な予算が必要になる。コストの問題に加え，周知のとおり日本の国土は小さいため，多数のエコシティを新規建設するだけの土地がふんだんに余っているわけはない。こうした制約を鑑みると，日本において積極的に環境配慮型技術を取り入れたエコシティを造り上げていくことは長期的な視点に立って判断すべきことであるといえる。そのため，新しく低炭素型都市を造ることは今の地球温暖化対策としては現実的ではないといえる。

　それでは，既存の都市に対して有効な対策はないのだろうか。エコシティを新設するのではなく，既存の都市を環境にとって望ましいものに変えていくためには，どのようなことが必要なのだろうか。既存の都市に少しずつ新技術を取り入れて，堅実に環境配慮型都市へと造り替えていくことも考えられる。技術革新により，徐々に新技術の導入費用が下がる可能性はあるものの，この場合でも費用の問題は避けて通ることができないと考えられる。

　技術には必ずといっていいほど不確実性がつきまとう。たとえば，2010年6月にトヨタ自動車は「2015年に本格販売を目指す燃料電池自動車の製造コストを500万円前後になると見越している」と発表している。しかし，現状で1台あたり2,000万円程度かかっている燃料電池自動車のコストが，2015年に500万円前後まで低下するのだろうか。もし，想定ほど製造コストが下がらなかった場合には，たとえどんなに燃料電池自動車の温室効果ガス削減能力が優秀だとしても，燃料電池自動車は予想ほど普及しないだろう。そのため，せっかくの環境技術も使われない可能性がある。このことは一例に過ぎないが，地球温暖化対策を技術のみに求めることはリスクが高いということを忘れてはならない。

　もうひとつの方法としては，社会システムを変えることによって，低炭素型の都市づくりを行うことがある。都市に関する法律や税体系を効率的なものへと変更することで，経済主体の行動を環境配慮型へと誘導することが考えられる。そして，既存の都市を内部からエコシティへと変化させていくのである。つまり，地球環境問題への解決策を技術に見出すのではなく，社会システムに見出すのである。

　しかしながら，この社会システムを変えることによって環境配慮型都市へと

変えていこうとする議論は，あまり進んでいない。そこで本章では，地球温暖化対策として最近まであまり脚光を浴びてこなかった都市に関する社会システム，とりわけ都市計画におけるコンパクトシティ構想について取り上げ，今後の低炭素型都市形成にむけ，ソフト面をどのように変えることが必要であるかについて議論する。

　13-2 節では都市と温室効果ガスとの関係について議論し，13-3 節では都市計画について概観する。13-4 節においてコンパクトシティ構想について説明し，温室効果ガス抑制のために都市計画をどのように変更・活用していけばよいのか述べる。最後に 13-5 節で結びとする。

13-2　都市と温室効果ガス

　まず，なぜ都市と地球温暖化問題が関連するのかについて考えよう。周知のように，高度成長期以降，経済が発展するにつれて人々のモビリティは劇的に高まっていった。空間的距離は不変であるが，時間的距離が縮まったのである。モビリティが高まった理由には大きく分けて以下の2つがある。

　ひとつは，全国総合開発計画[*1]をもとに推し進められてきた空港の開港，新幹線の開通，高速道路の敷設といった主要な交通インフラストラクチャーの整備が積極的に行われてきたことである。こうした社会基盤整備は，都市間および都市内移動に要する時間を大幅に短縮し，人々の移動を容易にしてきた。たとえば，2010 年 12 月 4 日には東北新幹線の新青森〜八戸間が延伸され，他の都市から青森市へのアクセスが容易になった。それまでの在来線による八戸〜青森間の所要時間が 1 時間であったのに対し，東北新幹線が開通することで半分の 30 分に短縮された。このように，交通インフラストラクチャーが整備されることによって，空間移動における利便性が向上しているのである。

　もうひとつの理由として，自動車が身近になったことがあげられる。図 13-1 に示すように，自家用乗用車の保有台数を見ると，1975 年には 1,580 万台に過ぎなかったのが，1995 年に 4,270 万台へと増加，2010 年には 5,764 万台（1975 年比で約 3.6 倍）へと増加している。一方で世帯数は，1975 年が 3,331 万世帯であったのに対し，2010 年では 5,362 万世帯となっており，その増加率は自家用

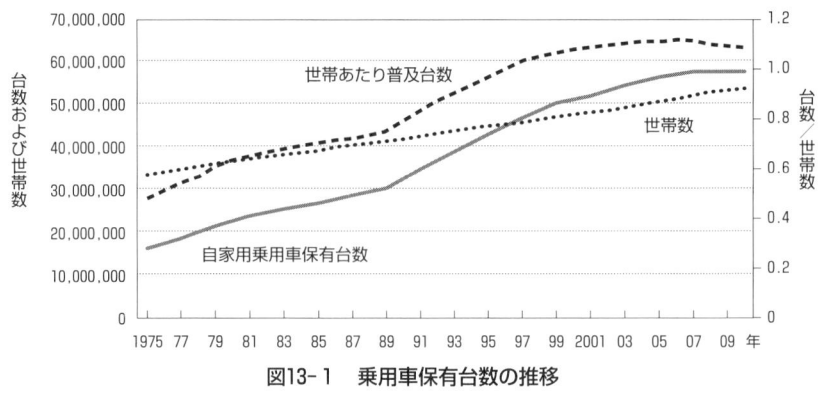

図13-1　乗用車保有台数の推移
注）財団法人自動車検査登録情報協会データより筆者作成。

表13-1　世帯あたり乗用車保有台数の上位および下位自治体

上位5位		下位5位	
福井県	1.75	兵庫県	0.94
富山県	1.72	京都府	0.87
群馬県	1.67	神奈川県	0.76
岐阜県	1.66	大阪府	0.68
山形県	1.65	東京都	0.49
全国平均		1.08	

注）財団法人自動車検査登録情報協会データより筆者作成。

乗用車の増加率ほど大きくはない。そのため，1世帯あたりの保有台数を見ると，近年はやや減少傾向にあるものの，1996年以降は一家に1台を超える水準まで普及しているのである。

ただし，自動車の普及台数は都道府県間で大きな差が見られる。表13-1は，都道府県別に世帯あたり乗用車保有台数を見た場合の上位5自治体と下位5自治体を示したものである。この表から，地方部は世帯あたり保有台数が多く，都市部では少ないことが見て取れる。たとえば，福井県では世帯あたりの乗用車は1.75台であるのに対し，東京都では0.49台に過ぎず，4倍近くの差がある。

この保有台数の差は，自治体内の公共交通機関の充実度を反映しているともいえる。つまり，地方部では，収益性の視点から公共交通機関が発達していないことが多い。このことは，地方部では人口が十分に密集していないため，採算が合わないことが多いことを表している。そのため，住民は移動のために自動車を利用せざるをえず，結果として世帯あたり自動車保有台数が多くなってしまうのである。

自動車が身近になったことは人々の生活スタイルを一新させた。たとえば，それまで「車がないから会社の近くに住まざるをえない」と考えていた人々が，車をもつようになったことで「車があるから会社から少し離れたところに住む」という選択肢をもてるようになったのである。そのため，多くの人が都市の外縁部に居住し，生活にともなう移動手段の中心を自動車とするようになった。その結果として，土地を切り開いて新しい住宅地を造成し，都市は拡大していったのである。

　自動車はバスや鉄道とは異なり"Door to Door"で行きたい場所に行くことができるため，公共交通機関以上に便利な交通手段である。しかし，地球温暖化の寄与度という視点で交通手段間の性能を比較してみると，自動車は環境負荷の高い移動手段となる。たとえば，環境省・国土交通省内の審議会資料によると，2004年度の，1人を1km輸送する際に排出されるCO_2量は，鉄道が0.019kg，バス0.053kg，航空0.111kgであるのに対し，自家用自動車は0.175kgとされている（国土交通省・環境省HPより）。これらの値は，さまざまな仮定のもとでの試算であるという点に留意が必要であるものの，自家用自動車のCO_2寄与度は高いことがわかる。

　したがって，都市と地球温暖化問題を考える場合には，都市の大きさ（人口密度），自動車保有度，交通機関の収益性という視点が重要になる。とりわけ，都市の人口密度は公共交通機関がどれだけ発達するかということや，それにともなう人々の自動車利用頻度に影響を与えることからも，都市の規模をどのようにするかということは非常に重要である。たとえばブラウンストーンとゴロブは，2001年の米国カリフォルニア州のデータを用いて，住宅の密度が高い地域に住む人ほど，自動車の燃料消費量が少ないことを明らかにしている（Brownstone and Golob 2009）。また山本は，日本の大阪圏におけるパーソントリップ調査[*2]を用い，は人口密度が高く都市中心部に近い地域に居住する人ほど，自動車保有確率が低いことを示している（Yamamoto 2009）。また，公共交通機関へのアクセスの容易さも自動車を所有しようとすることに対するディスインセンティブとなっていることを示している。

　近年，コンパクトシティ構想という言葉をよく目にするようになった。この構想は，都市の無秩序な拡大を抑制するとともに，都市機能を集中化させるこ

とで，コンパクトな都市づくりを目指している。つまり，都市の人口密度を向上させようとしているのである。このコンパクトシティ構想は，2011年12月に設置された地球温暖化対策に係る中長期ロードマップ検討会の対策・施策パッケージの試案のなかに含まれており，既述したように自動車からの温室効果ガスの抑制に寄与できると考えられている。

13-3　都市計画とは

　日本における都市計画の最も基本的な法律として，1968年に施行された都市計画法がある。同法の目的は第1条に示されており，「この法律は，都市計画の内容及びその決定手続，都市計画制限，都市計画事業その他都市計画に関し必要な事項を定めることにより，都市の健全な発展と秩序ある整備を図り，もつて国土の均衡ある発展と公共の福祉の増進に寄与することを目的とする」とされている。そして，この条文のなかに，公共の福祉を増進するとある。公共の福祉についての解釈はさまざまであるが，このなかに環境という要素が入っていると考えられることから，都市計画法の目的には環境の改善が含まれていると考えられる。

　都市計画に関連する法律は，都市計画法以外にも，都市再開発法，建築基準法など，計画の項目に応じて多岐にわたっている。それらは経年的に改正されており，図13-2に示すように都市計画関連法規は非常に多く複雑である。また，この図に記載されていない関連する法律もあり，まちづくり三法としても知られる中心市街地活性化法，大規模小売店舗立地法や，規制緩和を通じて地域を活性化することを目的とし首相官邸に本部が置かれている地域再生法，構造改革特別区域法などもある。

　市区町村における都市計画の最も基本的な方針としては，1992年の改正都市計画法で規定された「市町村の都市計画に関する基本的な方針」（都市計画法第18条）がある。この方針は都市計画マスタープランとして知られ，各都市が策定している。このプランは各市役所都市計画課などのホームページを通じて容易に確認することができる。都市計画マスタープランは，都市の全体構想，地域別構想に分けられていることが多い。両構想において，それぞれ街の

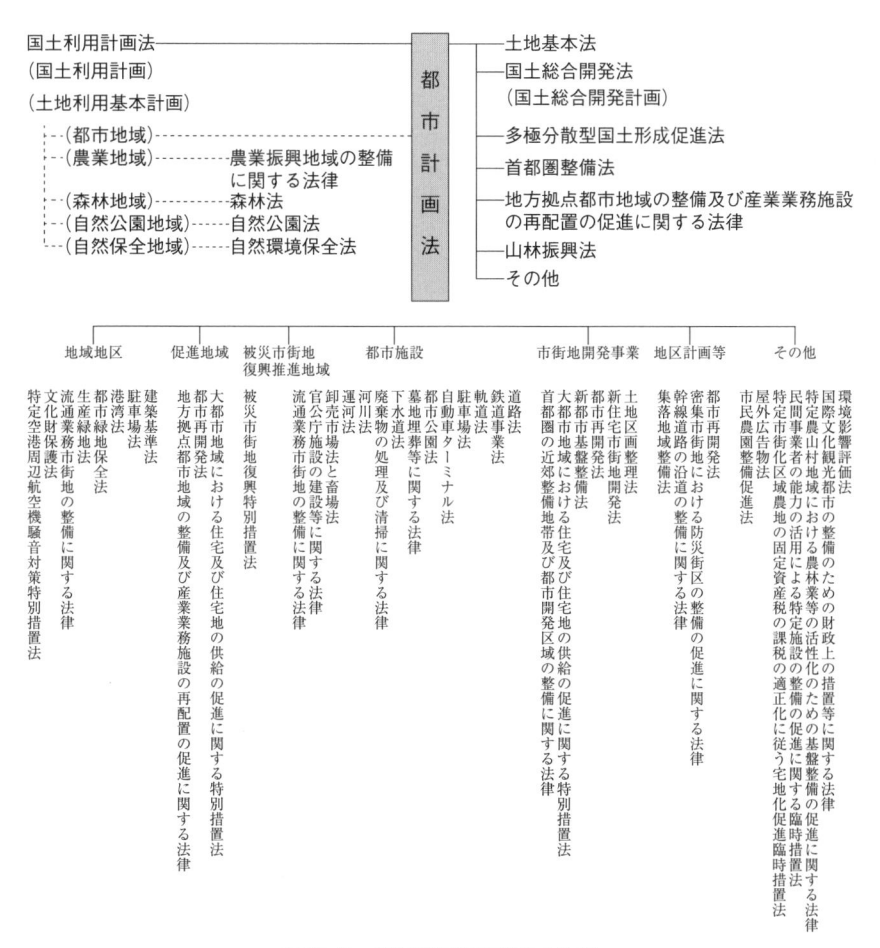

図13-2　都市計画法関係法令体系
出典）成田市 HP。

　現状や課題をあげたうえで，目指すべき都市像を明記し，どのような計画・施策を実施していくかを示している。

　たとえば，コンパクトシティを掲げ，次世代型路面電車（ライトレール）をいち早く導入した街として有名な富山市の都市計画マスタープランには，理念として，「鉄軌道をはじめとする公共交通を活性化させ，その沿線に居住，商業，業務，文化等の都市の諸機能を集積させることにより，公共交通を軸とした拠

点集中型のコンパクトなまちづくり」の実現を目指すと記載されている。[*3]

ただし，都市計画マスタープランの上位計画として，地方自治法によって規定されている総合計画がある。総合計画は，自治体の基本構想，約10年間の基本計画，および約3年間の具体施策の実施計画の3つから構成されている。総合計画では自治体の大まかな方針を規定しており，そのうち都市に関する部分が都市計画マスタープランでより細かく規定されていることになっている。

基本的に，市町村はこの都市計画マスタープランに沿って都市の整備を行っていく。1990年代までは人口成長に合わせた居住地を確保するため，郊外開発が多くのマスタープランに盛り込まれていた。しかし，これからは人口が減少することが確実となっているため，郊外を開発する必要はない。むしろ，開発してしまった土地をどのように扱うか，広がってしまった都市をどのようにするのかが重要視されている。市町村にとっては，都市が大きいほどさまざまな公共サービスを提供するための費用がかかる。そこで脚光を浴びたのが，拡大してしまった都市をコンパクト化しようとするコンパクトシティ構想なのである。

13-4　コンパクトシティにむけて

従来の拡大路線の都市のあり方を再考し，人口減少に応じて都市の機能を小さく保とうとするコンパクトシティ構想が注目されている。海道（2007）によると，コンパクトシティがもつべき空間的な要素は次の5つとされている。
① 密度が高い，より密度を高める。
② 都市全体の中心から日常生活をまかなう近隣中心まで段階的にセンターを配置する。
③ 市街地を無秩序に拡散させない。市街地面積をできるだけ外に拡張しない。
④ 自動車をあまり使わなくても日常生活が充足できる。
⑤ 都市圏はコンパクトな都市群を公共交通ネットワークでむすぶ。

日本でも青森市，富山市，仙台市といった比較的豪雪地帯でもある地方中心都市では，この構想のもと，従来の都市政策の見直しが進められている。そし

て，これは欧州や米国でも見られ，今後の持続可能な都市形態の構想となりえると期待されている。これらの要素に，自動車依存度を小さくするというのが含まれている（④）。これは，先に述べたように，都市における自動車からのCO_2排出量を直接減らすことを意味している。

これらのうち⑤を除いた4つの要素を図示したのが図13-3である。図には2つの円形都市が描かれており，左の都市が従来の非コンパクトシティであり，右の都市がコンパクトシティである。非コンパクトシティとコンパクトシティとでは，都市の外縁部が異なっている。都市の外縁部を形成することを都市計画において「都市の線引き」といい，コンパクトシティではそれを明確にしている。この点は上記の③に該当する。

また，両者の違いとして，非コンパクトシティでは一戸建てが多いのに対し，コンパクトシティでは集合住宅となっている。この図は極端な例であるが，都市をコンパクトにする以上，土地をそれまでよりも高度に利用する必要があるため，土地利用の見直しや再開発を行い，住宅の高層化を行っている。その結果，住居から中心業務地区（Central Business Distinct: CBD）までの距離が短い職住近接型の都市を造り上げている。このことは人口および住宅密度を高める

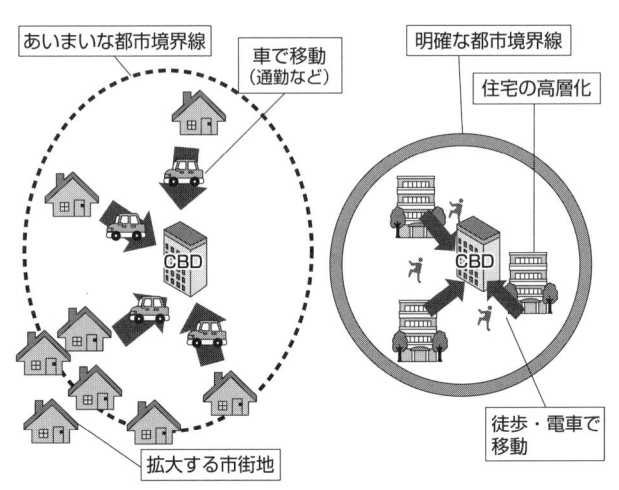

図13-3　コンパクトシティの概念図

注）筆者作成。

第13章 都市計画

という意味で，コンパクトシティの5つの要素のうち①に相当する。そして，ブラウンストーンとゴロブ（Brownstone and Golob 2009）が示すように，密度を向上させることで，自動車依存を減らし，温室効果ガス排出を抑制できるようになるのである。このような高層化を行うためには，都市計画法と建築基準法で制度化されている特例容積率適用区域制度を活用した空中権取引が有用である。また，住宅をより中心部へと移行させる手段として，地方税法によって自治体が条例で課すことが認められている都市計画税，固定資産税の税率を効率的に調整することも効果がある。

続いて，こうしたコンパクトシティを造り上げていくうえで改善・活用の必要がある都市計画の制度について概観し，それらが経済学的な意味でなぜ望ましいのかということについて議論する。

13-4-1　都市の線引き

都市の線引きとは，図13-3の右側の都市のように，都市の外縁部にバッファゾーンを設け，それより外側の開発を抑制することである。したがって，線引きは土地利用に対する直接規制と捉えることができる。この線引きとして，市町村は都市計画法にある市街化区域，市街化調整区域の設定を行っている。

市街化区域とは，都市計画法第7条第2項で「すでに市街地を形成している区域及びおおむね10年以内に優先的かつ計画的に市街化を図るべき区域」とされている。一方，市街化調整区域は，同条第3項にて「市街化を抑制すべき区域」と書かれている。つまり，上下水道，公共設備や道路などの社会資本投資を市街化区域において積極的に行い，市街化調整区域では，バッファゾーンとしての役割を果たすために，原則として開発行為や建築行為が禁止とされている。図13-4は，京都市を例として，市街化区域と市街化調整区域を示したものである。この図を見ると，図13-3にあるように，市街化区域を市街化調整区域で取り巻き，都市の拡大を防いでいることがわかる。

ここで，市町村がコンパクトシティを目指す際に，規制的手段を用いるのであれば，この市街化区域と市街化調整区域の設定が考えられる。当然ながら，市街化調整区域を大きくすればするほど，開発可能なエリアは小さくなってくるため，都市は強制的にコンパクトになる。しかし，市街化調整区域の拡大と

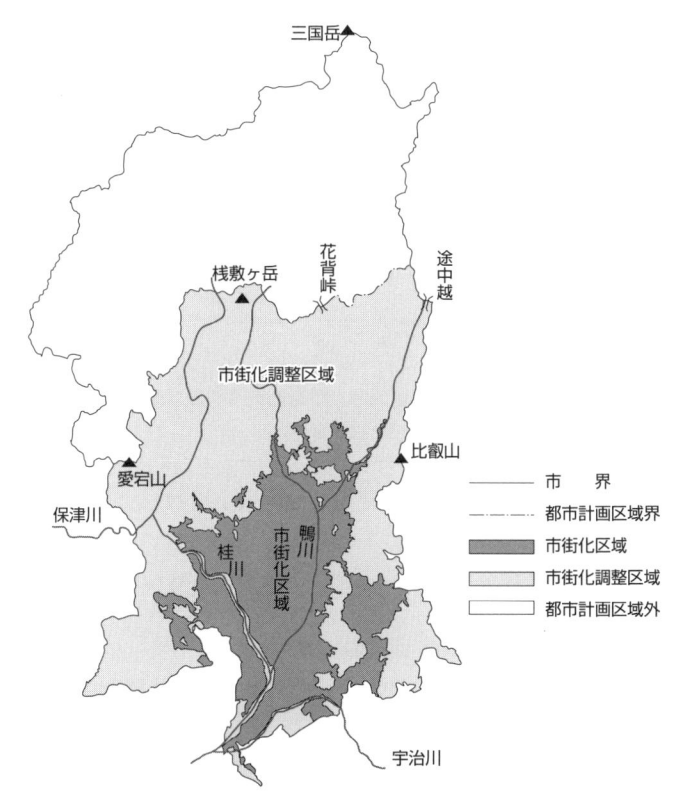

図13-4 京都市の市街化区域と市街化調整区域
出典) 京都市 HP。

いう方法を用いるのであれば，市街化区域における土地需要の変化にあわせた容積率[*4]の緩和や土地の用途地域規制[*5]の見直しなども並行して行う必要がある。

また，この市街化調整区域を設定することは，都市をコンパクト化することのほかにも，自然保護・生態系保全という効果をもたらす。なぜなら，市街化調整区域は樹林地や田畑が多く，開発を原則禁止としている以上，人口建造物が乱立することはないからである。より確実に自然保護を進めるためには自然保護区域設定も行う必要があるものの，田畑の広がる美しい田園風景などの景観も市街化調整区域の設定によって保全されると考えられる。図13-5は，米国メリーランド州における開発地域と自然保護地域の面積の推移を表したもの

図13-5 米国メリーランド州における
保全地域と開発地域面積の推移

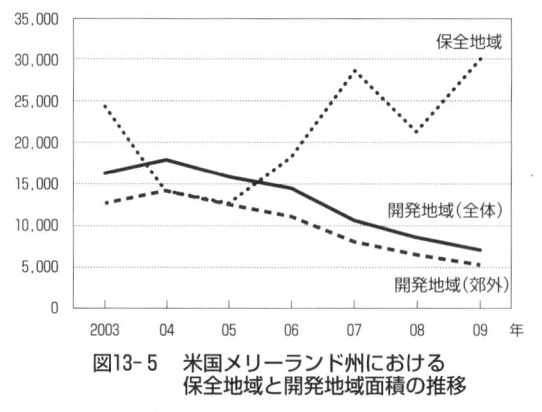

出典) Maryland Government の HP。

である。この図を見ると，近年に保護地区の面積が増加し，開発地区は逆に減少していることがわかる。こうした土地の開発を抑制して自然を保護しようとする動きは各国で見られ，そのツールとして市街化調整区域は有効である。

13-4-2 都市計画税・固定資産税

土地に課されている税としては，地方税法によって市町村が課すことのできる都市計画税と固定資産税がある。都市計画税は，先に述べた市街化区域における土地・家屋の所有者に課される税であり，市街化調整区域では課されない。この税は，市街化区域での都市計画に用途が限定されている目的税であると同時に，自治体によって税率（上限が0.3％）が異なっていることが特徴的である。たとえば，札幌市では税率は上限の0.3％であるのに対し，青森県むつ市では0.18％となっている。

固定資産税は，都市計画税とあわせて土地・家屋の所有者に課される税である。同税の標準税率は2004年の税制改正までは2.1％であったが，改正後には1.4％となっている。税率については，都市計画税ほど市町村間での差はなく，大半の市町村が標準の1.4％を採用しており，京都府舞鶴市などの一部市町村のみで標準を超える税率となっている。また，市街化区域であるか，あるいは市街化調整区域であるかという区域区分には依存せず，全域に課されている点も都市計画税とは異なっている。

したがって，住民は市街化区域に住んでいる場合には都市計画税と固定資産税が課され，市街化調整区域に住んでいる場合には固定資産税のみが課されることになる。そして，両税ともに上限税率が決められているが，市町村が条例改正をすれば任意の税率に変更することは可能なのである。

この特徴を活用することで都市をコンパクト化させることが可能である。都市をコンパクト化したいのであれば，都市計画税の税率を下げるとともに，固定資産税の税率を上げてやればよい。そうすることで，市街化区域に住居を構える費用が市街化調整区域のそれよりも相対的に安く済むようになる。そのため，市街化調整区域に住んでいた人々が，市街化区域つまりは都市の中心方向へと引っ越しをするインセンティブが生まれるのである。

都市の線引きが都市のコンパクト化を達成するための規制的手段であるならば，この都市計画税および固定資産税の税率を変更させることは経済的手段と考えることができる。ただし，両税の税率を変更させることは理解できても，それをどの程度変更すればよいのかという問いに対しては，その都市の地形的・社会的状態を考慮したうえで都市ごとに細かく検討する必要があるため，一概に結論づけることは困難である。都市の状況に即した最適な税率を計算することは今後の課題であるといえる。

13-4-3 空中権取引

都市をコンパクト化するために活用できる制度として最後に空中権取引あるいは容積率売買（Transferable Development Rights Program）を検討しよう。空中権取引は，2000年の都市計画法および建築基準法の改正により特例容積率適用区域制度が策定され，広く認知されるようになった。この取引により，隣接する土地間の容積率を売買することで，既存の容積率を超えた建築物を造ることが可能となる。

土地には都市計画の用途地域ごとに容積率が定められている。しかし，すべての建築物がこの容積率いっぱいに建物を建てているわけではない。たとえば，容積率100％の場所で，100坪の土地に延べ床面積50坪の建物を建てている場合，実際に使用している容積は $50/100 = 50\%$ となる。したがって，この建物は与えられている容積率のうち半分を使用し，残り半分を未使用のまま権利を

放置しているのである。

　図13-6は空中権取引の簡略的な概念図である。図にはビルと隣接する家屋が建っている。左図を見ると，ビルは敷地100坪に対して延べ床面積200坪となっているため，与えられている容積率をすべて使用して建てられている。一方，家屋は，敷地100坪に対して延べ床面積50坪となっているため，容積率が150%余っている状態である。ここで，ビルのオーナーが容積率をより多く確保して，より大きなビルを建てたいと考えているとする。また，家屋の所有者は余った容積率を売ってもいいと考えているとしよう。ここで，空中権取引が認められている場合には，ビルオーナーの容積率に対する限界支払意思額（Willingness to Pay: WTP）と，家屋所有者の限界受入意思額（Willingness to Accept: WTA）とが一致する水準で，容積率が売買されることになる。その水準で，家屋の余剰容積率のうち130%がビル側に移転されたとすれば，ビルオーナーは図13-6の右図のように，ビルを延べ床面積330坪の大きさのものへと建て替えることができるようになる。

　空中権取引の有名な事例として，東京の新丸の内ビル建設がある。2007年4月に竣工した新丸の内ビルは地上38階，地下4階，延べ床面積約195千m²からなる高層商業ビルである。この新丸の内ビルに割り当てられている容積率は

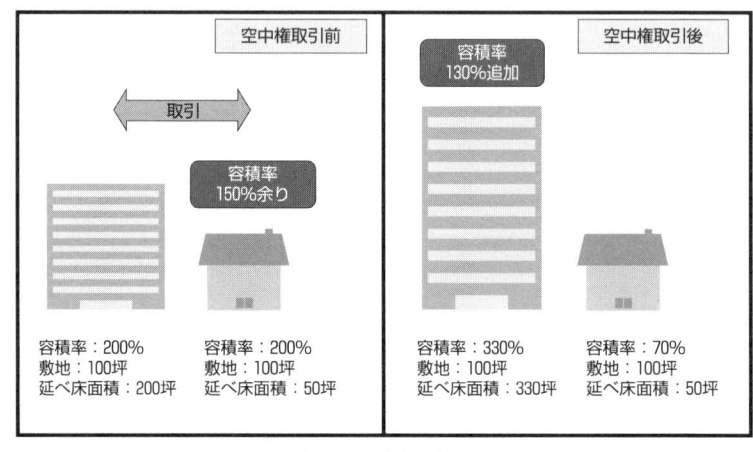

図13-6　空中権取引の例

注）筆者作成。

1,300％であったものの，隣接する東京駅の使用されていない容積率を買い取ることで，1,760％の容積率を達成した。その結果，高層ビルを建てることが可能になったのである。

このように，余った容積率を売買することで土地の高度利用が可能になると，都市のコンパクト化が進められる。仮に，この売買が経済学でいう完全競争的であり，取引費用がないのであれば，コースの定理に基づき，どのような容積率配分をしていたとしても，最少費用で効率的な容積率が達成される。

しかし，実際の空中権取引制度には改善すべき問題が存在する。第1は容積率を移転させる際に課されている制約がある。現在の制度下では，原則としては隣接する建物敷地間でのみの売買が可能となる。新丸の内ビルの事例のように，特定容積率適用区域を設定するならば，その区域内の移転は可能であるが，区域外からの移転は認められていない。したがって，柔軟な空中権取引は行うことができないのである。

第2は，取引主体間の交渉力の問題がある。空中権取引を通じて大規模な開発を行う場合には，必ずといっていいほど大手ディベロッパーが空中権取引の買い手側に回る。容積率の売り手側が個人所有の建物の場合には，交渉力はディベロッパー側が強くなる。そのため，効率的な売買が阻害されてしまい，社会全体で見た場合，最少費用による開発ができない可能性がある。

これらの問題点は，現状の空中権取引の要件を緩和することで避けることができる。一方で，緩和を進めると大規模開発が乱発され，結果として都市景観が悪化してしまうという懸念もある。空中権取引を緩和すべきかどうかという議論は，社会全体のメリットとデメリットを考慮しなければならない。

13-4-4　コンパクトシティがもたらすさまざまな影響

都市がコンパクトになることで，人々の自動車依存が減少する。そして，CO_2排出量が減少する。図13-7は，2003年の日本の都市の人口密度と，その都市の交通に係る1人あたりCO_2排出量の関係を示したものである。図中のひとつひとつの点が都市を表しており，直線は近似直線である。この図から，人口密度が高い都市ほど，1人あたりCO_2排出量が少なくなっていることがわかる。したがって，実際の都市の状態を見ても，都市のコンパクト化は温室効

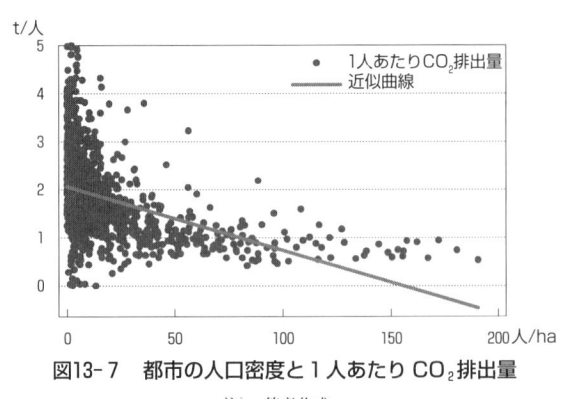

図13-7　都市の人口密度と1人あたりCO_2排出量

注）筆者作成。

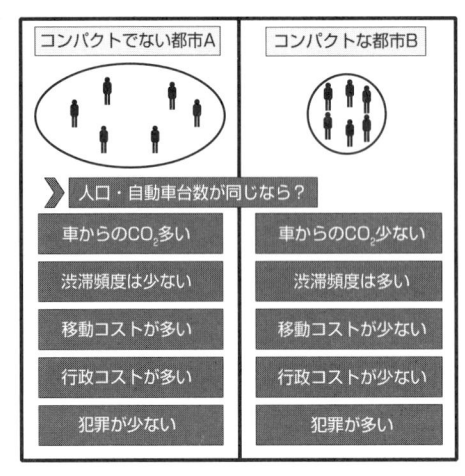

図13-8　コンパクトシティの影響

注）筆者作成。

果ガス抑制に貢献しているといえるのである。

　コンパクトシティは都市そのものの形態を変えるため、CO_2削減以外にも、さまざまな影響をもたらす。人口と自動車台数はまったく同量であるが、コンパクトな都市とそうではない都市があるとして、CO_2以外に何が異なるだろうか。その影響を示したものが図13-8である。ここで、さまざまな影響の鍵となるのは移動距離の減少である。コンパクトな都市ではそうでない都市に比べて移動距離が少なくて済む。しかしここでは自動車台数が等しいと仮定しているので、その分単位面積あたりの自動車台数は多くなってしまう。その結果、渋滞はコンパクトな都市の方が多くなる可能性がある。また、渋滞の増加は、事故の増加をもたらすことも知られている。

　移動距離が短いということはトランザクションコストが少ないことと等しい。このことにより、企業の限界費用が押し下げられ、社会厚生が改善し、地域経

済の活性化に繋がることも考えられる。さらに市町村にとって、都市面積が小さいことは、上下水道の整備、ゴミ回収作業、除雪作業などの行政費用が小さくなることにつながる。一方、Glaeser and Sacerdote (1999) は、地方小都市の犯罪率よりも大都市の犯罪率の方が高いことを示している。そのため、都市をコンパクト化し、人口密度を上げた場合、小都市であっても犯罪率が増加する可能性もある。

このように都市のコンパクト化には、CO_2排出量抑制というメリットだけでなく、多岐にわたるメリット、デメリットがある。コンパクトシティ構想が真に社会にとって望ましいかどうかという点については、いまだに厳密に検証されていない。今後、これらの影響を包括的・定量的に把握し、コンパクトシティ構想が都市計画として望ましいかどうかを明らかにしなければならない。

13-5 おわりに

本章では地球温暖化問題に対処するため、これまで重要視されてこなかった我々の生活基盤である都市に着目した。低炭素型都市を目指し、新技術に依存するのではなく、すでにある社会システム、とくに都市計画を見直すことによって、コンパクトなまちづくりが可能であることを示した。

都市計画のなかでも、活用・見直すべき制度として次の3つを取り上げた。それらは、①市街化区域、市街化調整区域を用いた都市の線引きによる都市のスプロール抑制、②都市計画税、固定資産税の税率変更による都市中心部（市街化区域）への住居移動インセンティブの付与、③空中権取引の要件緩和による土地の高度利用である。

つまり、都市の線引きを行い郊外へと進出する土地開発を抑制するとともに、すでに郊外に居住している人々を税率の変更によって都心部へと誘導する。それと同時に、郊外から流入する人口をまかなうだけの戸数を確保するためにも、空中権取引を用いて土地の高度利用を図る。そうすることで、多額の補助金を導入して環境配慮型技術を取り入れるよりも、行政費用を抑えつつ、既存の都市のコンパクト化が可能になるのである。

ただし、これらの3つの制度をどのように変更させていくのかは今後の研究

課題である。また，その判断は客観的基準に基づくものでなければならない。最もよく用いられているのは経済学からのアプローチである余剰分析や費用便益分析などである。制度を変更する前と後とを比較し，社会厚生や費用便益がどのように変更したかを確認するのである。そうすることで，社会厚生，便益と費用との差（純便益），あるいは便益と費用の比（便益／費用）が最大になるポイントを達成すればよい。

これまで都市をどのように整備していくかについては，都市計画，土木分野といった技術的な側面を中心に議論されてきた。都市は企業や個々人の経済活動の結果として成立するものである以上，そこに住む人々の行動を都市政策によって変化させ，既存都市を環境配慮型都市へと変えていくことを議論していかなければならない。

注

*1 旧国土総合開発法（現国土形成計画法）に基づき，第一次全国総合開発計画が1962年に開始され，それから新全総（1969年～），三全総（1977年～），四全総（1987年～），五全総（1998年～）と，5つの総合開発計画が策定された。これらの総合開発計画では，日本国土の利用，開発および保全に関して長期的視点に立ち社会資本整備の方針を策定している。また，2005年には，法改正にともない，全総に代わり国土形成計画が策定された。これまでの全国総合開発計画の詳細については国土交通省のホームページを参照されたい。

*2 パーソントリップ調査とは，一定地域内の人々が1日で行った活動（目的）と移動実態を把握する調査である。この調査は都市圏単位で行われており，調査結果はその都市圏の交通需要マネジメント（Traffic Demand Management）などに活用されている。

*3 富山市のライトレールについては森（2008）などに書かれている。

*4 容積率とは，建築基準法第52条にある，敷地面積に対する建築延べ床面積の割合のことをいう。つまり，土地に対する建築物の大きさのことをいう。都市計画の土地の用途区分に応じて，容積率の上限は決められているため，それを超えた大規模な建築物を建てることは原則としては不可能となっている。

*5 都市計画法第8条において，土地はその用途・目的に応じて区分されている。これは土地の用途の混在を避けるためであり，たとえば，重化学工場の隣接地に住宅が存在しないように，工業専用地域には住居施設の建設を不可とするような用途規制を課している。

参考文献

海道清信　2007『コンパクトシティの計画とデザイン』学芸出版社

森雅志　2008「ライトレールの導入によるコンパクトなまちづくり」『経済産業ジャーナル』2008 年 7 月号

環境省　http://www.env.go.jp/council/06earth/y060-35/mat01_2-2.pdf（最終アクセス 2012 年 6 月 9 日）

京都市　http://www.city.kyoto.lg.jp/tokei/page/0000020252.html（最終アクセス 2012 年 6 月 9 日）

国土交通省「運輸部門における温室効果ガス排出量等の推移」http://www.mlit.go.jp/singikai/koutusin/koutu/kankyou/8/shiryou2-2.pdf（最終アクセス 2012 年 6 月 9 日）

国土交通省「『全国総合開発計画』の比較」http://www.mlit.go.jp/kokudokeikaku/zs5/hikaku.html（最終アクセス 2012 年 6 月 9 日）

成田市　http://www.city.narita.chiba.jp/sisei/sosiki/toshikei/std0030.html（最終アクセス 2010 年 12 月 30 日）

Brownstone, D. and T. F. Golob 2009. The Impact of Residential Density on Vehicle Usage and Energy Consumption. *Journal of Urban Economics* 65: 91-98

Chinahourly　http://www.chinahourly.com/bizchina/201111/87721.html（最終アクセス 2012 年 7 月 18 日）

Glaeser, E. L. and B. Sacerdote 1999. Why is There More Crime in Cities? *Journal of Political Economy* 107: 225-257

Maryland Government　http://www.green.maryland.gov/images/ChartLandPreserved.gif（最終アクセス 2012 年 6 月 9 日）

Yamamoto, T. 2009. Comparative Analysis of Household Car, Motorcycle and Bicycle Ownership between Osaka Metropolitan Area, Japan and Kuala Lumpur, Malaysia. *Transportation* 36: 351-366

第14章 開発権

持続可能な開発をめざした鉱業権

14-1 開発と経済と環境

　開発は我々人類の生活を豊かにし，経済の発展を達成するうえで必要不可欠なものである。水資源の開発は，より安全な水を安価で安定的に供給するために必要であり，石炭や石油などの化石燃料の開発は電力会社や製造業企業などの工業セクターの生産活動に欠かせないものとなっている。加えて希少金属（レアアース）などの鉱物資源の開発は，パソコンや携帯電話といった電気機器製品の製造工程に必要である。さらに，前章でも触れた土地の開発では，計画的な土地利用を目的とし，秩序ある土地の利用を行うことで，渋滞や災害リスクの低減を達成することが可能となる。こうした開発が毎日地球上で膨大に進められており，その恩恵を我々人類，とくに先進国の人々は享受している。図14-1は，1990〜2008年における世界の石炭，石油，鉄鉱石の生産量の推移である。また線グラフは国際価格の推移を示している。図14-1より，資源採掘による生産量が年々増加傾向にあり，とくに2000年以降に急増していることがわかる。この背景には，中国をはじめとする新興国での工業化にともなう経済発展があげられ，工業セクターでの旺盛な需要により，資源生産量の増加と国際価格高騰が引き起こされた。

　一方で，経済発展を目的とした過剰な開発によって，自然破壊や環境汚染も

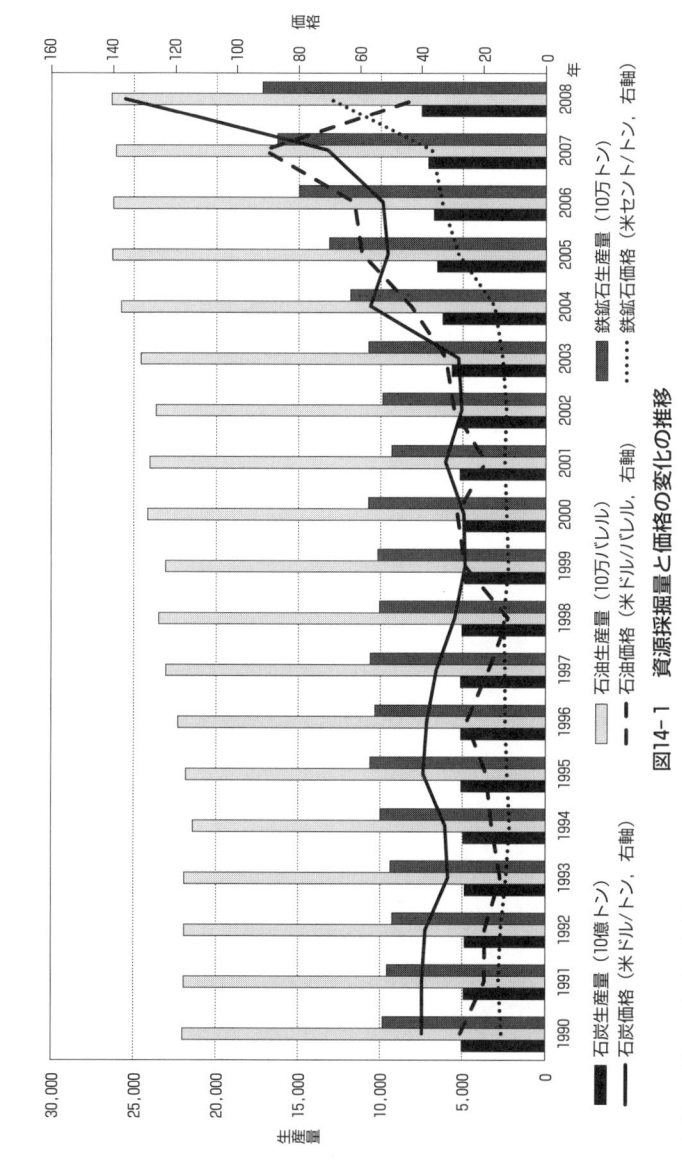

図14-1 資源探掘量と価格の変化の推移

出典) 石油および石炭の生産量は United States Energy Information Administration の HP より取得。鉄鉱石の生産量は World Steel Association (2009) から得た。国際価格は IMF "Primary Commodity Prices" より作成。

発生している。たとえば，オーストラリアのカカドゥ国立公園では，国立公園内に位置するジャビルカ・ウラン鉱山と，国立公園から30kmほどの場所にあるレンジャー・ウラン鉱山でのウラン採掘によって，先住民であるアボリジニーへの健康被害や，国立公園の湿地帯に汚染水が流入する問題が発生した。カカドゥ国立公園は，ユネスコの世界遺産条約に登録された世界遺産のなかでも，自然遺産と文化遺産の両方で登録されている貴重な場所である。ジャビルカ・ウラン鉱山は，先住民のアボリジニーやオーストラリア国内のみならず，欧州をはじめとした世界的な採掘中止の要請によって閉鎖され，原状復帰の工事が進められている。その一方で，レンジャー・ウラン鉱山ではウラン採掘が続けられてきたが，2010年に地域を襲った記録的大雨で鉱滓ダム[*1]の放射能汚染水がアボリジニー居住地やカカドゥ国立公園の湿地に溢れ出す危険性が発生した。こうした危惧から，現在ではレンジャー・ウラン鉱山は一時的に操業を中止している。

　次に，水資源の枯渇の事例を紹介する。中央アジアに位置するアラル海は，1960年ごろまでは世界第4位の規模を誇る塩湖であり，豊富な漁場でもあった。しかし，旧ソ連が「自然改造計画」の一環として，アラル海周辺の乾燥地帯で稲作や綿花栽培のための灌漑を推進し，さらにアラル海に流入していたアムダリア川の上流部にカラクーム運河を建設したことによって，1960年代よりアラル海に流入する水の量が激減した。アラル海は，地殻変動前はカスピ海とつながっており，周辺の土壌には塩分とミネラル類が含有されている。アラル海の水位の減少が進むにつれて，これらが地表に析出し，残された湖水の塩分濃度が上昇した結果，アラル海に生息していた生物のほとんどが死滅し，漁業は壊滅した。写真14-1は1989年と2008年のアラル海の衛星写真である。

　前述した2つの事例にあるように，我々人類は，大量生産，大量消費，大量廃棄と表現されるライフスタイルを充足するため，大規模な開発を繰り返し，地球環境に大きな負荷をかけ続けてきた。その結果，大気汚染，水質汚濁，地球温暖化，砂漠化，生物多様性の減少といった多くの環境問題を発生させている。こうした問題は20世紀後半に急激に強まり，その背景には地球環境への負荷を十分に考慮しないまま，秩序のない開発を進めてきた点があげられる。このままでは持続的な経済発展は難しく，後世へ多大な負担を残さざるをえな

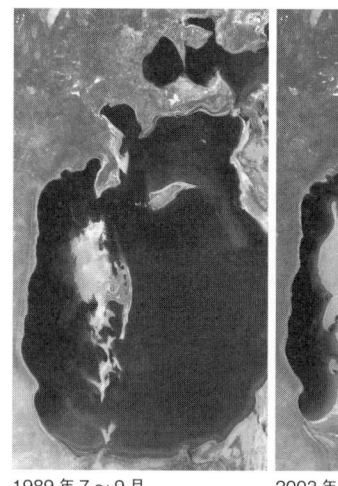

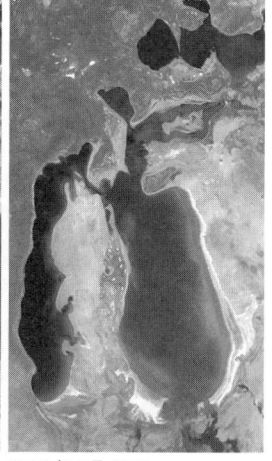

1989年7〜9月　　　2003年8月12日
写真14-1　アラル海の衛星写真
（NASA "Earth Observatory"より）

い状況になっている。

　こうしたなかで，これまで地球環境の保全のためにさまざまな理論が提唱されてきた。1987年の「環境と開発に関する世界委員会(ブルントラント委員会)」では，環境保全と開発とは相反するものではなく，不可分なものであるとする「持続可能な開発（Sustainable Development）」という考え方を発表している。持続的な発展とは，将来の世代が自らの欲求を充足する能力を損なうことなく，今日の世代の欲求を満たすような開発を意味する。1992年の「国連環境開発会議（地球サミット）」では，持続可能な開発にむけた地球規模での新たなパートナーシップの構築にむけた「環境と開発に関するリオデジャネイロ宣言（リオ宣言）」と，この宣言の実施計画である「アジェンダ21」が合意され，エコロジーで持続可能な経済を作り上げることが世界の共通認識となった。地球サミット開催から10年後の節目に当たる2002年に，アジェンダ21の見直しや新たに生じた課題などについて議論を行うため，「持続可能な開発に関する世界首脳会議（ヨハネスブルグ・サミット）」が開催された。成果文書として，首脳の持続可能な開発にむけた政治的意思を示す文書である「持続可能な開発に関するヨハネスブルグ宣言」と，貧困撲滅，持続可能でない生産消費形態の変

更,天然資源の保護と管理,持続可能な開発を実現するための実施手段,制度的枠組みといった持続可能な開発を進めるための各国の指針となる包括的文書である「ヨハネスブルグ実施計画」が採択された。

このように,持続可能な開発の達成は世界各国の共通課題として認識されている。持続可能な開発を達成するためには,環境影響評価や周辺住民への健康被害など,包括的な影響評価をふまえた,計画的な開発を行う必要がある。しかしながら,市場のグローバル化が進み,民間企業による競争が激しさを増しているなかで,直接的に利益に結びつかない環境影響評価を目的とした投資や費用は,企業にとっては追加コストとなる。したがって,企業が利潤追求に特化した場合には,追加コスト削減や採掘時期を早めるために,環境影響評価などをないがしろにする可能性も指摘できる。

こうした事例は,これまでに人類が起こした環境破壊の歴史ですでに実証されており,今後も枯渇が懸念される資源の争奪による大規模な開発が環境負荷を増大させる恐れがある。とくに開発が比較的進んでいないアフリカ大陸では,先進国および新興国地域の国々が資源採掘の権利獲得に積極的に動いており,こうした開発にともなう環境負荷を最小化するとともに,社会全体に利益が行き渡るための制度が必要である。こうした目的を達成するための手段のひとつとして,「鉱業権」制度が多くの国で導入されている。本章では,資源経済学の視点から,この鉱業権が持続可能な開発を達成するうえで,市場においてどのような役割を果たし,社会的に望ましい開発へと導き出すかを紹介する。

14-2節では鉱業権の説明と関連する法令規制および契約制度を説明し,14-3節では天然資源が豊富な途上国が抱える問題点ついて紹介する。さらに,鉱業権市場を通じた資源配分のあり方を通じて,限りある資源を有効に利用するために,鉱業権市場をどのように活用していけばよいのか述べる。最後に14-4節で結びとする。

14-2　鉱業権

14-2-1　鉱業権と採掘に関する法令規制

鉱業権とは,石油,天然ガス,石炭,金属鉱物などの地下に存在する鉱物を

探鉱・開発・生産し，生産物を取得・処分する権利である。わが国の鉱業権に関わる法規制は鉱業法で定められている。鉱業法は，鉱物資源の合理的開発を行うことを目的として，1950（昭和25）年（法律第289号）に制定された法律である。この目的を達成するため，基本制度として鉱業権制度を設け，その賦与および行使に関して，次の4つの考え方に基づき諸種の制度を置いている。

① 鉱物採取のための権限として，土地所有権から独立し，その制約を受けない鉱業権を認めること。

② 鉱業権は国の設定行為により賦与されるが，その設定には特別の資格要件を設けず，日本国民または日本国法人であるかぎり，先願主義の原則により，平等に鉱業に参加しうる機会を与えていること。

③ 鉱業権の行使については，原則として鉱業権者の創意と責任に委ねるが，鉱業の特殊性に鑑み必要な限度において国が監督を行い，その適正，合理的な施業を図ること。

④ 鉱業権の設定・変更・消滅および行使について，鉱業と一般公益および他産業との利害の調整を図るとともに，鉱業の実施によって外部に与える損害は公正に賠償すべき義務を課すること。

鉱業権は先進国のほとんどの国々で定められているが，その概要は各国で異なっている。大きく分けると，英国・米国式のもの（英米法）と，ドイツ・ノルウェーなどで採用されているもの（大陸法）に分類できる。鉱業権の源は，そもそも「地下に存在する鉱物はだれのものであるか」についての考え方に由来する。英米法では，土地の所有権にはその土地の地下までも含まれており，地下の鉱物は土地所有者の所有物とする考え方である。これに対して欧州大陸の国々では，地下の鉱物は土地の所有権とは切り離されて考えられており，地下に埋まっている鉱物資源は国のものであるとの考え方が確立されてきた。表14-1は，国別の鉱業権に関する許可要件を比較した表である。

大陸法系の鉱業権を導入している国では，国家がその鉱物の鉱業権を特定の者に公認するという手段をとり，その手続きと付与される権利，およびそれにともなう鉱業権者の義務を定める鉱業法を制定している。わが国の法律は，ドイツの鉱業法を参考につくられており，鉱物に関する規定のなかに「無主の鉱物は国に属する」と定められ，大陸法に近い法体制をとっている。

一方，英米法を採用している国々では，鉱物採掘の権利が個人に付与されるため，鉱物の採掘を行う者と土地の所有者との間で契約を行い，後者がその土地所有権に含まれる地中の鉱物採掘権を前者に貸し与えることになる。このような契約をリース契約と呼ぶ。米国やカナダには国有地や州有地が広大にあり，連邦政府や州政府がこれらの土地での鉱物採掘権をリースするにあたって，手続きやロイヤルティの比率，採掘期間などを定めた法律（たとえば米国ではMineral Leasing Act 1920）があるが，権利義務の詳細については慣習法に任せている。その結果，米国では1920年代後半から30年代前半にかけて石油資源の乱掘が深刻化した。こうした無秩序な資源採掘競争を防止するため，1930年代に連邦政府のもと，各州の資源保護に関する法律が制定され，これに基づくさまざまな規制の措置が米国の石油鉱業の操業を治めている（Gerard 1998）。

　次に，採掘を行う開発主体の選定に関する制度について説明する。鉱業権は排他的に与えられるため，鉱業権をもたない者は採掘を行うことができない。また，開発主体の決定方法は，多くの国で入札制度を採用しており，日本のように先願主義が採用されている国は少ない[*2]。加えて，国外の場合は，入札に必要な資料として技術的能力や財務的基盤を証明する書類が定められていることが多い。

　表14-2は，採掘を行う開発主体の選定方法に関する制度の比較をまとめた表である。先願主義を採用していない国では，鉱業権の取引は主に入札によって行われ，対象となる鉱区（試掘および採掘を行う対象区域）の採掘に対しての支払意思金額によって決定する。日本以外では，採掘能力，計画，実現可能性などを加味した評価によって採掘者を決定しており，さらに鉱区取得後の採掘可能な時期を限っているため，採掘者は迅速に採掘を進める。こうした決定方法は，資源採掘をいたずらに引き延ばしにすることなく，さらに鉱業権を他社に安易に引き渡す危険性も低くなるため，社会的に望ましい採掘者の選定を行うことが可能である。

　一方で，わが国の鉱業権は1950年に制定されてから改正されておらず，その間にさまざまな問題点が指摘され続けてきた。主な問題点を下記に記す。

　① 鉱業権の認可を受けようとする者に対し，開発主体の適切性が担保でき

表14-1　鉱業権に関する許可要件の国際比較

	主な提出資料	許可に係る要件および確認事項
米国	・入札の体制 ・入札金額　など	・入札に参加可能な資金的な準備があること ・他の鉱区において適切にリース権を行使していること
英国	・作業計画 ・財務的基盤を証明する書類 ・技術的能力を証明する書類 ・環境への対応能力を証明する書類 ・事業の実施体制　など	・政府が定める財務的基盤、オペレーターとしての能力（主に技術的能力）の基準に照らして十分と認められること
豪州	・技術的能力を証明する書類 ・得られる技術的助言を示す書類 ・財務的基盤を証明する書類 ・申請している区域での作業、費用	・十分な財務的能力、技術的能力を有していると評価されること ・過去の事業で適切な事業の実施をしていたと評価されること ・事業計画を遂行するための適切な技術的評価が行われていること ・事業計画によって探査が十分に進むと認められること
ノルウェー	・財務的基盤を証明する書類 ・技術的能力、経験を証明する書類 ・申請している区域の経済性の評価 ・申請している区域と似た状況での経験	・財務的基盤、技術的能力、開発計画が十分であること ・これまで実施した探査などが適切に行われていること
日本	・出願区域の所在地、面積 ・鉱床の状態を記述した鉱床説明書 ・設備設計書　など	・とくになし（他国では入札であり、鉱区を国が設定。一方、日本では先願主義であり、許可に際しては、もっぱら鉱区の評価を行うのみ）

出典）　経済産業省、総合資源エネルギー調査会鉱業分科会　参考資料。

表14-2　採掘を行う開発主体の決定方法に関する制度の国際比較

	開発主体の決定方法	確認する要件
米国	先願ではなく、入札などにより適切な開発主体を選定	入札では、価格により審査を行い、そこで決定した開発主体は、資金的に事業を十分に行えることを証明することが必要
英国	同上	技術的能力や財務的基盤を有していることを確認のうえで、最も適切な事業者を選択する
豪州	同上	技術的能力や財務的基盤を有していることを確認のうえで、事業計画の内容または高い価格の提示で事業者を選択する
ノルウェー	同上	技術的能力や財務的基盤、事業計画の内容を評価して、事業者を選択する
日本	先願主義	他産業への悪影響や重複鉱区の排除などの不許可要件の確認を行うのみ

出典）　経済産業省、総合資源エネルギー調査会鉱業分科会　参考資料。

ないことから，資源政策上，適切でない主体の鉱区設定や出願が存在する。
② 先願主義を採用していることから，当面の開発意欲のない者などによる実態をともなわない出願が可能である（採掘意思をもたず，投機目的の主体を排除できない）。
③ 資源探査の規制が存在せず，無秩序な資源探査活動が行われている。

　上記のような状況をふまえ，わが国では2011年3月に鉱業権の改正が閣議決定され，2011年4月に改正案が国会に提出された。改正案では，上記の問題点を解消するために，①鉱業権の設定などにかかる許可基準（採掘技術，実施計画など）の追加，②鉱業権の設定許可にかかる新たな手続制度（特定区域制度）の創設，③鉱物の探査にかかる許可制度の創設，を鉱業法に組み入れ，より社会的に望ましい鉱業権のあり方を目指している。改正鉱業法では，採掘者の選定も先願主義が見直され，採掘者の能力や採掘計画などが評価される仕組みとなっている。

　一方で，鉱業権の制度を確立していない国も存在する。その多くは潤沢な資源埋蔵量を誇る途上国であり，これらの国々で共通するのは専制君主国や独裁国家であり民主化が進んでいない点である。こうした国々は後述する「資源の呪い」と呼ばれる問題が発生しやすい環境であり，早急に透明性のある鉱業権市場の導入が必要であるといえる。

14-2-2　資源採掘計画と契約の種類

資源採掘のフロー

　ここでは，採掘企業が資源の探査・採掘を行うまでの流れを説明する。具体的な事例での説明を行うため，石油・天然ガスの事例を用いて説明する。

　石油・天然ガスの探鉱の実施には，まず対象地域の選定と事前調査を行い，鉱区を取得することが必要である。鉱区取得後の探鉱の手順を図14-2に記載する。まず最初に，地質学的調査および物理探査を実施し，石油や天然ガスが埋蔵している可能性の高いと思われる構造を抽出する。次に，最良と考えられる構造に対して試掘を実施する。試掘により石油もしくは天然ガスが発見された場合には，必要ならば追加物理探査，もしくは評価井の掘削などを実施して，よりくわしい評価を行う。その後，採掘を実施した場合に得られる利潤と必要

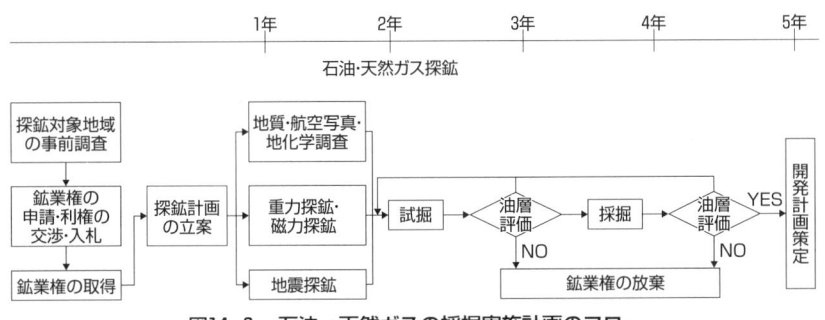

図14-2 石油・天然ガスの採掘実施計画のフロー
出典) JX日鉱日石エネルギー「石油便覧第4編第2章第3節」。

となるコストを計算し，採算性の検討を行う。その結果，経済的に開発が可能と判断された場合に，油田・ガス田の開発が実施される。試掘の結果が不成功だった場合や採算がとれないと判断された場合，その鉱区は放棄される。これらの調査には長い期間を必要とする一方で，資源の需要や価格は短期間で大きく変化するため，採掘企業は，いつ，どれほどの規模で，どのような契約を締結することが利潤を獲得するうえで必要であるかを見極める必要がある。

鉱業権契約の種類

資源採掘企業が資源産出国での探鉱・開発・生産活動を行うには，両者間で，鉱業権契約を締結する必要がある。鉱業権契約には，各国の法律にもよるが，大きく分けると複数の種類に分類されている。主に先進国（米国，英国，豪州など）では，資源採掘の契約システムは明確に構築されている。一方で，リビアやエジプトなどの政治的に不安定な国では，紛争などにより採掘を中断しなければならないリスクが生じることから，採掘企業は資源産出国の政治的情勢をふまえた契約を行う必要がある。また，資源開発事業は失敗の確率が大きいことから，リスク分散のために，他の鉱業会社との共同事業として実施するケースが多い。以下，鉱業権の契約を紹介する。ここでは，鉱業権のなかでも代表的な石油の採掘に関する契約（石油契約）について説明する。[*3]

①ライセンス契約

　この契約を実施する国では，大陸法系の鉱業権を導入しているケースが多く，主要実施国はノルウェー，オーストラリアなどである。地下の鉱物に対する権利は，土地所有者ではなく，もともとは国（政府）に帰属するという前提に立ち，政府が，競争入札などの方法により，石油会社に対して，鉱区における独占的な石油探鉱権を付与する構造である。競争入札では，これまでの実績や資金力・技術力も審査の対象とされ，最終的には政府の判定を経て，落札者が決定される。政府は，石油会社の原油・ガスの生産からの収益・利益に対して，法人所得税のほかにロイヤルティや特別税を課す。

②リース契約

　石油会社が，地表権および鉱業権を所有する土地所有者または鉱業権者との契約により，鉱業権を取得（リース）するタイプである。契約は欧米法の鉱業権の考え方に基づいており，実施国は米国，カナダである。地下の鉱物の採掘・所有権（鉱業権）は，基本的には地表権とともに土地の所有者に帰属しているが，鉱業権は地表権から分離して譲渡することが可能となっている。この場合，鉱業権を付与する者をレサー（Lessor），鉱業権を受ける者をレシー（Lessee）と呼んでいる。通常，レサーは一時金（ボーナス）や生産物の一部（ロイヤルティ）を取得するが，残りの生産物はすべてレシーに帰属する。政府所有地および海上（領海）については，政府の監督権，鉱区の保有期限，ロイヤルティなどが法律で規定されている。ロイヤルティは，石油が発見され商業量の生産が行われるようになった場合，レサーがレシーから，生産された石油の量の一定割合を現物もしくは価額で受け取る権利を定める条項であり，米国ではこの割合を12.5％としているのが一般的である。

③生産分与契約

　主要実施国は，インドネシア，マレーシア，中国など多数であり，資源産出国が新興国や発展途上国のケースが多い。1966年にインドネシアで結ばれた契約が最初であり，その後，多くの産油国で採用された。現在，発展途上国では最も一般的な方式になりつつある契約である。生産分与契約の内容は，産油

国によって異なるが，基本的な枠組みは次のとおりである。
  a. 地下資源は産油国に帰属し，産油国（政府または国営会社）が，石油会社を請負人として採掘作業を行わせ，それにともなう費用とリスクは全面的に石油会社が負う。
  b. 石油が発見され商業生産にこぎつけた場合，石油会社はこれまでの投下費用（たとえば，操業費，開発費，探鉱費など）を，契約に従い，生産物から優先的に回収することが認められる。
  c. コスト回収後の残りの生産物は，産油国と石油会社間で一定の比率で分配される。この分配比率は，コスト回収前では石油会社側に，コスト回収後は産油国側に多く配分されるようになっている。したがって，石油会社は採掘費用や投資額の早期回収が期待できる一方で，回収後は産油国側が利益の大半を取得し，石油会社の利益は抑制される。
  d. 請負人は，産油国の税法に基づく所得税を課される。また，国によっては，契約調印時のサインボーナス，一定水準の生産量が達成されたときの生産ボーナスやロイヤルティ，石油特別税を徴収する場合もある。

④リスクサービス契約

　生産原油の所有権および販売権が産油国側にあることを前提にするものであり，1960年代後半に中東で採用され，その後，南米諸国に普及した。外国石油会社が，そのリスクと費用負担による作業の結果，達成した原油の生産水準に応じて，生産物の一定割合または相当金額を「リスク負担に対する報酬」として受け取る契約方式である。

　以上のとおり，産油国政府との石油契約は，いくつかの種類に分けられる。石油会社としては，開発投資の対象鉱区を検討するにあたって，地質的な有望性や技術的側面からの評価はもちろんのこと，加えて，産油国の法律・税制，政府や国営石油会社との契約条件などの検討・評価が重要であるといえよう。

14-3　鉱業権取引の必要性

　「モブツ・セセ・セコはザイール（彼の死後，コンゴ民主主義共和国と名称が

変わった）大統領当時，国の鉱物取引から数十億ドルを盗んでいた。モブツは自分自身のために国中に12もの豪邸を建設した。そのうちの一つには，イタリアの大理石の床，純金の蛇口，ディスコ，核シェルター，1万5,000本ものワインのあるワインセラー，音楽の鳴る庭の噴水，希少動物のいる私的な動物園があった。モブツはロゼ・シャンパンをがぶ飲みする一方で，国の基本的な機能は放ったらかしにしていた。銅，コバルト，ウラン，金，ダイヤモンドの鉱床が豊かにある国だが，経済が崩壊する中で，人々はやっとのことで暮らしていけるだけの状態にあった」（マクミラン 2007：195）

これは，独裁的な政治体制を抱える資源国で起こる現象である。とくに教育水準が低い途上国で発生しやすく，昨今では産油国であるエジプトのムバラク元大統領やリビアのガタフィ大佐などの独裁者が数兆円の資産を保有しているという報道が流れている。本節では，資源国が抱える問題としてあげられる「資源の呪い（resource curse）」について取り上げる。

14-3-1 資源の呪い

鉱業権の取引制度は，資源の開発主体を公平かつ効率的に決定するために必要である。一方で，前述したように鉱業権を導入していない国も多く存在している。本節では，鉱業権が導入されていない国々で問題が懸念されている「資源の呪い」について説明する。資源の呪いとは，天然資源に恵まれた国は，乏しい国より経済発展が遅れる傾向にある経済的メカニズムを指す。コルスタッドとウィーグ（Kolstad and Wiig 2009a）によれば，資源の呪いは，主に表14-3にある3つの要因によって発生する。

ひとつめは，オランダ病と呼ばれる問題であり，天然資源の輸出依存的な経済行動によって，自国通貨の価値が上昇した結果，農産物や工業製品などの輸出製品の市場競争力が低下する現象である。名前の由来は，1960年代に起きたオランダでの事例である。天然ガスの豊かな産出国であったオランダは，第一次石油危機後に欧州各国に対して天然ガスの積極的な輸出を行い，外貨を大量に取得した。ガス会社が輸出で獲得した外貨をオランダの通貨（ギルダー）に両替（外貨を売り，ギルダーを買う）した結果，ギルダーの価値が急上昇する

表14-3 資源の呪いが起こる主な要因

	オランダ病 (Dutch Disease)	政治腐敗 (patronage)	レントシーキング (rent-seeking)
主な問題	資源輸出依存的な経済活動により、自国通貨の価値が上昇し、輸出産業の利潤が低下する	政治的権力の維持のために、政治家が天然資源の輸出から得られる利潤を自らの選挙資金や買収に利用	自社に有利な政策を制定・維持するためのロビー活動として、社会的な非効率な費用支出を助長させる
問題点	投資家、政府	政治家	企業、官僚
解決策	・資源依存的な経済政策からの転換 ・他産業の振興奨励	・透明性が保たれた鉱業権市場制度の構築 ・民主化の促進	・民間癒着の撤廃 ・公的な金融支援機関の独立性を確保する
主要な研究	Van Wijinbergen (1984) Sachs and Warner (2001) Torvik (2001)	Robinson and Torvik (2005) Robinson et al. (2006)	Tornell and Lane (1999) Torvik (2002) Hodler (2006)

出典) Kolstad and Wiig (2009a) を加筆修正。

こととなった。その結果、製造コストの増加や輸出製品の国際競争力の低下を引き起こし、国内製造業は為替差損によって壊滅的な打撃を受け、自国の製造業の空洞化を招く結果となった。こうした事例は、ベネズエラなどの発展途上国でも発生している。

2つめは、政治腐敗（patronage）の問題である。この問題は、民主化が進んでいない国で多く観測されている。これらの国では、天然資源を独裁体制の政府や王族が一括管理し、自らの財産や政治的権力を増大するために、天然資源の鉱業権を公平な入札ではなく、賄賂を多く支払う企業や、一族の関連企業などに優先的に付与する問題が発生している。さらに、資源輸出で得られた利潤は自らの選挙資金や票の買収に利用し、政治的な権力を維持するために費やされる。こうした状況下では、天然資源の輸出によって得られる便益は、経済発展に必要不可欠な投資へと行き渡らないことから、経済発展に寄与しない。さらに資源輸出の拡大により権力をもつ者が、より豊かになる構図ができあがっているため、民主化が進まない阻害要因のひとつとしてもあげられる。

3点めは、レントシーキング（rent-seeking）の問題である。レントシーキングとは、企業によるレント（既得権益）獲得・維持のための活動を指し、すでに資源輸出によって利益を得ている企業が、既得権益を守ろうとする経済非効率的な行動である。たとえば、他企業の参入を阻止する活動や、政府による参

入規制の維持，補助金，税制優遇措置，または輸入制限政策を継続させるために政治家に働きかけを行う活動などがある。こうした活動では当然，賄賂や企業献金，官僚の天下りなどが行われており，レントシーキングに費やされる投資や費用は社会的な資源の浪費となる。さらに，社会的に望ましい市場メカニズムへの移行が遅れてしまう点も問題である。

14-3-2 鉱業権市場が果たす役割

資源の呪いに対する解決策のひとつとして，コルスタッドとウィーグ（Kolstad and Wiig 2009b）は，透明性（transparency）が重要であると指摘している。つまり，鉱業権を譲渡するメカニズムを明らかにし，レントシーキングや政治腐敗の問題が発生しにくい売買システムの構築が効果的であると述べており，採取産業透明性イニシアティブ（Extractive Industries Transparency Initiative: EITI）の普及を進めることを提言している。EITI とは，石油・ガス・鉱物資源などの開発に関わる採取産業から，資源産出国政府への資金の流れの透明性を高める多国間協力の枠組みであり，この枠組みを通じて腐敗や紛争を予防し，資源産出国の経済成長と貧困削減を後押しするような資源開発の促進を目的としている。EITI の仕組みは，参加表明をした EITI 実施国（資源産出国）は資源採取企業から得た税金・ロイヤルティを第三者機関に報告し，同時に資源採取企業は EITI 実施国に支払った税金・ロイヤルティを同第三者機関に報告，同第三者機関は両者から報告を受けた金額を確認し，その内容を一般公開するというものである（図14-3）。

2011 年 3 月現在での EITI 参加状況は，アゼルバイジャン，リベリア，東ティモール，ガーナ，モンゴルなどを含む 11 ヵ国の遵守国と，アフガニスタン，アルバニア，カメルーンを含む 24 の候補国の合計 35 の資源産出国が加盟している。EITI 支援国としては，日本，米国，英国などの先進国 17 ヵ国が参加している。EITI の主な支援企業には，BHP ビリトン，BP，シェブロン，エクソンモービル，リオ・ティント，シェルなどの資源メジャーや，国内では住友金属鉱山，日鉱金属，三菱マテリアルなどの企業も参加している（外務省 HP 参照）。

バタチャリアとホルダー（Bhattacharyya and Hodler 2010）は，民主化の度

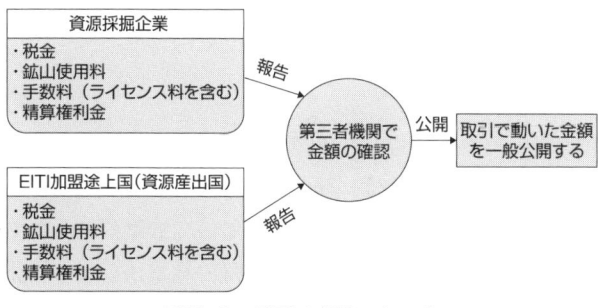

図14-3　EITIの概念フレーム

合いと資源の呪いの関係に着目し分析を行った結果，資源埋蔵量が多い国のなかでもオーストラリアやノルウェーなどの民主化が進んでいる国では，レントシーキングや政治腐敗の問題が発生しにくいことを明らかにした。その理由としては，民主化によって公正な選挙が行われているため，有権者や取引委員会が資源取引を監査する機能をしっかりと果たしていることが要因であると指摘している。

　こうした研究成果から，民主化が進んでいない途上国のうち，資源の呪いに苦しんでいる国々においては，早急にEITIなどの透明性の高い鉱業権取引市場の導入を行い，資源開発で得られた金銭の流れを国民や国際社会に明示することが重要であるといえる。そうすることで，独裁的な政治家への資金集中が解消されるとともに，汚職や賄賂の源泉を絶つことが可能となる。加えて，資源輸出によって得られた外貨を，産業発展への投資やインフラ設備の充実など経済発展に寄与する目的に使用することで，社会的に望ましい資金循環を達成することが期待される。EITIの導入が鉱業権市場に与えた影響を評価した研究も近年増えており，マダガスカルの採掘企業に聞取調査を行ったスミスら（Smith et al. 2012）や，シエラレオネのダイヤモンド採掘業への影響に着目したマコナチーとビンス（Maconachie and Binns 2009）などがある。これらの研究では，途上国がEITIを導入することにより，透明性のある市場での鉱業権取引が可能となった点や，不正な取引が防止された点をあげ，取引のモニタリングの重要性を指摘している。

14-4　おわりに

　本章では，資源の開発に着目し，鉱業権に関する法規制や契約とその必要性について論じた。鉱業権の付与は，経済合理性の視点はもちろんのこと，開発を行うことで周辺環境に与える影響の評価についても考慮に入れて慎重かつ丁寧に行うことが重要である。先進国においては，鉱業法などの法律・制度設計により環境保護の観点も十分に吟味したシステムが構築されている。加えて，透明性のある市場で鉱業権の取引を公正に行うことは，途上国の経済発展の妨げとなっている資源の呪いを解決するために効果的である。

　本章では，天然資源という財の取引において，市場が果たす役割がいかに重要であるかを紹介した。今日，多くの途上国とくにアフリカ諸国では，天然資源を独占的に開発し，国民生活を顧みることなく，自らの資産を増やすことに躍起になっている指導者が少なくない。こうした国々の人々の生活を早急に豊かにし，より社会的に望ましい資源の利用を促すためには，市場が果たすべき役割は大きく，また，それを達成することは市場でしか成しえないであろう。

注
- ＊1　鉱滓ダム（こうさいダム）とは，鉱山での採掘および製錬工程にともない発生する鉱滓（スラグ）と呼ばれる不要物から水分を除去し，残った固形分を堆積させる施設である。
- ＊2　先願主義は，出願した採掘対象の土地の区域が重複するときは，先に出願した者が優先権を有する制度。採掘能力にかかわらず，一番初めに申請した出願者が優先権を有する。
- ＊3　ここでの説明は「石油便覧第4編第2章第6節」（JX日鉱日石エネルギーホームページ）を参考に著者が追記，修正したものである。

参考文献

マクミラン，J. 2007『市場を創る』瀧澤弘和・木村友二訳，NTT出版

外務省「EITI（採取産業透明性イニシアティブ）概要」http://www.mofa.go.jp/mofaj/gaiko/commodity/eiti.html（最終アクセス2011年5月1日）

関東経済産業局「What's 鉱業権？」http://www.kanto.meti.go.jp/seisaku/kougyou/

kougyou/data/kougyoukentoha.pdf（最終アクセス 2011 年 5 月 1 日）

経済産業省 2011「総合資源エネルギー調査会鉱業分科会・石油分科会合同法制ワーキンググループ（第 3 回）参考資料」http://www.meti.go.jp/committee/sougouenergy/kougyou/bunkakai_goudou_housei_wg/003_s01_00.pdf（最終アクセス 2011 年 5 月 1 日）

JX 日鉱日石エネルギー「石油便覧第 4 編第 2 章第 3 節」http://www.noe.jx-group.co.jp/binran/part04/chapter02/section03.html（最終アクセス 2011 年 5 月 1 日）

JX 日鉱日石エネルギー「石油便覧第 4 編第 2 章第 6 節」http://www.noe.jx-group.co.jp/binran/part04/chapter02/section06.html（最終アクセス 2011 年 5 月 1 日）

Bhattacharyya, S. and R. Hodler 2010. Natural Resources, Democracy and Corruption. *European Economic Review*, Elsevier, 54（4）: 608-621

Gerard, D. 1998. The Development of First-possession Rules in US Mining, 1872-1920: Theory, Evidence, and Policy Implications. *Resources Policy*, Elsevier, 24（4）: 251-264

Kolstad, I. and A. Wiig 2009a. It's the Rents, Stupid! The Political Economy of the Resource Curse. *Energy Policy*, Elsevier, 37（12）: 5317-5325

Kolstad, I. and A. Wiig 2009b. Is Transparency the Key to Reducing Corruption in Resource-Rich Countries? *World Development*, Elsevier, 37（3）: 521-532

Maconachie, R. and T. Binns 2007. Beyond the Resource Curse? Diamond Mining, Development and Post-conflict Reconstruction in Sierra Leone. *Resources Policy*, Elsevier, 32（3）: 104-115

Robinson, J. A. and R. Torvik 2005. White Elephants. *Journal of Public Economics* 89（2-3）: 197-210

Robinson, J. A. and R. Torvik, T. Verdier 2006. Political Foundations of the Resource Curse. *Journal of Development Economics*, Elsevier, 79（2）: 447-468

Sachs, J. D. and A. M. Warner 2001. The Curse of Natural Resources. *European Economic Review* 45: 827-838

Smith, S. M., D. D. Shepherd and P. T. Dorward 2012. Perspectives on Community Representation within the Extractive Industries Transparency Initiative: Experiences from South-east Madagascar. *Resources Policy* 37（2）: 241-250

Torvik, R. 2001. Learning by Doing and the Dutch Disease. *European Economic Review* 45: 285-306

Van Wijnbergen, S. J. G. 1984. The Dutchdisease: A Disease after all? *Economic Journal* 94: 41-55

World Steel Association 2009. *Steel Statistical Yearbook 2009*

IMF "Primary Commodity Prices" http://www.imf.org/external/np/res/commod/index.asp（最終アクセス 2011 年 5 月 1 日）

NASA "EarthObservatory" http://earthobservatory.nasa.gov/IOTD/view.php?id=3730（最終アクセス 2011 年 5 月 1 日）

United States Energy Information Administration　http://www.eia.gov/（最終アクセス 2011 年 5 月 1 日）

第15章 水利権

市場メカニズムを生かした効率的配分

15-1 はじめに

　私たちが暮らす豊かな水に恵まれた青い惑星である地球は「水の惑星」と呼ばれている。この地球において，実際に私たちが水資源として利用できる水はどれだけあるのだろうか。『環境白書——循環型社会白書／生物多様性白書（平成22年版）』によれば，地球上には約14億km^3の水があり，水は地球の表面積の約70％を覆う。しかし，地球上の水のうち，そのほとんどの97.5％が塩水であり，淡水はわずか2.5％にすぎない。しかも，淡水のうち約70％は氷河・氷山が占めており，残りの30％のほとんどは帯水層に存在する地下水となるため，人々が利用しやすい河川や湖沼の地表に存在する淡水の量は約0.4％となる。

　近年，新興国における人口増加や産業化・工業化の進展により，世界的に水需要は拡大している。世界全体で見れば，人々が必要とする水需要量に対して，水資源量は必ずしも不足しているわけではない。しかし，地域によって淡水の量に偏在が生じるため，中東やアフリカ，アジアなどの地域においては水不足が深刻化している。また，そこでは急速な経済発展によって水質汚染も拡大し，重大な問題となっている。国連ミレニアム開発目標（MDGs）のなかでも，こうした水問題の解決にむけて「2015年までに安全な飲料水と基本的な衛生施設を継続的に利用できない人々の割合を半減する」ということが掲げられてい

る．さらに，国際連合教育科学文化機関（UNESCO）によると，今後の人口増加などによって，世界の水使用量が2025年には2000年比で約3割増加するということが予測されている．地域によって水資源が偏っているため，今後，その需要量を満たすことができるのかが問題となっている．

以上のように，世界における水需要の増大により需給のバランスが崩れ，水資源の格差が拡大し，水資源が我々にとって貴重な財になりつつある．このため，河川や湖沼などから取水し，水を利用する権利である「水利権」の取引ができるように水市場を創設して，市場メカニズムによる適正な価格づけで水利権を売買し，水資源の合理的な再配分を行うことで効率的な水利用を実現すべきであるというような議論が多くなされている[*1]（World Water Council 2000，日本農業土木総合研究所 2002）．

実際に，希少な水資源の有効利用を進めるため，これまでにもオーストラリアやアメリカなどで水利権取引が行われ，それらの水利権市場は世界的にも大きく発展している．本章ではオーストラリアなどを中心に世界の主要な水利権制度を比較し，水利権市場を導入する際の問題点を分析することによって，水利権取引市場の可能性について検討する[*2]．

15-2　水利権取引とは何か

水利権とは，水を排他的あるいは独占的に利用する権利である．実際に，水利権は河川のいたるところに設定されているが，一般的に，水利権制度が対象とする水は河川などの地表水であり，地下水は含まない場合が多い．それは，地下水利用が土地所有権制度に関連しており，地下水に土地所有権の効力が及び，その利用ルールが決められる場合が多いからである．

現在，自国で河川や他の淡水資源などを開発・管理・利用していくことは，世界的な潮流になっている．水利用のあり方については，ダムを建設して人工的に貯水することで洪水被害を軽減し，渇水を抑制する，および灌漑用水や都市用水，水力発電などに使用することが世界的に主流であった．たとえば，余った水を別の目的に転用するといった水利用の形態ではなく，足りない分をダム建設のような新たな水資源開発で賄う方法などが実施されてきた．しかし，こ

れまで，ダム建設による水資源開発は，大規模な自然破壊をもたらすので問題となってきた。そこで，安定的かつ効率的な水利用を行うために，水利権取引制度の確立をもっと考えなければならない時代になってきており，水利用のより良いあり方を模索していかなければならない。近年，世界的にも水問題への関心が高まっており，各国において水政策の変化も生じ，新たな水利権市場の創出が注目されている。

一般的に，水利権市場を導入しようとするのは，水資源の合理的な再配分を行うためである。水利用では，水利権により需要と供給のバランスを考慮したうえで，使用する水資源の配分が決定され，資源配分の効率性が高められる。水利権取引に期待される機能としては，限りある資源である水を生産性の低い部門から生産性の高い部門へ資源移転し，効率的に再配分することである。たとえば，生産性の低い農業用水などから効率的な水利用によって余剰水を生み出すことで生産性の高い都市用水などへ水利権を転用することである。

また，具体的な仕組みとして，水利権取引については，取水量を抑制するために，取水者間どうしの相対取引において，水が余っている取水者の水利権を借りて，水が不足している取水者に権利を貸し出す場合がある。あるいは政府やブローカーが水利権取引を仲介する場合もある。さらに，水利権を売買できる市場を創設し，取水者間で取水する権利を割り当て（取水権として量を決定し），その権利を自由に売買させる仕組みもある。

世界的にも水利権市場が発展しているオーストラリアなどでは，キャップ・アンド・トレード方式での水利権取引制度が導入されており，その仕組みは以下のようになる（図15-1を参照）。キャップ・アンド・トレード方式では，取水量の上限（キャップ）を定め，取水者全体で使用できる水資源の総取水量を決定する。この総取水量

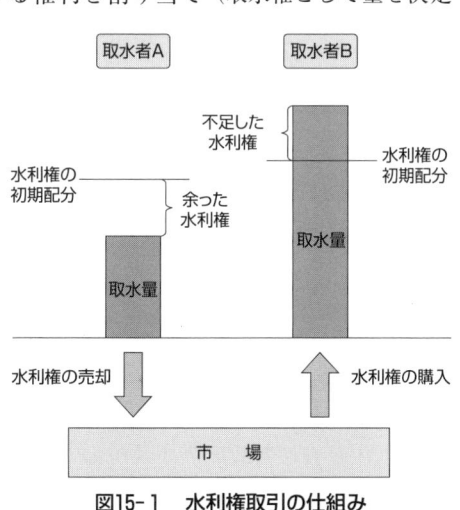

図15-1　水利権取引の仕組み

第15章 水利権　233

の範囲内で各取水者に水利権の初期配分を割り当て，水利権の取引を行う。取水者間で取水量の超過分や不足分を水利権として市場で売買できる。たとえば，取水者Aは余剰となった水利権を売却し，水資源を必要とする取水者Bは水利権を市場から購入することで，水利用の合理化を図ることができる。ここで，水資源が不足すると，水利権価格が上昇する。その結果，水資源利用には高い費用負担が生じ，水資源の需要が抑制され，取水者に節水しようとするインセンティブが働くことになる。このように水利権取引が可能になれば，適切な水資源利用の価格付けが行われ，水資源の需給を市場メカニズムで効率的に調節することが可能になると考えられる。

15-3　世界の水利権制度

世界各国において干ばつが深刻化し，水不足問題が生じる際には，水資源の開発，節水および水資源の再利用促進などの政策がとられている。それに加えて，希少な水資源の有効利用を制度的側面から支えるものとして，アメリカやオーストラリアなどでは水利権取引が導入されている。実際に行われた代表的な水利権取引としては，オーストラリアのマレー・ダーリング川流域の灌漑用水取引や，アメリカのカリフォルニア渇水銀行（California Drought Water Bank）などの先進的事例がある。本節では，制度的整備が進んでいるそれらの事例を含めて，中国や日本にも焦点を当て，各国の水利権制度や水市場の違いについて概観する。

15-3-1　オーストラリア

近年，オーストラリアの南東部に位置するマレー・ダーリング川流域では，国全体の農業生産の約4割が行われ，農業用水の約7割が使用されている。乾燥・半乾燥地域であるオーストラリアは，これまで何度も大規模な干ばつに見舞われている。河川の使用に関しては，オーストラリアでは州ごとに異なるが，キャップ・アンド・トレード方式による水利権取引などが行われている[*3]。また，1990年代から連邦政府と州政府は水政策の改革を推進してきており，その経験から他の地域と比べて，水資源政策・水利権制度が発達している[*4]。

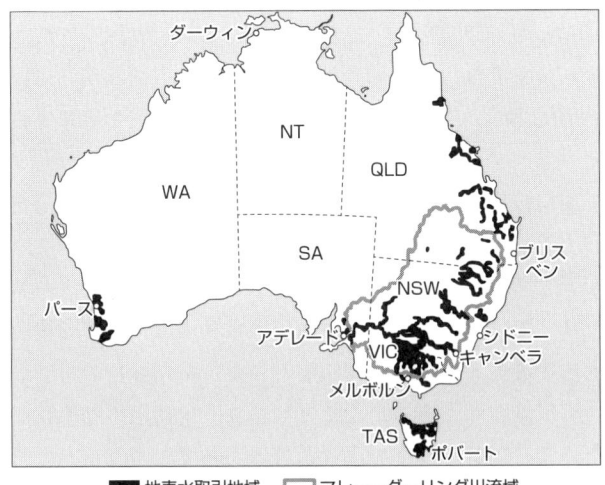

■■ 地表水取引地域　□ マレー・ダーリング川流域

図15-2　オーストラリアの水取引地域

出典）National Water Commission "Australian Water Markets Report 2009-10".

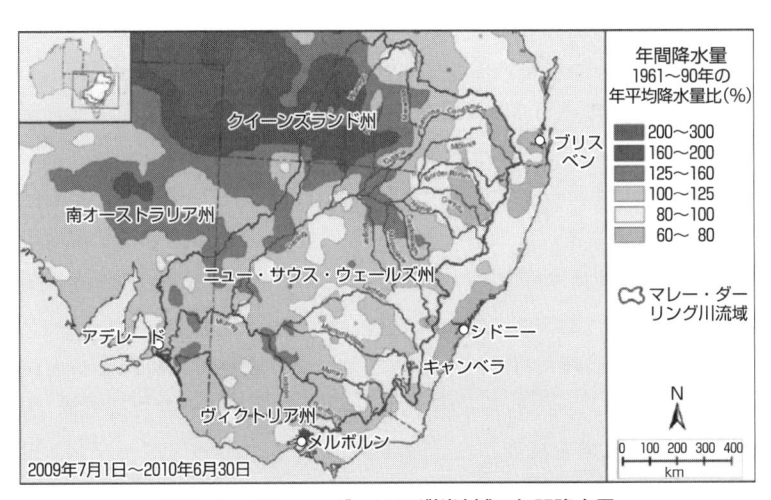

図15-3　マレー・ダーリング川流域の年間降水量

出典）National Water Commission "Australian Water Markets Report 2009-10".

第15章 水利権　235

オーストラリアにおける水取引は農業用水間の取引が中心となっており，1980年代よりニュー・サウス・ウェールズ州，ヴィクトリア州，南オーストラリア州のオーストラリア南東部の地域で州内水取引制度がほぼ同時に始まった（経済協力開発機構（OECD）2002）。人口の増加や農業生産による水需要増大に対応するために，ダム建設を行い，灌漑用水の水利権を配分してきたが，その結果として環境破壊などが問題になってきたので，水資源開発をめぐる条件はさらに厳しくなってきた。そのような状況で，水取引は希少な水資源の効率的な管理・配分を図るために推進された。

　オーストラリアでは，水資源管理や河川の水利用は州政府の権限に属しており，各州の水法や流域・集水地管理法などによって州独自の対応がなされてきた。[*5] しかし，河川流域が州をまたぐこともあり，水使用の効率化や水質・環境保全を図るために，国レベルでの水資源管理が必要との認識が広まったことを受けて，2004年にオーストラリア政府間評議会（Council of Australian Governments: COAG）において，国家水憲章（National Water Initiative: NWI）が制定された。NWIは，水資源管理を改善するための総合戦略を定めたものであり，水資源利用の増大や河川の環境悪化への対応として，国全体において持続可能で効率的な水利用を促進するための水利権市場の拡大や，広範な水利用計画の確立などの実現を目指したものである。[*6]

　さらに，2007年に連邦水法が制定され，初めて連邦政府機関が水資源管理を直接行う権限をもつことになった。これにより，水資源管理の抜本的な改善が図られ，水資源管理の中央集権化が推進された。同法の主な特徴としては，①流域計画を策定する，マレー・ダーリング川流域庁の設立，[*7] ②環境用水を管理する，連邦環境用水保有機構の創設，③水料金と水市場のルールの策定などがあげられる。

　また，2008年，連邦政府のペニー・ウォン気候変動・水資源担当大臣は，10年間で129億豪ドルの連邦政府資金を投資する「将来のための水（Water for the Future）」計画を発表した。同計画により，マレー・ダーリング川流域では連邦政府による水利権買取や買い取った水利権の環境用水への転用などの政策が行われてきた。

　次に，オーストラリアの水利権と水取引制度の特徴について説明する。前述

したように，オーストラリアの水取引では，農業用水間の取引がさかんに行われており，1980年代前半より，まず州内取引が始められた。[*8] それ以後，水取引は土地の所有権と水利権が分離され，水利権のみの売買が可能となった。[*9] さらに，水取引を可能とする法整備がなされ，すべての州で水取引が活発に導入されてきた。

水取引は，一般的に，恒久取引（permanent trades, water access entitlement trading：水利用権取引）と一時取引（temporary trades, water allocation trading：水割当取引）に大別される。恒久取引については，別の所有者へと水アクセス権の所有の変更（売り手から買い手へ所有権の移転）が行われる。また，一時取引は，ある一定の期間において水アクセス権の移転が行われ，一時的にアクセス権が譲渡されることによって利用者間で水を融通しあうというものである。

水取引には，個人や企業，州・連邦政府も参入しており，水利用者間での直接取引やブローカーを介しての取引が行われる場合もある。また，インターネットでの水利権取引も可能であるが，取引を行うためには関係する州政府の承認が必要となる。

また，水取引の状況については，表15-1に示される国家水委員会（National Water Commission: NWC）の報告書によれば，2009～10年ではマレー・ダーリング川流域（クィーンズランド州，ニュー・サウス・ウェールズ州，ヴィクトリア州，南オーストラリア州）がオーストラリアにおける主要な水市場であり，水取引量で見ると，恒久取引では1,818GL，一時取引が2,301GLというように，一時取引の方が恒久取引よりも比較的多い。2008～09年から2009～10年へ

表15-1　オーストラリアの水取引量の実績

	恒久取引				一時取引			
	2007～08年(GL)	2008～09年(GL)	2009～10年(GL)	変化率(％)	2007～08年(GL)	2008～09年(GL)	2009～10年(GL)	変化率(％)
マレー・ダーリング川流域	770	1,598	1,818	14	1,393	1,953	2,301	18
他の水システム	150	202	131	−35	201	205	194	−3
オーストラリア全体	920	1,800	1,949	8	1,594	2,158	2,495	16

注）　GL：ギガリットル。変化率：2008～09年から2009～10年における水取引の変化率。
出典）　National Water Commission "Australian Water Markets Report 2009-10" より筆者作成。

の水取引量の変化率を見ると，マレー・ダーリング川流域では，恒久取引が14%，一時取引が18%ほど増加している。逆に，マレー・ダーリング川流域外では恒久取引が35%，一時取引が3%ほど減少している。オーストラリア全体では2007〜08年と比較すると，2008〜09年以降は水取引が大きく増加しており，2008〜09年から2009〜10年における変化率は恒久取引が8%，一時取引が16%となり，一時取引の方が活発に行われている。

近年，オーストラリアの水資源政策に関して水資源開発のためのインフラ整備・管理事業ではなく，水利権制度改革において市場メカニズムの導入，水アクセス権の売買が行われ，水資源の再配分が推進されている。また，連邦政府は環境改善や水資源の過剰な利用を抑制するため，水利権の買い上げを促進しており，水利権の過剰付与や過剰使用への対策に重点的に取り組んでいる。また，キャップ・アンド・トレード方式の導入は，水資源量の問題だけではなく，水質汚染や灌漑農業によってもたらされる塩害（土壌の塩化）への対策となっている。さらに，水利権市場の拡大による高付加価値水利用者への再配分を行うことで，より効率的な農業生産をする農家に水資源が行き渡り，農業部門の生産性が上昇することが期待される。しかし，一方では，農業用水が都市・工業用水に移転される場合，離農する農家が大量に発生し，農業部門の生産性の低下など外部効果をもたらすことも考えられ，市場メカニズムの導入にはいくつかの課題が存在する。

15-3-2　アメリカ合衆国

アメリカ合衆国の水利権制度は主にアメリカ西部で実施され，取引システムの仕組みは州によって異なる。カリフォルニア州では，同国において最大規模の農業生産が行われ，大規模な灌漑農業によって支えられている。カリフォルニアでは，2009年度まで渇水が3年続いており，2009年度末の流水量は平均の65%，貯水量は平均の68%に落ち込み，水供給の減少と人口増加により，渇水は悪化している（図15-4を参照）。そして，図15-5は降雨量の多かった2005年度のカリフォルニア州の地域ごとの水収支（水需要と水供給）を，州内の10の水系ごとに示したものである（California Department of Water Resources 2010）。

カリフォルニア州では，これまでの水利権譲渡では時間を要するため，干ばつによる水資源の不足を背景として，迅速に水融通を行うことを目的に，カリフォルニア渇水銀行（以下，水銀行）制度が1991年から開始された。[*10] 水銀行は，州の水資源局が仲介役となり，水利権者の自発的な売買を通じて，水利権の「売り手」から水を調達し，それを必要とする「買い手」に余った水を売ることで，水資源の配分問題を解決に導く水仲買の仕組みである。水利権に対してより高い評価を与える別の主体に売りに出されることを通じて，水利権が再配分されるのである。

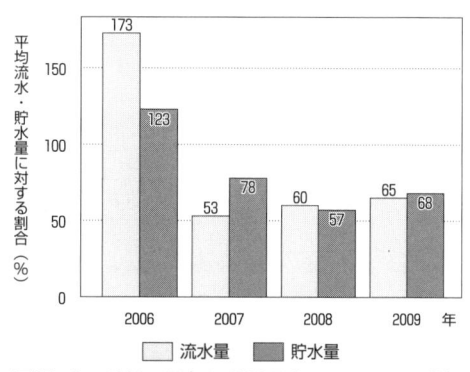

図15-4　2006～09年におけるカリフォルニア州全体の流出量と貯水量

出典）California Department of Water Resources (2010) より筆者作成。

この水銀行プログラムでは，水利権に対して一種の固定価格が提示され，「売り手」と「買い手」の直接取引ではなく，一種の価格統制が行われ，売却先の優先順位があらかじめ決定されている。しかし，水銀行は既存の水利用許可証の配分を固定化するのではなく，その売買を促したことが特徴としてあげられる。これによって，水資源の配分については，従来の政府主導によるものから市場メカニズムを利用したものへと近づき，より効率的な資源配分を可能としている。

また，水利権制度を設定する行政単位は，オーストラリアでは連邦政府より州政府の権限が強いこともあり，主に州政府であったが，アメリカでは連邦政府と州政府の双方である。そして，アメリカの水利権制度も州ごとに異なり，それぞれの事情に応じて発生し，統一的なものではない。アメリカでは，主に水利権制度が東部では「沿岸主義」，西部では「専用主義」に大別される。沿岸主義は，河川に接続している土地の所有者が，その水を利用する権利をもつことが原則である。一方，専用主義は，沿岸地であるかどうかに関係なく，水を利用する者が，時間的な優先順位に応じて水を利用する権利をもち，実際に

第15章 水利権　239

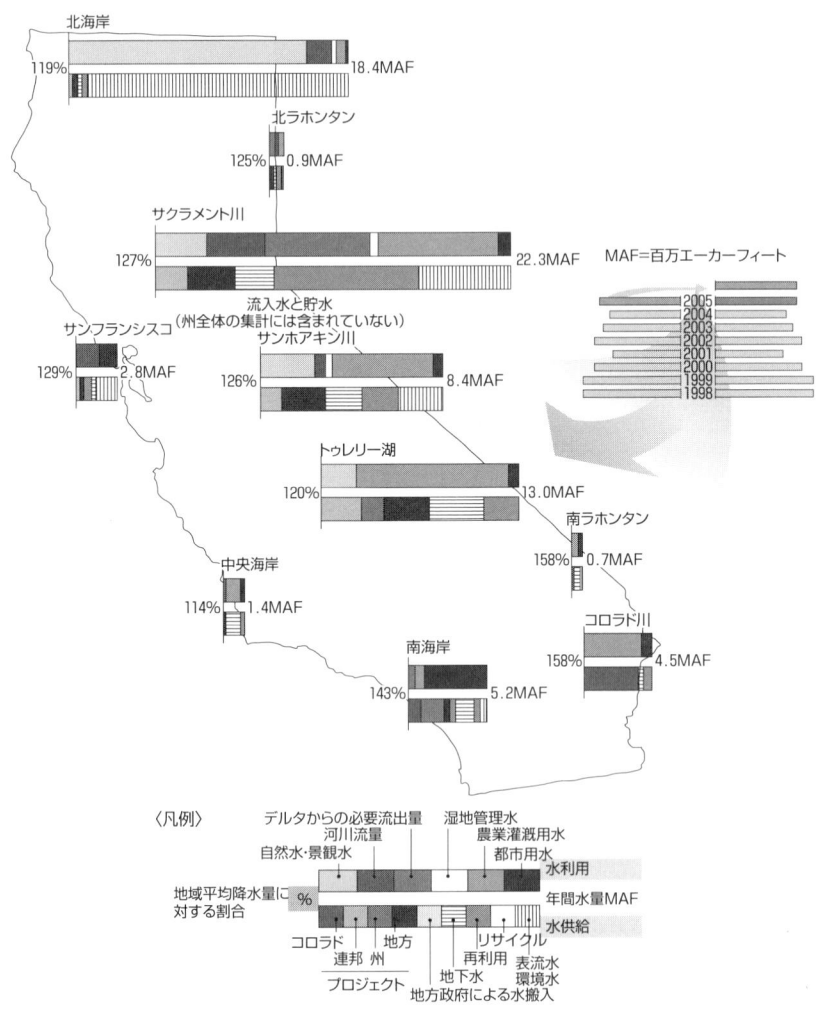

図15-5 2005年度におけるカリフォルニア州の地域ごとの水収支

出典) California Department of Water Resources (2010) より筆者作成。

先に水を使ったものが優先的に需要を満たされるという原則である。しかし，これについては実際の水使用を基本としているので，水の有益的使用が5年間に満たない場合は，未使用分の専用権が没収されることがある。オーストラリアでもアメリカの沿岸水利権などとほぼ同様の考え方で導入されているが，カリフォルニア州では双方の地表水の水利権が併存している。

以上，水資源の効率的な利用を図る水利権売買ではあるが，それには，生物環境や地下水涵養への影響，水利用の転用元となった地域経済への影響など，さまざまな外部性がともなう可能性がある。また，水銀行制度の実施時に，貯水湖の用水が枯渇する事態に見舞われている。こうした問題に対応するため，あるいは水利権市場の有効化を図るため，今後，連邦政府あるいは州政府が適切な対策をとることが求められている。

15-3-3 中国

中国は長江や黄河という大河を抱えるなど水資源に恵まれているものの，人口が多いため1人あたりの水資源量が少ない。また，地域によって水資源の問題は異なり，水資源の総量が不足している地域もあれば，水資源自体は豊富であるが，水質汚染が原因で利用可能な水資源が制限されている，あるいは水資源開発や導水事業が遅れている地域があるなど，水資源の地域的偏在が問題となっている（大塚 2008, 中国環境問題研究会 2009）。

1997年に黄河断流が発生して以降，中国政府は水利・水務行政の改善を図り，法律も整備し，取水規制を行い，水資源の利用管理を強化している。黄河流域のように降水量が少なく，新たな水資源開発が困難な地域では，既存の水資源を有効に利用することが重要になる。「国家第10次5ヵ年計画（2001～05年）」では，経済成長とともに深刻化していた水資源不足への対策として，市場メカニズムの確立によって需要をコントロールし，合理的・効率的な水配分を行うことによる水資源の持続可能な利用を原則として掲げた。それまでの中国では，水利権などの概念がなかったのである。しかし現在，中国では水利権の譲渡システムを構築するという方向で制度整備を進めつつある。1988年の旧水法に記載されていた「譲渡は禁止する」という条項は，2002年の水法改正では削除されている。[*11] 1993年の取水許可制度実施規則についても，「取水許可および

水資源費徴収管理条例」として改正され，2006年に施行されている。

　これまで中国では，水は国家所有とされ，取水許可証の売買は禁止されてきた。[*12] しかし，水資源の有効活用を進めていくために，近年では，有償で取水許可証を買い取ることを許可している地域も存在する（小林 2005）。水利権取引の具体例としては，2000年11月に浙江省の東陽市と義烏市の間でダム貯水量を行政単位間（都市間）で取り引きした事例がある。中国で最初の水利権売買となったこの事例においては，水資源が豊富である東陽市の灌漑用水を水不足に陥っていた義烏市へ売り，水資源の転用を行った。

　さらに，節水を主な目的として，2002年から甘粛省張液市で実験的に開始された水利権制度がある。これは，定められた水使用の権利，取水割り当てである「水票」を各農家に配布し，農家は節水すれば水票を市場で売買し利益を得ることができるという，節水インセンティブが機能するシステムである。[*13] 農家は，農地請負面積を基準に発行される水利権証で給水票（キップ）を購入し，給水を受ける。節水して余った給水票は，有償で譲渡できるため，最も水需要が大きい農業部門でこの制度が導入されれば，節水や水不足の緩和に大きな効果があると期待されている。

　これらの事業は，水利権取引市場などの経済的手段を用いて水資源の利用効率性を高め，節水を促進するというものである。また，市場において水利権を売買する担い手として，これまで水配分を支配してきた政府の水管理部門に限らず，農家や企業も参加することを可能とする制度となっている。

　2000年代に入って，中国では，行政単位における飲料水や農業灌漑用水の水利権取引が行われ，さらに企業間あるいは行政・企業間における「水務」事業の資産・株式売買が行われた。[*14]

　今後，中国の黄河流域がさらなる発展を遂げるためには，希少な水資源の有効利用を図ることが必要である。政府による水制度の改革，あるいは水資源管理の強化を図るとともに，市場メカニズムの手法を用いた新たな制度を導入して，水資源の効率的利用を図り，持続的成長の実現を目指していくことが必要不可欠になってくるだろう。

15-3-4 日本

　最後に，河川などの水資源が行政主体によって管理され利用される日本の水利権制度の現状について紹介する。近年まで，日本では，法律上，「水利権」という言葉自体は，税法関係の法令（資産再評価法，地方公営企業資産再評価規則，所得税法施行令，法人税法施行令，消費税法施行令など）にしか記載されていなかった（七戸 2010）。しかし水利権という言葉は記載されていないが，事実上，河川法のなかに「流水の占用」という形で水利権に相当する内容が定められている（野田 2011）。水利権は河川の流水を占用する権利であり，その権利のもとでは河川を公共用物としてみなしており，河川管理者（国土交通大臣および都道府県知事）の許可がなければ河川管理施設を設置することはできないとされている。また，河川管理者の許可を受ければ，河川の水を利用する権利を譲渡することができる。ただし，河川管理者の承認があれば，水利権の譲渡は可能であるけれども，自由に売買はできないとされる。

　日本の水利権は，「慣行水利権」と「許可水利権」に大別される。このうち，慣行水利権は，本来，伝統的に地域の共同体が設置してきた農業用水路などを利用した取水に対して認められた慣習的なものであった。また，慣行水利権は，1896（明治29）年の河川法（旧河川法）成立以前に取り決めで認められ，河川から取水を行っていた農業用水（あるいは灌漑用水）について使用の承認を与えた権利である。一方，国土交通省や都道府県が管理する一級・二級河川からの流水を取水し利用する場合，河川法第23条によって河川管理者から許可された水利用は許可水利権といわれている。日本では，村や流域単位で慣行水利権制度が制定されており，主に，慣行水利権に基づいて，水の配分がなされている。

　歴史的に見ると，日本では 1896 年に最初の河川法（旧河川法）が制定されたが，それまでの農業水利慣行の権利を容認しつつ，旧河川法に基づいて，水利使用は河川管理者の許可を得なければならないとする，水利使用許可制度が始まった。その後，慣行水利権は，1964 年の新河川法施行にあたっても，引き続き容認された。これに対して，河川の水利使用を許可制とした水利権は許可水利権として整備が行われてきたのである。現行の水利権は，希少な淡水資源

を有効活用するための制度ではなく，また日本の水利使用件数では，農業における慣行水利権が多くの割合を占め，市場を通じた水利権取引は存在しない。しかし日本では，江戸時代から明治時代にかけて，農業用水を中心に慣行水利権でさえ水利権取引が実施されていたのである（植村・宇都・三好 2010）。その後，経済発展や人口増加にともない，工業用水や都市用水などの需要が高まり，円滑な水利用のために現在の河川法が制定されたという経緯がある。

以上のように，日本の水利権市場については，かつて機能していたが，現在は衰退してしまった。しかし，資源のより効率的な配分を実現するため，価格メカニズムを導入して水利用の効率化を図ることも検討に値するだろう。

ただし，日本をはじめとする既存の水利権者が多いような国の場合には，効率的な水利用を促す水利権市場を確立させるには，既存の水利権の調整が必要であり，条件によっては従来からある水利権の収用まで考えなければならないかもしれない。水利権取引制度の導入にあたっては，既存の水利権者がいる地域では初期の権利配分が難しく，その水利権者に不利益が生じるような制度では現実的に導入が困難である。また，水利権市場を拡大させることで，制度変更が社会システムに影響を及ぼして，取引費用の増大や水利権の独占などの問題が生じ，地域によっては水不足に陥る可能性もある。

今後，本格的に日本において水利権取引制度を構築していく場合，比較的淡水資源に余裕がある水利権者や地域から，淡水を融通するような仕組みをつくっていく必要がある。それらの仕組みを通じて，未使用淡水資源を有効に活用することで渇水対策にも役立てることができるのではないだろうか。

15-4 おわりに

本章では，世界における水資源の需給の不均衡を是正するための解決策として，オーストラリアやアメリカなどを中心に導入されてきた水利権制度の現状やあり方を概観してきた。オーストラリアやアメリカのような水資源・水利権の市場が確立されている国では，明確に水資源の使用権と所有権を認め，水資源管理について政府の権限と市場メカニズムの活用が組み合わされ，水資源の効率的な配分が試みられてきた。また中国では，水資源や土地は国家の所有と

されているが，節水に加えて，さらに効率的な水利用を実現するために，水資源政策において市場で譲渡できる水利権の導入が推進されつつある。

しかし，水利権取引制度を確立させるにあたり，水利権を有償譲渡することで水利権の買い占めや売り惜しみなどでその運用に弊害が生じ，効率的な資源配分が行われない可能性がある。また，水利権制度における政府の介入や市場メカニズムにおける調整をどこまで取り入れていくのかが課題となる。

世界的な人口増加などによる潜在的な水不足に加えて，とくに新興国や発展途上国では急速な経済発展にともない，利用可能な水への需要が拡大してきており，各地域の水資源の需要や利用用途に合わせた柔軟な水資源管理の方法が必要になってきている。水利権取引を用いて水資源をうまく転用していけば，環境破壊をともなう新たなダム建設を行う必要もなくなる。市場メカニズムを活用することにより，水資源の効率的な配分で水需要を補うことができ，渇水時の社会的な被害を防止するなど水資源管理における有効性をもちうるのではないだろうか。

上記のように全般的な水不足といった問題がない日本においても，未使用淡水資源の偏在の問題はあるが，これについては，水利権取引制度を導入することで対応することができるだろう。今後，水利権取引市場を機能させるためには，淡水資源に恵まれている地域および水利権者から水資源を融通するような制度設計を検討していくことが望ましいであろう。未使用淡水資源を有効に活用することで渇水対策にも適用することができる新しい水資源管理のあり方が求められている。

最後に，本章では各国における水利権取引市場を考察してきたが，水資源に対する考え方は各国で異なり，それを他の国にそのまま適用するのでは問題が生じる。したがって，これまでの各国の事例を参考に，それぞれの地域に適した水資源管理のあり方を追求していくべきである。また，ひとつの河川を複数の国が使用する場合があり，多国間で水をシェアすることや水ビジネスの発展可能性も念頭において，今後の水利権市場の構築を考えていく必要がある。

注

＊1　各地域が水資源権利の取引を導入した場合は，水利権がより経済的に有益な用途に使われるように，水利権の再配分制度を提供することがその目的のひとつとしてあげられている（経済協力開発機構 2002）。

＊2　大気汚染や水資源の管理など多くの分野で導入されている排出権取引（排出許可証取引）制度に関して，水産資源管理への適用などについて議論されている（寶多・馬奈木 2010）。とくに第6章では，不確実性がある場合における資源の利用権取引市場について言及されている。資源管理の効率性を向上させるという点から，利用権市場という市場メカニズムの導入は効果的であるが，それを補完する政策やルールの必要性についてもそこでは指摘されている。

＊3　オーストラリアでは，連邦政府と6つの州（ヴィクトリア州（VIC），クイーンズランド州（QLD），ニュー・サウス・ウェールズ州（NSW），南オーストラリア州（SA），西オーストラリア州（WA），タスマニア州（TAS））および2つの特別地区（北部準州（NT），オーストラリア首都特別地域（ACT））がある（図15-2を参照）。

＊4　世界で最も乾燥している地域であるオーストラリア大陸では，水不足が深刻化している。また，最大の灌漑地域であるマレー・ダーリング川流域における取水は年々増加しているが，その流域では年平均降雨量が少なく，河川などの地表水の過剰取水などの問題が顕在化している（図15-3を参照）。

＊5　水行政について，オーストラリアの憲法では，「連邦政府は河川などの水資源の保全や灌漑のための合理的な利用をする州政府および州住民の権利を妨げてはならない」（Commonwealth of Australia Constitution Act, Section 100）と規定されている（服部 2010）。

＊6　NWIは，連邦政府と州政府が共同で推進して制定され，抜本的・長期的な水政策の方向性を定めたものである。

＊7　これまでは，各州が水資源管理を個別に行っていたが，州から連邦への権限委譲が推進され，マレー・ダーリング川流域庁の設立によって，流域一貫管理が行われている。マレー・ダーリング川流域庁は持続可能な水利用限度の設定などの流域計画を策定する。

＊8　水利権の種類については，沿岸水利権や地下水水利権などがあり，各州・地域によって水取引が認められる水利権は異なる。また水取引は，州内取引と州間取引が存在する。

＊9　水取引は，水にアクセスする権利の取引として定義されている（Australian Bureau of Statistics 2006）。

*10　カリフォルニア渇水銀行は，カリフォルニア州水資源局（Department of Water Resources）が運営する渇水対策機構である。

*11　水法では，水資源とは地表水と地下水を含むものとし，水資源を合理的に開発，利用，節約および保護し，水害防止を行い，水資源の持続可能な利用の実現を図り，国民経済と社会発展の需要に対応するためにこの法律を制定する，とされている。

*12　水法第3条には，「水資源は国家の所有に属する」と記載されている。水資源の所有権は国務院が国家を代表して行使する。農村集団経済組織の貯水池および農村集団経済組織が建設・管理するダムの水の使用権は，各農村集団組織に属する。

*13　水票という形で配分されるのは，農業用水の余剰分である。

*14　水務とは，水資源の開発，水の供給，汚水処理，汚水の再利用から節水までの幅広い水ビジネスを示す。

参考文献

植村哲士・宇都正哲・三好俊一　2010「日本と世界の水利権制度・水取引制度」『知的資産創造』2010年9月号，野村総合研究所

大塚健司編　2008『流域ガバナンス――中国・日本の課題と国際協力の展望』アジア経済研究所

環境省編　2010『環境白書――循環型社会白書／生物多様性白書（平成22年版）』日経印刷

経済協力開発機構編　2002『環境保護と排出権取引――OECD諸国における国内排出権取引の現状と展望』小林節雄・山本壽訳，技術経済研究所

経済協力開発機構　2004『環境保護と排出権取引――国内排出権取引の進展と今後の課題』技術経済研究所

小林熙直　2005「中国の水資源政策と水供給価格」亜細亜大学アジア研究所編『アジア諸国の環境問題：RIO＋10の検証（アジア研究所・アジア研究シリーズNo.54）』5-22頁，http://www.asia-u.ac.jp/ajiken/books/project/54.pdf（最終アクセス2011年9月21日）

七戸克彦　2010「わが国の水利権をめぐる新たな問題状況について」『公営企業』42(5)：2-8

寶多康弘・馬奈木俊介　2010『資源経済学への招待――ケーススタディとしての水産業』ミネルヴァ書房

中国環境問題研究会編　2009『中国環境ハンドブック』蒼蒼社

日本農業土木総合研究所編　2002『21世紀は水の世紀（水土の知を語る；Vol.1 農業用水を考える　その1）』日本農業土木総合研究所

野田浩　2011『緑の水利権——制度派環境経済学からみた水政策改革』武蔵野大学出版会

服部聡之　2010『水ビジネスの現状と展望——水メジャーの戦略・日本としての課題』丸善出版

Australian Bureau of Statistics 2006. *Water Access Entitlements, Allocation and Trading Australia 2004-05*.

World Water Council 2000. *World Water Vision*. Commission Report

California Department of Water Resources 2010. "California Water Plan Update 2009: Integrated Water Management" http://www.waterplan.water.ca.gov/cwpu2009/index.cfm.（最終アクセス 2011 年 11 月 7 日）

National Water Commission "Australian Water Markets Report 2009-10" http://www.nwc.gov.au/www/html.（最終アクセス 2011 年 9 月 21 日）

第16章 研究開発

インセンティブを引き出す経済的手法

16-1 はじめに

　さまざまな環境制約が顕在化し始めている現代において，持続可能な発展のために環境技術の研究開発は非常に重要な役割を果たすと期待されている。

　日本における環境技術は，近年，研究開発が進んでいる。図16-1は，環境関連特許の登録件数と，それが全特許登録件数に占める割合の推移を示したものである。このグラフを見ると，環境関連特許の登録件数は上昇傾向にあることがわかる。特許登録件数は研究開発のアウトプットを示す指標と考えられるので，その件数の増加は，環境技術の研究開発が近年活発化していることを意味している。また，環境関連特許登録件数が全特許登録件数に占める割合も上昇傾向にある。このことから，日本では環境技術にとくに注目して研究開発を行っていることが想像できる。

　今後ますます環境制約が厳しくなることを考えると，継続的に環境技術に関する研究開発を進めていくことが重要であるが，そのためにはどのような方法があるだろうか。企業の研究開発インセンティブに環境政策が影響を与えるという仮説は「ポーター仮説」といわれており，どのような環境政策が有効であるか研究が進められている。環境政策の手法は主に，市場メカニズムを活用した経済的手法（economic instruments）と，政府が直接監督する規制的手法

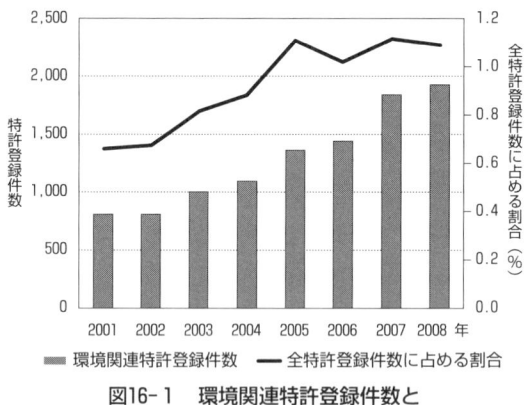

図16-1 環境関連特許登録件数と全特許登録件数に占める割合

出典）特許庁「重点8分野の特許出願状況」「特許行政年次報告書」より筆者作成。

（command-and-control）の，2つのタイプに大別される。環境政策のタイプの違いによって，研究開発インセンティブに与える影響が異なるのか否かを検討するのは，ポーター仮説の実証という学問的な側面だけでなく，日本における今後の環境政策・環境技術政策を考えるうえでも有意義であろう。

本章の目的は，環境技術に関する研究開発インセンティブを高める手段として環境政策の経済的手法を考え，その可能性を検討することにある。具体的には，環境政策と企業の研究開発インセンティブとの関係を指摘したポーター仮説を概観した後に，環境政策の経済的手法と規制的手法について，企業の環境技術に関する研究開発インセンティブに与える影響が異なるか否かを考察する。また，経済的手法が企業の環境技術に関する研究開発に影響を与えた例として，米国，スウェーデン，スイスの事例を紹介する。

16-2　研究開発と環境政策

16-2-1　ポーター仮説

環境政策が企業の研究開発インセンティブに影響を与えることを指摘したのは，ポーターとヴァン・デル・リンデである（Porter 1991, Porter and van der

Linde 1995)。通常，環境政策の施行は企業に新たな製品開発や製造プロセス導入のコストを負担させることになり，その結果，研究開発インセンティブは低下すると考えられる。それに対してポーターらは，適切に設計された環境政策であれば，企業の研究開発インセンティブを高めると主張した。環境政策によって相対的に高価になったコストを抑えるために，企業は研究開発を行うインセンティブをもつ可能性がある。これは「ポーター仮説」と呼ばれている。

ポーター仮説の意義は，環境政策が企業の研究開発活動を阻害するものという従来の考えを覆し，適切に設計された環境政策であれば企業の研究開発活動を促進させる可能性があることを示したことにある。ほとんどの場合，政府が環境政策を行おうとすると，企業や産業界は経済活動の障害になると主張して環境政策の施行に反対する。[*1] それに対してポーター仮説では，環境政策が研究開発活動を促進させると主張する。つまり，適切に設計された環境政策であれば，企業の経済活動を阻害することなく，環境問題の解決を図ることができるというのである。ポーター仮説の議論は，環境政策だけでなく，産業政策にも大きな影響を与えるであろう。

16-2-2 環境政策の具体的手法と研究開発インセンティブに与える影響

前項では，企業の研究開発インセンティブに環境政策が影響を与えるという「ポーター仮説」を紹介した。本項では，企業の研究開発インセンティブに与える影響の度合いが，環境政策の手法によって異なるか否かを検討する。

環境政策の手法として，「経済的手法」と「規制的手法」がある。経済的手法（economic instruments）とは，経済活動にともなって排出される物質に対して経済的インセンティブを与えることで，経済主体の費用便益構造に影響を与え，環境問題の解決を図る環境政策の手法である。つまり，市場メカニズムを活用することで経済主体の意思決定に影響を与え，間接的に環境問題の解決を図る。具体的には，環境税や排出量取引，環境課徴金，環境補助金がある。一方，規制的手法（command-and-control）とは，行政府が経済活動にともなって排出される物質について法令を制定し，それに基づいて統一的に経済主体を管理することで，直接的に環境問題の解決を図る環境政策の手法である。具体的には，排出基準や環境質基準，技術基準，行政指導がある。

企業の研究開発インセンティブに与える影響について経済的手法と規制的手法を比較すると，経済的手法の方がインセンティブが大きい。経済的手法では，企業は経済活動にともなう排出物について削減すればするほどコストが減少するので，継続的に環境技術の研究開発インセンティブをもつことになる。それに対して規制的手法では，企業は，経済活動にともなう排出物の環境基準を達成した時点で，環境技術の研究開発インセンティブを失う。また，環境基準設定後の政府の行動を企業が以下のように予想した場合も，環境技術の研究開発インセンティブを失う。すなわち，政府が環境基準設定直後に，環境技術の研究開発状況をモニタリングして，基準をより厳しく再設定する可能性である。環境基準を遵守するための研究開発がさらなる環境基準強化につながるとなれば，企業の研究開発インセンティブは低下するであろう（逆効果誘因：perverse incentive）。

16-2-3　環境政策が研究開発インセンティブに与える影響の経済学的説明

経済的手法

本項では，市場メカニズムに基づく手法として環境税を例に，研究開発インセンティブに与える影響を考察する。

図16-2は，環境税が課された場合の，研究開発による費用削減効果を示したグラフである。縦軸に価格，横軸に排出量をとる。MACとは限界排出削減費用（Marginal Abatement Cost）で，企業が排出量を限界的に少しだけ削減するのに必要な削減1単位あたりのコストである。限界排出削減費用は，排出量が多いときにそれを1単位削減するのは安く済むが，排出量が少ないときにさらにそれを1単位削減するのはコストが高くなると考えられるので，右下がりのグラフとなる。MAC1は企業が環境技術の研究開発を行う前，MAC2は企業が環境技術の研究開発を行った後の限界排出削減費用を示している。なお，実際の

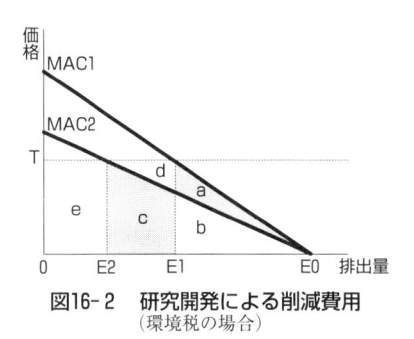

図16-2　研究開発による削減費用
（環境税の場合）

研究開発活動には不確実性がともなうが，本章では議論を単純にするため，企業は研究開発活動をある程度予見できるものと仮定する。

今，企業がE0の汚染を排出しながら，生産を行っているとする。排出量1単位あたり環境税Tが施行された場合を考える。企業は限界排出削減費用と環境税が等しくなるところまで汚染量を減少させる。その際の排出物に関わるコストは，排出量削減コストa＋bと，環境税c＋d＋eの合計a＋b＋c＋d＋eとなる。一方，企業がもし研究開発を行って限界排出削減費用をMAC2にすることができれば，排出量はE2となり，排出物に関わるコストは，排出量削減コストb＋cと，環境税eの合計b＋c＋eとなる。したがって，研究開発を行うことによりa＋dのコストが節約できたことになる。このことから，このコスト節約分a＋dが，研究開発のインセンティブとなりうる（表16-1）。環境技術に関する研究開発を行ってMAC2の傾きをより小さくするほどコスト節約分a＋dが大きくなるので，企業の環境技術に対する研究開発のインセンティブは持続する。

規制的手法

本項では，規制的手法として排出基準を例に，研究開発インセンティブに与える影響を考える。

図16-3は，環境税が課された場合の，研究開発による費用削減効果を示したグラフである。今，企業がE0の汚染を排出しながら，生産を行っているとする。このとき，基準E1での排出基準を施行したとする。企業はE1まで排出量を削減させ，排出物に関わるコストは，排出基準遵守コストa＋bである。一方，企業がもし研究開発を行って限界排出削減費用をMAC2にすることができれば，排出物に関わるコストは，E1まで排出量を減らすための排出基準遵守コストbである。したがって，研究開発を行うことによりaのコストが節約できたことになる。このことから，このコスト節約分aが，研究開発のインセンティブとなりうる（表16-2）。

ここで，排出基準をより厳しくすることを考えてみる。企業が研究開発をして限界排出削減費用をMAC2にすることができたことを政府が察知し，E1の排出基準を設定した後に，さらにE2の排出基準を設定したとする。すると，

図16-3 研究開発による削減費用
（排出基準の場合）

図16-4 研究開発による削減費用
（環境税，排出基準の場合）

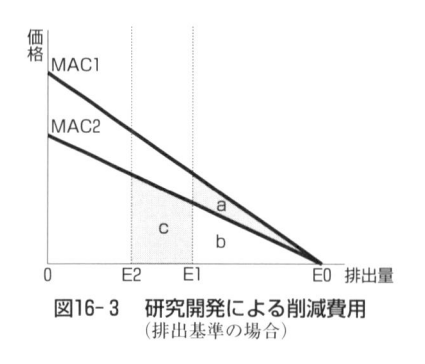

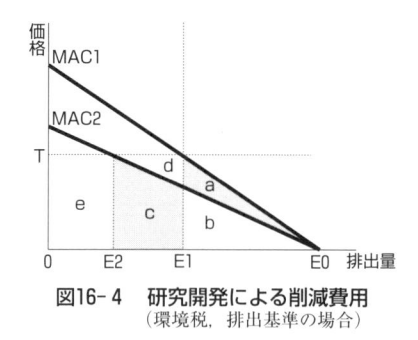

企業の排出基準遵守コストは，排出基準がE1で研究開発前のときにはa + bだが，研究開発が終わって基準がE2に厳しくなったときにはb + cとなる。したがって，研究開発を行うことによりa − cのコストが節約されることになり，企業が研究開発によって節約できる遵守費用は，排出基準が変更されなかった場合に比べてcだけ小さくなってしまう。また，排出基準遵守コストが環境基準強化前・研究開発前の状態に比べて割高になる（a − c < 0）可能性すらある。つまり，企業は，研究開発を行った直後に政府が排出基準を強化することを予想して，そもそも環境技術の研究開発を行わないという判断をするかもしれない（逆効果誘因）（表16-2）。政府は排出基準などの規制的手法による環境政策を施行する際には，その影響を慎重に検討する必要があるといえる。

研究開発インセンティブに与える影響の違い

経済的手法と規制的手法がそれぞれ環境技術の研究開発インセンティブに与える影響を，環境税と排出基準を例に分析した。両者の影響を比較するためにまとめたグラフと表が図16-4と表16-3である。

まず，企業が環境技術に関する研究開発を行っていない場合を考える。排出量に関して見ると，環境税Tを課しても，排出基準E1を課しても，E1まで排出量が削減されるのは同じである。しかし，環境税の場合は排出基準に比べて，残余排出分OE1に関して税をc + d + eだけ支払わなければならず，企業にとっての費用はその分高くなる。つまり，排出基準ではc + d + eの部分がレントとして企業に認められている状態である。

表16-1 環境税が課された場合の，研究開発前後での排出に関わるコストの比較

環境税施行の場合			
	排出削減コスト	環境税	合計
研究開発前	a + b	c + d + e	a + b + c + d + e
研究開発後	b + c	e	b + c + e
研究開発のインセンティブ			a + d

表16-2 排出基準が課された場合の，研究開発前後での排出削減コストの比較

排出基準E1施行の場合		
	排出削減コスト	合計
研究開発前	a + b	a + b
研究開発後	b	b
研究開発のインセンティブ		a

研究開発の達成後に排出基準をE2に強化する場合		
	排出削減コスト	合計
規制強化前・研究開発前	a + b	a + b
規制強化後・研究開発後	b + c	b + c
研究開発のインセンティブ		a − c

表16-3 環境税，排出基準がそれぞれ課された場合の，研究開発前後での排出削減コストの比較

環境税施行の場合			
	排出削減コスト	環境税	合計
研究開発前	a + b	c + d + e	a + b + c + d + e
研究開発後	b + c	e	b + c + e
研究開発のインセンティブ			a + d

排出基準E1施行の場合			
	排出削減コスト	環境税	合計
研究開発前	a + b	0	a + b
研究開発後	b	0	b
研究開発のインセンティブ			a

次に，企業が環境技術に関する研究開発を行う場合を考える。研究開発によるコスト節約分は，環境税の場合が a + d である。ただし，E2 まで排出量を削減しても，税 e は支払わなければならないため，さらに排出量を減らす方向にインセンティブは働き続ける。一方，排出基準の場合，研究開発によるコスト節約分は a である。企業が研究開発に成功しても排出削減は E1 まででよく，それ以上削減するインセンティブはない。つまり，排出基準の場合，さらに排出量を減らす方向にインセンティブは働きづらい。

以上のことから，排出基準よりも環境税の方が，少なくとも d だけ環境技術に関する研究開発インセンティブが高い。したがって，環境税の方が排出基準よりも企業の研究開発活動を促す可能性が高い。これは，経済的手法の方が，規制的手法よりも，企業の研究開発インセンティブを高める可能性を示唆している。

16-3　各国での事例

前節では，環境政策について，経済的手法が規制的手法よりも，企業の環境技術に関する研究開発インセンティブに与える影響が大きいことを示した。本節では，経済的手法の活用によって，環境技術の研究開発が実際に行われた事例を紹介する。具体的には，米国で導入された排出量取引，スウェーデンとスイスでそれぞれ導入された環境税に関する事例を紹介する。

16-3-1　米国

米国では，1990 年に大気浄化法（Clean Air Act）が改正され，二酸化硫黄（SO_2）の排出量取引制度が導入された。これによって米国に生産拠点をもつ企業は，生産活動時に排出可能な二酸化硫黄の量を制限され，それを超過するときには排出権を購入しなければならず，追加的なコストを負担しなければならない。一方，排出可能な量よりも実際の排出量が少ない場合は，その差分を売ることができる。したがって，企業は，生産活動時の二酸化硫黄の排出量を少なくするための研究開発を行うインセンティブをもつ。

バートローによれば，この制度の導入によって，さまざまな環境技術の研究

開発が行われたという（Burtraw 2000）。たとえば，生産活動時に排出される二酸化硫黄の浄化装置（脱硫装置）に関する研究開発が行われ，その結果，効率的に浄化ができるようになった。また，低硫黄石炭と高硫黄石炭とのブレンディングによって二酸化硫黄の排出を抑える技術も研究開発された。排出量取引制度によって相対的に高価になった二酸化硫黄排出のコストを抑えるために，研究開発が行われたと考えられる。

以上のように，米国では，経済的手法のひとつである排出量取引制度の導入が，二酸化硫黄排出を抑制する環境技術の研究開発につながった。

16-3-2　スウェーデン

スウェーデンでは，1992年に窒素酸化物（NOx）排出への環境税が導入された。これによって，スウェーデン国内に一定規模以上の固定燃焼装置をもち，生産活動時に窒素酸化物を排出する企業は，課税されることとなった。その制度では，窒素酸化物の排出量が多いほど，環境税の負担が増加する。したがって，企業は，固定燃焼装置から排出される窒素酸化物の量をできるだけ減らすための研究開発を行うインセンティブをもつ。

OECD（2010）によれば，この窒素酸化物への環境税導入により，大きく分けて2種類の環境技術の研究開発が行われたという。ひとつは，燃焼装置から発生した窒素酸化物を事後的に処理する技術の研究開発である。つまり，燃焼装置から排出された窒素酸化物を浄化する技術である。もうひとつは，燃焼装置から発生する窒素酸化物の量を抑制する技術の研究開発である。つまり，燃焼装置の稼働中に発生する窒素酸化物の量を抑制する技術である。環境税導入によって相対的に高価になった窒素酸化物排出のコストを抑えるため，研究開発が行われたと考えられる。

以上のように，スウェーデンでは，経済的手法のひとつである環境税導入が，固定燃焼装置からの窒素酸化物排出を抑制する環境技術の研究開発につながった。

16-3-3　スイス

スイスでは，2000年に揮発性有機化合物（Volatile Organic Compounds:

VOC）排出への環境税が導入された。これによってスイスに生産拠点をもち，生産活動時にVOCを排出する企業は，課税されることとなった。その制度では，VOCの排出量が多いほど，環境税の負担が増加する。したがって，企業は，製造過程で排出されるVOCの量をできるだけ減らすための研究開発を行うインセンティブをもつ。

OECD（2010）によれば，VOCへの環境税導入により，環境技術の研究開発が印刷業，塗料製造業および金属加工業などにおいて行われたという。印刷業では，VOC排出が少なくて済むイソプロピルアルコールを用いたプリント過程の研究開発が行われた。塗料製造業では，製造過程でのVOC排出を抑制するため，アクリル樹脂や水系の原料を用いる技術の研究開発が行われた。金属加工業では，金属部品のグリースを洗浄する際にVOC排出を抑制するため，水性洗剤またはバクテリアを利用したシステムの研究開発が行われた。スイスでは，環境税導入によって相対的に高価になったVOC排出のコストを抑えるため，研究開発が行われたと考えられる。

以上のように，スイスでは，経済的手法のひとつである環境税導入が，生産活動時に排出されるVOCを抑制する環境技術の研究開発につながった。

16-4　おわりに

本章では，まず企業の環境技術に関する研究開発インセンティブに環境政策が影響を与えるというポーター仮説を紹介した。そのうえで，環境政策のひとつの手法である経済的手法に注目し，それが環境技術の研究開発に結びついた事例を，米国，スウェーデン，スイスについて概観した。

これまで環境政策においては，規制的手法が主流であり，経済的手法が活用されたことは多くなかった。しかしながら，昨今の環境問題の多様化により，規制的手法のみで対応することには限界があると考えられる。今後は，経済的手法も活用することが求められると予想される。実際，2010年には東京都で排出量取引[*2]が開始されており，また，政府においては環境税の導入[*3]が検討されている。ただし，経済的手法は万能ではなく，政府が政策を実施する際には，政治的な事情やその他さまざまな制約があることも考慮しなければならない。

そこで，経済的手法と規制的手法とを適切にミックスするポリシーミックスが求められるであろう。

環境政策を考える際には，環境問題の解決だけでなく，環境技術に関する研究開発インセンティブに与える影響も考慮し，経済的手法と規制的手法の長所と短所をそれぞれ慎重に見極める必要がある。経済的手法による政策と規制的手法による政策を適切にミックスし，環境問題を効率的に解決しつつ，環境技術に関する研究開発インセンティブを高めるような制度設計が望ましい。そのための理論・実証両面からの研究のさらなる蓄積が望まれる。

注
* 1　たとえば，2003年に日本において環境税の導入が議論されたとき，日本経済団体連合会は以下のように主張した。

> 「『環境税』は本格的な景気回復に水を差し，産業活動の足枷となる（中略）
> 必要なのは新規増税による強制的手段ではなく，技術開発によるブレークスルーであり，これを通じた『環境と経済の両立』である」（日本経済団体連合会 2003）。

* 2　温室効果ガス排出総量削減義務と排出量取引制度。
* 3　平成23年度税制改正大綱。

参考文献

日本経済団体連合会　2003『「環境税」の導入に反対する』
Burtraw, D. 2000. Innovation Under the Tradable Sulphur Dioxide Emission Permits Program in the US Electricity Sector. In OECD (eds.), *Innovation and the Environment.* OECD Publishing, pp.63-84
OECD 2010. *Taxation, Innovation and the Environment.* OECD Publishing
Porter, M. E. 1991. America's Green Strategy. *Scientific American* 264 (4) : 168
Porter, M. E. and C. van der Linde 1995. Toward a New Conception of the Environment-Competitiveness Relationship. *The Journal of Economic Perspectives* 9 (4) : 99-118

おわりに

　市場は，適切な資源配分を実現するための仕組みとして，望ましい制度である。外部性が存在しない場合は，市場メカニズムは，競争を通じて技術革新を引き起こし，社会的厚生を高める潜在的な力をもっている。しかし，市場は万能ではなく，環境問題のように外部性が存在する場合，適切な制度，政策が行われないと，市場の機能が阻害され，社会厚生が低下する。そこで経済学は，市場が万能でないからといって市場での取引を完全に否定するような考え方をとらない。むしろ市場がもたらす歪みを補正する手段をつねに考えてきている。本書では，環境を守りながら市場のよさも活かしていく方法を考えてきた。つまり，制度をいかに設計することで資源・環境問題を市場に任せることができ，それがいかに望ましいか，本書では説明している。本書を通して，経済学の考え方が実社会を分析するうえで有用であることを多くの事例を出しながらわかりやすく説明しようと努めた。

　資源や環境問題の議論をする際に市場の役割を伝えると，多くの場合，次のような批判を受ける。それは，2000年の夏からその翌年にかけてカリフォルニア州で起こった停電が，行き過ぎた市場や自由化のために起こったという意見である。しかし，これは行き過ぎた自由化・市場の問題でなく，中途半端な十分でない自由化，自由化しきれていない制度の問題である。当時，自由化への移行がカリフォルニア州では行われており，発電会社と小売業者の仲立ちである卸売市場は自由化されていた。しかし，小売業者が需要家へ販売する小売市場は，価格の上限が決められていた。2000年に需給が圧迫した際に，価格が小売市場の上限に達したが，もしこのときに小売市場が完全に自由化されていたら，需要の増加とともに小売価格は上昇し，需給が調整されるため停電にはならなかっただろう。しかし，自由化が中途半端なため，電力が不足するときに，小売市場において大口の需要家が上限である固定価格のままで大量に電気を購入していた。こうした状況においては，発電会社にとっては，カリフォ

ルニア州の上限価格で電気を売却するよりも，カリフォルニア州以外のより電気を高く売却できるところで売却することで，より多くの利益が得られるため，州内への供給を価格が上限になる以上には行わなかった。そのために，大きな需給ギャップが起こり，需給調整ができず停電になったのである。

2011年春の大震災後の計画停電にはこれと同じ面がある。電力の需給が逼迫しているときに価格が固定化されているため，価格メカニズムで需要を調整できないのである。自由化つまり市場が機能していれば，高い価格の電力を節電することで利益を得られる企業は節電を実行するであろうし，そうすれば計画停電につながることはない。自主的に節電を呼びかけて費用負担を強いるのでなく，需要家に節電を促す仕組みさえあれば十分である。節電することで大幅な経済損失を被る企業に無理やり節電させるのでなく，節電できる需要家のみの節電で対応できたのである。このように危機的と思える場合であっても市場は機能するといえる。

本書では，多くの環境や資源に関わる重要なテーマを扱っている。通常の資源経済学の教科書は，資源を再生資源と非再生資源に分けて分析を行っている。以前は，非再生資源でなく枯渇性資源といっていたが，石油資源は石油価格が上がることで新たな石油が見つかり，枯渇する見通しも立たないので非再生資源と一般的に呼ばれることも多くなった。本書では，非再生資源として，電力・エネルギーとレアメタルを取り扱っている。また，再生資源として農業，漁業，国内林業，REDD，生物多様性，クリーンテックを分析している。それだけでなく，非市場的なモノへの市場の解決法として，廃棄物，二酸化炭素問題，外来種を扱っている。最後に，古くからの質問である社会基盤となる制度設計として，貿易と自給率，都市計画，開発権，水利権，研究開発も議論している。

最後に，他の環境・資源の教科書との関連について述べる。入門的な教科書として，環境・資源経済学の分野に興味をもってもらうためには本書を薦めることができる。同時に，その経済学の初心者がロジックとしてどう制度を評価するのかというツールとして，栗山浩一・馬奈木俊介『環境経済学をつかむ』（有斐閣）を薦める。この教科書は，通常の経済学のテキストと同様に需要供給の考え方を図示することで，わかりやすく環境経済学について説明している。また同書では，他の多くの書籍の紹介を行っている。次に，ビジネスとの関係

でいえば，馬奈木俊介・豊澄智己『環境ビジネスと政策——ケーススタディで学ぶ環境経営』（昭和堂）を薦めることができる。さらに，モデル構造を深く理解するためには，細田衛士編『環境経済学』（ミネルヴァ書房）や，D. シンプソン，R. エイヤーズ，M. トーマン著，植田和弘翻訳『資源環境経済学のフロンティア——新しい希少性と経済成長』（日本評論社）を薦める。

馬奈木俊介

索　引

●あ行●

アジェンダ21 ……………………… 215
奄美大島 …………………………… 163
一時取引 …………………………… 237
入口規制 ………………………… 47, 50
インセンティブ …… 39, 42, 57, 58, 153,
　　170
売り建て …………………………… 18
売りヘッジ ………………………… 19
エコカー減税 ……………………… 11
エコシティ ………………………… 192
エコファンド→環境ファンド
エフォート・コントロール ……… 48
オーバーシュート ………………… 69
オープン・ループ・コントロール … 68
オープンアクセス ………………… 170
汚染者負担原則 …………………… 33
オニヒトデ ………………………… 167
オランダ病 ………………………… 225
オリンピック方式 ……… 51, 52, 59
オレンジラフィー ………………… 58
温室効果ガス ……………………… 146

●か行●

害獣・害虫駆除 …………………… 163
買い建て …………………………… 18
外部便益 …………………… 112, 177
買いヘッジ ………………………… 19
外来種 ……………………………… 160
価格決定 …………………………… 20
価格支持 …………………………… 187
価格支持政策 …………… 178, 184
価格付け ………………………… 234
価格発見 ……………… 16, 20, 21
価格メカニズム ………………… 244
河川法（旧河川法） …………… 243
仮想選好表明法 ………………… 113
渇水対策 ………………………… 244
家電エコポイント制度 ………… 11
貨幣価値 ………………………… 169
カリフォルニア渇水銀行 …… 234, 239
灌漑農業 ………………………… 238
灌漑用水 ………………………… 232
灌漑用水取引 …………………… 234
環境影響評価 …………………… 216
環境汚染物質 …………………… 152
環境規制 ………………………… 150
環境クズネッツ曲線 ……………… 84
環境経済学 ……………………… 150
環境こだわり農業 ………………… 34
環境税 ……………………………… 11
環境政策 ………………………… 149
環境直接支払 …………………… 42
環境直接支払制度 …………… 33, 36
環境に優しい企業・国 ………… 153
環境農業直接支払制度 …………… 34
環境ファンド（エコファンド） … 95,
　　105-107
環境保全型農業 ………… 33, 35, 42

265

環境保全型農業直接支援対策 …… 35, 36	公共財 …………………… 61, 62, 114
カンクン合意 ……………………… 80	鉱業権 ………………… 216-222, 224, 228
慣行水利権 …………………… 243, 244	耕作放棄 ………………………… 180
基金方式 …………………………… 86	交差価格弾力性 …………………… 10
気候変動 ………………………… 146	交渉力 …………………………… 207
気候変動に関する政府間パネル … 147	洪水被害 ………………………… 232
規制的手法 …………… 249, 251, 253	効率性 ………………………… 36, 37
季節要因 …………………………… 39	効率的市場仮説 …………………… 22
逆効果誘因 …………………… 252, 254	コースの定理 …………………… 207
逆選択 ……………………………… 89	枯渇性資源 ………………………… 2
逆有償 …………………………… 129	国際資源循環 …………………… 140
キャップ・アンド・トレード方式 … 233, 234	国際貿易 ………………………… 161
旧河川法→河川法	国際捕鯨委員会（IWC）………… 56
京都議定書 ………………………… 79	国際連合教育科学文化機関（UNESCO）
京都メカニズム …………………… 80	……………………………… 232
共和分検定 ………………………… 25	国連ミレニアム開発目標（MDGs）… 231
漁獲枠の譲渡ルール ……………… 54	国連ミレニアム生態系アセスメント
許可水利権 ……………………… 243	……………………………… 111
許可制度 ………………………… 134	国家水委員会 …………………… 237
均衡価格 …………………………… 20	国家水憲章 ……………………… 236
空中権取引 ……………………… 202	固定資産税 ……………………… 202
グランドファザリング …………… 157	個別漁獲枠（IQ）方式 ……… 51, 59
クリーンテック ……… 94, 100, 108	根絶 ……………………………… 168
クリーン開発メカニズム ………… 81	コンテナ船 ……………………… 162
クローズド・ループ・コントロール … 68	コンパクトシティ構想 ………… 195
経済実験 ………………………… 121	●さ行●
経済的手法 …………… 249, 251, 252	再開発 …………………………… 201
限界受入意思額 ………………… 206	再植林 ……………………………… 79
限界支払意思額 ………………… 206	再生可能エネルギー … 2, 95, 98, 100
限界排出削減費用 ……………… 252	在来種 …………………………… 165
公海自由の原則 …………………… 46	先物市場 ………………… 14, 16, 17
恒久取引 ………………………… 237	里山（村持ち山） ………………… 61
公共交通機関 …………………… 196	砂漠化 …………………………… 214

市街化区域	202	所得補償	185-187
市街化調整区域	202	新規植林	79
資源の呪い	220, 224, 226-228	森林開発公団	64
自己価格弾力性	10	森林経営	79
自主参加型国内排出量取引制度	155	森林減少	79
市場原理	153, 171	水質汚染	231
市場の失敗	62	水質汚濁防止法	31
市場方式	86	水質取引	37-42
市場メカニズム	226, 232, 234, 238, 241, 244	水票	242
		水法	236, 241
「次世代エネルギー・社会システム実証地域」事業	193	水務	242
次世代型路面電車	199	水利権	232, 243
自然保護区域	203	——市場	232, 233
持続可能な開発	215, 216	——制度	232, 242
湿地ミティゲーションバンキング制度	117	——取引	232, 234, 244, 245
		——の譲渡システム	241
私的財	61	水力発電	232
(企業の) 社会的責任 (CSR)	75, 102-106	スマートグリッド	192
社会的責任投資 (SRI)	103, 107	生産調整	178, 179
住宅の高層化	201	生存競争	165
州内取引	237	生態系	30, 166
州内水取引制度	236	生態系サービス	111
主要漁業国の資源管理制度	59	生態城	192
需要の価格弾力性	9	製品差別化	182
省エネルギー性能	8	生物多様性	110, 214
省エネルギーのコスト	9	生物多様性オフセット制度	116
省エネルギーの便益	9	政府の権限	244
「将来のための水」計画	236	政府の失敗	62
初期配分	234	節水	242
食料安全保障	186	全国総合開発計画	195
食料自給率	187	総漁獲量 (TAC)	51
食糧法	178	総合計画	200
		相対取引	233
		総量規制	115

索引 267

造林公社→林業公社
ゾーニング …………………………… 180
損失リスク ……………………………… 15

●た行●

大気浄化法 …………………………… 256
ダブルオークション ………………… 158
ダム建設 ……………………………… 232
炭素クレジット ………………………… 81
炭素蓄積量 ……………………………… 78
地球温暖化 …………………… 146, 214
地球サミット ………………………… 215
地方自治法 …………………………… 200
中心業務地区 ………………………… 201
中長期ロードマップ検討会 ………… 198
超過供給 ………………………………… 21
超過需要 ………………………………… 21
直接対外投資 ………………………… 161
通常財（Goods） ………………… 128, 131
強い意味での効率性 …………………… 22
低炭素型都市 ………………………… 192
適応度 ………………………………… 165
出口規制 …………………………… 47, 51
テクニカル・コントロール …………… 49
デポジット・リファンド・システム
　　　　　　　　　　　　　… 132, 133
点源汚染 …………………………… 31, 41
天然資源 ……………………………… 224
投資回収年数 …………………………… 8
特例容積率適用区域制度 …………… 202
都市計画 ……………………………… 195
　――関連法規 ……………………… 198
　――税 …………………………… 202
　――法 …………………………… 198
　――マスタープラン ……………… 198
都市の線引き ………………………… 201
都市用水 ……………………………… 232
土地所有権 …………………………… 232
土地利用の見直し …………………… 201
トランザクションコスト …………… 208
取引比率 ………………………………… 39

●な行●

名古屋議定書 ………………………… 111
二酸化炭素→CO_2
日本固有 ……………………………… 166
農業委員会 ………………………… 180, 181
農業用水間の取引 …………………… 236
農地市場 …………………………… 179, 185
農地法 ………………………………… 180
農地・水・環境保全向上対策 …… 34-36
ノンポイント汚染 ……………………… 32

●は行●

バーゼル条約 ………………………… 140
パーソントリップ調査 ……………… 197
廃棄物（Waste） ………………… 128, 131
排出課徴金 ……………………………… 31
排出権取引 ………………………… 37, 149
排出量取引市場 ………………………… 82
排他的経済水域（EEZ） ……… 46, 47, 60
廃電子電気機器→E-waste
伐期齢 …………………………………… 67
バックストップ技術 …………………… 4
発電用エネルギー ……………………… 7
バッファゾーン ……………………… 202
バブル …………………………………… 23
払い戻しルール ……………………… 123

バリ行動計画 …………………… 84	マラケシュ合意 …………………… 81
比較優位 …………………… 149, 182	まちづくり三法 …………………… 198
非競合性 …………………………… 61	マニフェスト制度 ………………… 133
非効率性 …………………………… 36	マレー・ダーリング川流域 ……… 234
非再生可能資源 …………………… 14	マングース ………………………… 163
非再生資源 ………………………… 14	未使用淡水資源の偏在の問題 …… 245
非市場性生態系サービス ………… 62	水アクセス権の売買 ……………… 238
非排除性 …………………………… 61	水資源 …………… 212, 213, 231, 232
標準伐期齢 ………………………… 69	――開発 ………………………… 232
費用便益分析 …………………… 210	――管理 ………………………… 245
比例配分払い戻しメカニズム …… 123	――政策 ………………………… 245
フードマイレージ ……………… 187	――の需給の不均衡 …………… 244
不確実性 ………… 32, 39, 56, 62, 148	水市場 …………………………… 232
不適正処理 ……………………… 127	水収支 …………………………… 238
部分林 ……………………………… 63	水需要 ……………………… 231, 232
不法投棄 ………………………… 127	水仲買の仕組み ………………… 239
ブラックバス …………………… 163	水不足 …………………………… 231
フリーライド …………………… 122	水問題 …………………………… 231
分収育林制度 ……………………… 62	水融通 …………………………… 239
分収林 ……………………………… 63	無主物 ……………………………… 45
分収林特別措置法 ………………… 62	村持ち山→里山
ベースメタル ……………………… 14	面源汚染 …………………… 32, 41
ベースラインアンドクレジット … 41	モラルハザード …………………… 89
豊作貧乏 …………………………… 15	
報酬 ……………………………… 171	●や行●
ポーター仮説 ……………… 249-251	やや強い意味での効率性 ………… 22
ポートフォリオ …………………… 71	有償 ……………………………… 129
ホキ ………………………………… 57	ユニフォーム・プライスオークション
補助金 ……………………… 11, 116	……………………………………… 158
ホテリングの定理 ………………… 3	容積率 …………………………… 205
ポリシーミックス ………… 41, 259	容積率売買 ……………………… 205
	予算最大化仮説 …………………… 70
●ま行●	余剰分析 ………………………… 210
マーシャル的調整 ………………… 20	弱い意味での効率性 ……………… 22

索引

●ら行●

ライセンス制度 ……………………… 48
ライフサイクルアセスメント（LCA）
　…………………………………… 188
ラベリング制度 …………………… 118
乱獲 …………………………………… 45
リスク
　――回避 ……………………………… 66
　――回避性向 ………………………… 62
　――プレミアム ……………………… 71
　――分散 ……………………………… 66
　――ヘッジ ……………………… 16, 17
リバウンド効果 ……………………… 11
流域・集水地管理法 ……………… 236
留保価格 ……………………………… 72
林業公社（造林公社） ……………… 64
レアアース ………………………… 212
レアメタル …………………………… 14
レバレッジ（テコ）効果 …………… 71
レントシーキング ………… 182, 225-227
連邦水法 …………………………… 236

●わ行●

ワルラス的調整 ……………………… 20

●欧語・略語●

ADF ………………………………… 132

CO_2（二酸化炭素） ……………… 145
CO_2 削減サービス ……………… 151
CSR →社会的責任
EEZ →排他的経済水域
EPR ………………………………… 132
EU-ETS（EU 排出権取引制度）…… 155
E-waste（廃電子電気機器）……… 140
FIT …………………………………… 5
Goods →通常財
IQ 方式→個別漁獲枠方式
ITQ 方式 ……………………… 55, 59
IVQ …………………………………… 55
IWC →国際捕鯨委員会
LCA →ライフサイクルアセスメント
MDGs →国連ミレニアム開発目標
PES ………………………………… 113
REDD ……………………………… 81
REDD＋ …………………………… 82
RPS …………………………………… 5
SRI →社会的責任投資
SRI ファンド ……………… 95, 103-107
TAC →総漁獲量
UNESCO →国際連合教育科学文化機関
Waste →廃棄物
Whether Index Insurance ……… 89

■執筆者紹介

赤尾健一	早稲田大学社会科学部教授	第5章
有賀健高	石川県立大学生物資源環境学部講師	第2章*
伊藤　豊	広島大学大学院国際協力研究科助教	第7章*
岩田和之	高崎経済大学地域政策学部准教授	第13章*
枝村一磨	科学技術政策研究所研究員	第16章
勝川俊雄	東京海洋大学産学・地域連携推進機構准教授	第4章
小谷浩示	高知工科大学経済・マネジメント学群教授	第10, 11章
新熊隆嘉	関西大学経済学部教授	第9章
高橋卓也	滋賀県立大学環境科学部教授	第5章*
田中勝也	滋賀大学環境総合研究センター准教授	第3章
田中健太	武蔵大学経済学部准教授	第8, 10章
鶴見哲也	南山大学総合政策学部准教授	第6章*
東田啓作	関西学院大学経済学部教授	第8*, 12章
藤井秀道	長崎大学大学院水産・環境科学総合研究科准教授	第14章
松川　勇	武蔵大学経済学部教授	第1章
馬奈木俊介	編者紹介参照	序章, 第2, 6, 7, 8, 13, 15章
諸賀加奈	九州大学科学技術イノベーション政策教育研究センター助教	第15章*

(*印は執筆代表)

■編者紹介

馬奈木俊介（まなぎ　しゅんすけ）

九州大学大学院工学研究院都市システム工学講座教授。九州大学工学部飛び級。九州大学大学院工学研究科博士課程修了。ロードアイランド大学大学院博士課程修了（Ph.D.（経済学博士））。サウスカロライナ州立大学講師，横浜国立大学准教授，東北大学准教授等を経て，現職。東京大学公共政策大学院客員教授，経済産業研究所ファカルティフェロー，欧州経済研究所研究員を兼任。学術誌『*Environmental Economics and Policy Studies*』共同編集長，『*Resource and Energy Economics*』副編集長，『*Ecosystem Health and Sustainability*』副編集長，IPBES 総括代表執筆者，IPCC 代表執筆者。

主な著作

『資源を未来につなぐ』（岩波書店，2015 年，共編著），『農林水産の経済学』（中央経済社，2015 年，編著），『エネルギー経済学』（中央経済社，2014 年，編著），『グリーン成長の経済学――持続可能社会の新しい経済指標』（昭和堂，2013 年，共編著），『環境と効率の経済分析――包括的生産性アプローチによる最適水準の推計』（日本経済新聞出版社，2013 年），『災害の経済学』（中央経済社，2013 年，編著），『日本の将来を変えるグリーン・イノベーション』（中央経済社，2013 年，共編著），『環境ビジネスと政策――ケーススタディで学ぶ環境経営』（昭和堂，2012 年，共著），『生物多様性の経済学――経済評価と制度分析』（昭和堂，2012 年，共編著），『環境経営の経済分析』（中央経済社，2010 年，共著），『資源経済学への招待――ケーススタディとしての水産業』（ミネルヴァ書房，2010 年，共編著），『環境経済学をつかむ』（有斐閣，2008 年，共著）など。

資源と環境の経済学――ケーススタディで学ぶ

2012 年 10 月 31 日　初版第 1 刷発行
2015 年 10 月 31 日　初版第 2 刷発行

編　者　馬奈木俊介
発行者　齊藤万壽子

〒606-8224　京都市左京区北白川京大農学部前
発行所　株式会社昭和堂
振込口座　01060-5-9347
TEL(075)706-8818／FAX(075)706-8878
ホームページ　http://www.showado-kyoto.jp

© 馬奈木俊介ほか　2012　　　　　　　　　印刷　亜細亜印刷

ISBN 978-4-8122-1230-1
＊落丁本・乱丁本はお取り替え致します
Printed in Japan

本書のコピー，スキャン，デジタル化等の無断複製は著作権法上での例外を除き禁じられています。本書を代行業者等の第三者に依頼してスキャンやデジタル化することは，たとえ個人や家庭内の利用でも著作権法違反です。

李 秀澈 編	東アジアの環境賦課金制度 ——制度進化の条件と課題	本体6200円+税
植田和弘・山川 肇 編	拡大生産者責任の経済学 ——循環型社会形成にむけて	本体4800円+税
馬奈木俊介・豊澄智巳 著	環境ビジネスと政策 ——ケーススタディで学ぶ環境経営	本体2200円+税
馬奈木俊介・IGES 編	グリーン成長の経済学 ——持続可能社会の新しい経済指標	本体4200円+税
馬奈木俊介・IGES 編	生物多様性の経済学 ——経済評価と制度分析	本体4200円+税
宮永健太郎 著	環境ガバナンスとNPO ——持続可能な地域社会へのパートナーシップ	本体5000円+税

―― 昭和堂 ――